反演滑模变结构控制理论及应用

王坚浩　李　飞　胡剑波　著

西安电子科技大学出版社

内容简介

本书系统梳理和全面阐述了反演滑模变结构控制的理论设计方法及其实际应用，书中的讨论力求在方法论上结合目前国内外相关领域的最新研究成果。本书主要内容包括：非匹配不确定非线性系统反演滑模变结构控制、具有执行器非线性约束的自适应反演滑模变结构控制、具有执行器非线性约束的时滞系统自适应反演滑模变结构控制、具有执行器未知故障的自适应反演滑模变结构控制和反演滑模变结构控制应用。

本书可作为高等院校控制科学与工程专业硕士和博士研究生的教材或参考书，也可供相关领域的科研人员和工程技术人员学习和参考。

图书在版编目(CIP)数据

反演滑模变结构控制理论及应用/王坚浩，李飞，胡剑波著. —西安：西安电子科技大学出版社，2022.7
ISBN 978 - 7 - 5606 - 6422 - 4

Ⅰ. ①反…　Ⅱ. ①王…　②李…　③胡…　Ⅲ. ①变结构控制—研究
Ⅳ. ①TP273

中国版本图书馆 CIP 数据核字(2022)第 061372 号

策　　划　陈　婷
责任编辑　郭　静　陈　婷
出版发行　西安电子科技大学出版社(西安市太白南路 2 号)
电　　话　(029)88202421　88201467　　邮　　编　710071
网　　址　www.xduph.com　　电子邮箱　xdupfxb001@163.com
经　　销　新华书店
印刷单位　咸阳华盛印务有限责任公司
版　　次　2022 年 7 月第 1 版　2022 年 7 月第 1 次印刷
开　　本　787 毫米×1092 毫米　1/16　印张 11
字　　数　256 千字
定　　价　32.00 元
ISBN 978 - 7 - 5606 - 6422 - 4/TM
XDUP 6724001 - 1

前　言

滑模变结构控制具有控制精度高、结构简单、响应快速、鲁棒性强等优点，一直是自动化控制领域研究的热点课题之一。然而，滑模变结构控制对于非匹配不确定非线性系统的无能为力，在一定程度上限制了其应用和发展。自 20 世纪 90 年代以来，反演控制理论在处理非匹配不确定非线性系统和改善系统过渡过程品质方面取得了诸多成就，并被推广到自适应控制、鲁棒控制、滑模变结构控制等多个领域。将滑模变结构控制和反演控制理论有机结合的反演滑模变结构控制方法，在改善系统过渡过程品质和鲁棒性以及简化控制率设计等方面表现出较大潜力，已成为当前不确定非线性系统鲁棒控制理论和工程应用的前沿课题之一。

本书结合李雅普诺夫(Lyapunov)稳定性理论、神经网络逼近理论、动态面控制技术和非线性干扰观测器技术，重点围绕非匹配不确定非线性系统反演滑模变结构控制、具有执行器非线性约束的自适应反演滑模变结构控制、具有执行器非线性约束的时滞系统自适应反演滑模变结构控制、具有执行器未知故障的自适应反演滑模变结构控制以及反演滑模变结构控制在飞行模拟转台伺服系统鲁棒跟踪控制和飞机姿态跟踪机动飞行控制应用中的各种问题，系统阐述了反演滑模变结构控制理论的设计方法及其应用。

本书共分 7 章：

第 1 章主要论述非线性系统反演滑模变结构控制的研究背景与意义，国内外理论研究与工程应用现状，反演滑模变结构控制目前存在的问题以及研究的目的、方法和应用。

第 2 章简述了本书用到的一些控制论基础知识，包括反演控制基本原理、滑模变结构控制基本原理、Lyapunov 稳定性理论、神经网络逼近理论、非线性干扰观测器原理以及相关引理和不等式。

第 3 章针对一类非匹配不确定非线性系统，提出了一种新的基于动态面控制构架的反演滑模变结构控制方案。该方案通过引入一阶低通滤波器，避免了对控制律中某些非线性信号的直接微分，解决了原有的一些反演滑模变结构控制方案由于需要对期望虚拟控制反复求导而导致的计算复杂性问题，在此基础上，结合径向基函数(Radial Basis Function，RBF)神经网络逼近理论，分别设计了基于动态面控制构架的自适应神经网络反演终端滑模和高阶终端滑模的控制方案。

第 4 章首先分别针对具有执行器死区和齿隙且控制增益完全未知的不确定非线性系统，结合 Nussbaum 增益设计技术和 RBF 神经网络逼近理论设计了自适应反演滑模变结构控制方案，并应用积分 Lyapunov 设计方法避免控制奇异性问题；其次，借鉴模型分解方法，建立了能够表示死区、齿隙、饱和、滞回等非线性特征及其叠加的非线性执行器模型，在此基础上，结合 Nussbaum 增益设计技术和 RBF 神经网络逼近理论设计了自适应多滑模反演控制方案。

第 5 章针对一类含有未知输入死区且虚拟控制系数和控制增益完全未知的不确定非线

性时滞系统，在系统未知时滞项满足有界的条件下，通过构造 Lyapunov-Krasovskii 泛函补偿系统非线性时滞的影响，并结合 Nussbaum 增益设计技术和 RBF 神经网络逼近理论设计了自适应反演滑模变结构控制方案。

第 6 章针对具有执行器未知故障(故障时间、故障类型和故障值均未知)的不确定非线性系统自适应容错控制问题，结合 RBF 神经网络逼近理论和多滑模控制方法，提出了一种自适应神经网络多滑模反演控制方案。

第 7 章主要研究反演滑模变结构控制在飞行模拟转台伺服系统和飞机姿态跟踪飞行控制方面的应用问题。一是针对存在非线性摩擦、参数不确定和电机力矩波动等复合不确定干扰的飞行模拟转台伺服系统，提出了一种基于非线性干扰观测器的自适应反演全局滑模变结构控制方案，方案通过非线性干扰观测器观测系统的复合不确定干扰，进而引入非线性干扰观测器系统，设计出自适应反演全局滑模变结构控制器；二是针对存在气动参数大范围摄动和力矩干扰的飞机姿态跟踪机动飞行控制问题，基于动态面控制和非线性干扰观测器技术，提出了一种反演快速终端滑模飞行控制方案。

全书由王坚浩负责统稿，第 1 章由王坚浩、胡剑波著，第 2 章由王坚浩著，第 3、4 章由王坚浩、李飞著，第 5 章由王坚浩著，第 6 章由李飞著，第 7 章由王坚浩著，空军工程大学相关专家为本专著的完成提供了无私的帮助。

本书在编写过程中参阅了大量的参考文献，借鉴引用了部分研究成果，特此致以真挚的谢意。本书可作为高等院校控制科学与工程专业硕士和博士研究生的教材或参考书，也可供相关领域的科研人员和工程技术人员学习和参考。

由于作者水平有限，错误和不完善之处在所难免，恳请读者批评指正。

作　者

2022 年 3 月

目　录

第1章 绪 论

1.1 反演滑模变结构控制的提出

现实世界本质上是非线性的，控制系统一般都具有非线性特征。由于非线性现象具有独特的复杂性，目前对其还没有普遍适用的处理方法。自20世纪70年代以来，数学中的非线性分析、非线性泛函、微分流形及物理学中的非线性动力学的发展大大促进了非线性控制理论的发展。在过去的20年中，研究者们对非线性系统自适应控制的研究兴趣尤为浓厚，并相继发表了一系列关于非线性系统自适应控制的重要研究成果[1-3]。然而，在这些成果中，为了保证闭环系统的全局稳定性，必须对被控对象施加如匹配、扩展匹配以及关于系统非线性项的线性增长等诸多限制条件。1991年，Kanellakopoulos、Kokotovic和Morse[4]尝试克服这些限制条件，提出了一种系统化设计方法，这就是自适应反演(也称为反推、反步或回馈递推)控制方案的雏形。同年，他们将这种方法扩展到输出反馈非线性系统中[5]。1994年，Krstic、Kanellakopoulos和Kokotovic将该设计方法应用于具有未知参数的线性系统[6]，次年，对该设计方法加以系统地归纳整理，以著作的形式加以发表，从而形成了反演控制(理论)的基本框架[7]。反演控制的基本设计思想是：将复杂的非线性系统分解成不超过系统阶数的子系统，然后单独设计每一阶子系统的部分Lyapunov函数，在保证子系统具有一定收敛性的基础上获得子系统的虚拟控制律和自适应律；在下一阶子系统的设计中，将上一阶子系统的虚拟控制律作为这一阶子系统的跟踪目标；取相似于上一阶子系统的设计，获得该子系统的虚拟控制律和自适应律；以此类推，最终获得整个闭环系统的实际控制律和自适应律，且结合Lyapunov稳定性分析方法来保证闭环系统的收敛性。反演控制可用来设计不满足匹配条件的非线性系统的控制方案，在处理某些参数不确定非线性系统及改善过渡过程品质方面也具有独特的优越性，因此，在航空航天[8-10]、机器人[11-13]、电机控制[14-16]等领域得到了广泛应用。形成这一局面，主要是因为反演控制具有以下特点[17,18]。

(1) 取消了系统不确定性满足匹配条件的约束，从而解决了相对复杂的非线性系统的控制问题。

(2) 为复杂非线性系统的Lyapunov函数设计提供了较为简单的结构化、系统化方法，解决了一直以来对具有严格反馈等结构的非线性系统进行稳定性分析和控制器设计工作上的难题。

(3) 可显著改善系统跟踪误差的过渡过程品质，给出系统跟踪误差$\mathcal{L}_2$的性能指标与设计参数间的明确关系；在高频增益确切已知的情况下，可给出系统跟踪误差$\mathcal{L}_\infty$的性能指标与设计参数间的明确关系，从而为改善跟踪精度指出了具体途径。

近30年来，反演控制获得了很大的发展，已成为非线性系统控制设计的主流方法。它所适用的两类最重要的系统为严格反馈形式的非线性系统和输出反馈形式的非线性系统。在此基础上，又进一步发展为非线性参数化的非线性系统、随机非线性系统、非完整系统、时滞非线性系统、高次非线性系统、离散非线性系统等[17-24]，其所涉及的控制理论延伸到自适应控制、分散控制、模糊控制、神经网络控制、滑模变结构控制等多个领域。

然而，近年来的研究表明，现有的反演控制方案仍然存在若干重要缺陷，主要表现在以下几个方面。

(1) 问题复杂性呈线性增长。在控制律的设计中，需对某些非线性信号进行微分，控制律随着被控对象相对阶的增加而高度复杂、高度非线性，而且其复杂性会随被控对象相对阶的增高而呈爆炸式增长，即产生“微分爆炸”问题。

(2) 改善系统跟踪误差$\mathcal{L}_\infty$的性能的能力有限。事实上，相关研究表明[6,17,25]，目前的自适应反演控制方案仅当高频增益已知时，才可改善系统跟踪误差$\mathcal{L}_\infty$的性能。

(3) 鲁棒性能不理想。若被控对象存在输入干扰或未建模动态，采用反演控制，跟踪误差仅能收敛到某个与输入干扰和未建模动态强度系数成比例的残集内，这甚至不如1980年代所提出的σ-修正方案[26]。

从工程应用角度看，实现这种复杂的非线性控制律主要面临以下问题[27]。

(1) 实现困难。例如在舰载机着舰控制系统中[28]，经低通滤波器补偿掉某些高频动态后，飞机模型仍有二十多阶，即使经模型降阶，阶数和相对阶仍然较高，加之为了提高控制精度，系统采样频率高，数据吞吐量大大增加。此时，采用反演控制所带来的计算量事实上是机载计算机不能承受的。同样，在导弹的姿态控制和某些工业控制系统中也存在类似的问题。

(2) 扩展困难。当考虑输入扰动和未建模动态时，现有自适应反演控制方案的结果并不理想，跟踪误差仅能收敛到某个与未建模动态的强度系数、扰动及其导数成正比的残集内[29]，这甚至不如鲁棒自适应方案的结果。这一理论缺陷使其工程应用颇受质疑。

(3) 控制律脆弱。若因故障导致控制律失效，则很难在线重构出有效控制律。

(4) 工程师不易接受。因需要较多系统建构知识和数学知识，自适应控制在工业界的推广并不顺利，而反演控制使得自适应控制理论与应用间的冲突愈加尖锐。

(5) 高频增益和干扰的问题。目前的自适应反演控制方案除对高频增益已知的特殊情形具有较理想的结果外，不能改善跟踪误差$\mathcal{L}_\infty$的性能指标[6,17,25]；当存在输入干扰和未建模动态时，其鲁棒性能很不理想。

滑模变结构控制本质上是一类特殊的非线性控制，其非线性表现为控制的不连续性，这种控制策略与其他控制策略的不同之处在于系统的“结构”并不是固定的，而是可以在动态过程中根据系统当前的状态(如偏差及其各阶导数等)有目的地不断变化，从而迫使系统按照预定的“滑动模态”状态进行轨迹运动。由于滑动模态可以进行设计，且与对象参数及扰动无关，因而滑模变结构控制具有快速响应、对参数变化及扰动不灵敏、无需系统在线辨识、物理实现简单等优点。正是这些优点使得滑模变结构控制方法受到了国内外相关学者的极大关注，并发展成为相对独立的研究分支，在多个领域已取得了成功应用。但是，滑模变结构控制在实际应用中仍然存在诸多问题，阻碍了其在工程实践中的进展。首先，滑模变结构控制要求系统不确定性满足匹配条件，这就意味着不确定项仅仅可以出现在控制输入通道，然而实际应用中不满足匹配条件的不确定非线性系统是大量存在的，对于这样的非线性系统，经反馈线性化变换后系统状态之间已不存在通常的积分关系，因而无法获得被控对象状态的各阶导数，使得基于系统状态的各阶导数的滑模变结构控制无法实现。其次，滑模变结构控制在理论上只要不确定性满足匹配条件、有确定界，就可以通过适当的变结构控制起到作用，使系统在有限时间内到达指定的滑动超平面，从而实现滑动模态运动。但是由于实际系统的切换装置不可避免地存在惯性，变结构系统在不同的控制逻辑中的来回切换，使得实际滑动模态运动不是准确地发生在滑动超平面上，而是沿着滑动超平面来回运动，引起系统的抖振，这成为滑模变结构理论在实际应用中的一大障碍。最后，对于非线性系统的滑模变结构控制，等价控制的计算需要精确的系统数学模型，这就增加了滑模变结构控制对系统数学模型的依赖性。

自20世纪90年代以来，研究人员将反演控制和滑模变结构控制相结合，提出了一种新的控制方案——反演滑模变结构控制。反演滑模变结构控制方案兼顾了滑模变结构控制对系统满足匹配不确定性和外界干扰具有较强的鲁棒性，以及反演控制处理对系统非匹配条件具有不确定性的优点，使控制系统对于匹配和非匹配不确定性均具有较强的鲁棒性。同时，该方案的优点还包括：结合基于Lyapunov稳定性理论的反演控制设计过程，非线性控制律设计变得系统化、结构化，并且其继承反演控制具有的良好过渡过程品质，基于滑模变结构控制的该方法可通过设计滑动模态来获得满意的动态品质。因此，该方案在提高、改善控制系统过渡过程品质和鲁棒性等方面表现出较大潜力。然而，一方面由于该方案引入了反演控制的设计思想，从而也引入了反演控制方案的大部分缺点，尤其是控制律的复杂性问题；另一方面，虽然反演控制理论使得滑模变结构控制方法更强大，控制系统性能增强，控制适用对象扩大，但是并没有解决滑模变结构控制理论本身存在的诸如抖振和对系统数学模型依赖性较强等问题。上述两方面的问题成为反演滑模变结构控制方案进行工程应用的瓶颈。

幸运地是，针对反演控制所存在的非线性控制律"微分爆炸"问题，Swaroop等学者提出了一种新的控制方法——动态面控制(Dynamic Surface Control，DSC)[30-34]。动态面控制方案的基本思想是：在原反演控制的前后两步对控制律的设计过程中，增加一阶低通滤波器，从而避免了在下一步设计中对某些非线性信号进行直接微分。一方面滤波器的引入使得每一步控制律的设计与前一级的设计基本解耦了，降低了控制律的复杂程度。另一方面，随着人工智能网络以及智能控制方法的发展，基于模糊逻辑和神经网络等的智能自适应控制被分别引入到反演控制和滑模变结构控制中，将模糊逻辑和神经网络等智能自适应控制与反演控制相结合，取消了传统自适应反演控制的一种限制，即要求系统不确定性应能够通过线性参数化来表示。将模糊逻辑和神经网络等智能自适应控制与滑模变结构控制相结合，既削弱了滑模变结构控制的抖振，同时也减弱了滑模变结构控制对系统数学模型的依赖性。可以看到，基于模糊逻辑和神经网络等的智能自适应控制对反演控制和滑模变结构控制本身性能，表现出很显著的效果。

综上，本书以不确定非线性系统为研究对象，拟对反演滑模变结构控制方案进行深入研究，在保留其控制优点的同时，尽量克服其缺点，将动态面控制、自适应神经网络控制技术应用到反演滑模变结构控制方案中，取长补短，以设计有良好动态品质，简化控制律设计及提高鲁棒性的新控制方案为主要目标，并力求将理论成果与工程实际相结合。

1.2 国内外研究现状

1.2.1 理论研究现状

1993 年，Sira-Ramirez 和 Llanes-Santiago[35] 针对一类参数严格反馈型不确定线性系统，将自适应反演控制与滑模变结构控制相结合，首先提出了反演滑模变结构控制方案，并采用动态滑模设计方法，有效地削弱了抖振。近年来，非线性系统反演滑模变结构控制的研究获得了众多学者的关注，相关文献不断见诸各类期刊及论文集，使非线性系统反演滑模变结构控制的研究取得了多方面的进展。

下面就非线性系统反演滑模变结构控制的基本设计方案分别探讨其国内外理论研究现状。

1. 自适应反演滑模变结构控制方案

在 Sira-Ramirez 和 Llanes-Santiago 研究基础上，Rios-Bolivar 和 Zinober[36] 首先将自适应反演滑模变结构控制方法扩展到可线性化的不确定非线性系统。1995 年，Krstic、Kanellakopoulos 和 Kokotovic[7] 在著作中详细论述了将自适应反演控制和滑模变结构控制相结合的设计方法，指出该方法不仅使非线性控制律的设计更加系统化、结构化，而且使控制系统具有较强的鲁棒性，并且允许在系统最后一个表达式中出现非参数化不确定性，降低了参数修正律的维数。Rios-Bolivar 等[37] 将自适应反演动态滑模变结构控制方案推广到可线性化的非线性系统。Koshkouei 和 Zinober[38,39] 利用自适应反演滑模变结构控制方案实现了一类参数化严格反馈非线性系统的输出跟踪控制。

与此同时，国内学者李俊等[40] 针对一类最小相位仿射非线性系统，设计了自适应反演滑模变结构控制器，实现了在带有未知扰动作用下的不确定非线性系统鲁棒调节。许化龙等[41] 采用自适应反演滑模变结构控制策略，探讨了一类具有非匹配未知参数和非参数不确定性的非线性混沌系统的鲁棒调节问题。吴玉香等[42] 针对具有参数不确定性、输入增益不确定性、未建模动态和外界干扰的多输入输出非线性系统的输出跟踪问题，结合自适应反演控制和滑模变结构控制方法设计了鲁棒自适应控制器。

下面以参数严格反馈型不确定非线性系统为例，介绍自适应反演滑模变结构控制方案的基本设计过程。

考虑如下的参数化严格反馈系统：

$$\begin{cases} \dot{x}_1 = x_2 + \boldsymbol{\varphi}_1^{\mathrm{T}}(x_1)\boldsymbol{\theta} \\ \dot{x}_2 = x_3 + \boldsymbol{\varphi}_2^{\mathrm{T}}(x_1, x_2)\boldsymbol{\theta} \\ \quad \vdots \\ \dot{x}_{n-1} = x_n + \boldsymbol{\varphi}_{n-1}^{\mathrm{T}}(x_1, x_2, \cdots, x_{n-1})\boldsymbol{\theta} \\ \dot{x}_n = f(\boldsymbol{x}) + \Delta f(\boldsymbol{x}) + [g(\boldsymbol{x}) + \Delta g(\boldsymbol{x})]u + d(t) \end{cases} \tag{1.1}$$

其中，$\boldsymbol{x}=[x_1, x_2, \cdots, x_n]^{\mathrm{T}} \in \mathbf{R}^n$ 为系统状态向量，$u \in \mathbf{R}$ 为系统控制输入，$\boldsymbol{\theta} \in \mathbf{R}^p$ 为未知的常参数矢量，$\boldsymbol{\varphi}_i(\cdot) \in \mathbf{R}^p$ 为已知光滑非线性函数，$f(\boldsymbol{x})$和 $g(\boldsymbol{x})$为已知非线性函数，$\Delta f(\boldsymbol{x})$和 $\Delta g(\boldsymbol{x})$为系统未知不确定项，$d(t)$为系统外界干扰，且系统未知不确定项均满足

有界条件。

控制器设计采用递归设计方法，将每一阶子系统 $\dot{x}_i = x_{i+1} + \boldsymbol{\varphi}_i^{\mathrm{T}}(x_1, x_2, \cdots, x_i)\boldsymbol{\theta}$ 中的 x_{i+1} 视为“虚拟控制”，并为其设计中间控制律：首先将式(1.1)中的第一个等式视为一个独立的子系统，定义误差变量 $z_1 = x_1$，中间控制 x_2 用来稳定第一阶子系统。由于参数 $\boldsymbol{\theta}$ 未知，采用自适应方法来完成任务，则此时的控制器包含期望虚拟控制 $\alpha_1(x_1) = x_{2d}$ 以及自适应调节函数 $\tau_1(x_1)$，调节函数方案的引入克服了传统自适应反演方法存在的过参数化缺点；由于 x_2 并非最终的实际控制，下一步利用虚拟反馈定义误差变量 z_2，使 $z_2 = x_2 - \alpha_1$，中间控制 x_3 用来稳定第一、二阶子系统，以下对直到第 $n-1$ 阶子系统的设计类似第一步，在每一步中产生新的期望虚拟控制 α_i 和新的自适应调节函数 τ_i；最后一步采用滑模变结构控制方法获取最终的控制律 u 和参数自适应律 $\dot{\hat{\boldsymbol{\theta}}}$。

综上，自适应反演滑模变结构控制方案采用递推方式，以 n 阶系统为例，在前 $n-1$ 步，利用反演控制的递推设计思想，设计使前 $n-1$ 阶子系统稳定的期望虚拟控制和自适应调节函数。在第 n 步，基于反演控制的设计结果，采用滑模变结构控制策略来获取最终的控制律和参数自适应律。

上述设计方案的主要优点在于：

(1) 对参数化严格反馈的非线性系统来说，该方案解决了实现全局稳定和跟踪收敛要面临的难题，扩大了能够保证全局稳定性的参数未知非线性系统的种类，与经典的自适应反演控制方案相比，本方案允许在系统最后一个表达式中出现非参数化不确定性。

(2) 通过反向设计使控制 Lyapunov 函数和控制器设计过程系统化、结构化，克服了传统方法“匹配条件”的束缚，使系统对匹配和非匹配不确定性均具有鲁棒性。

在上述方案设计框架下，许多学者就削弱自适应反演滑模变结构控制的抖振和提高控制系统的收敛速度及稳态跟踪精度两方面展开了更为深入的研究，研究成果包括以下方面。

(1) 自适应反演高阶滑模控制。滑模变结构控制发展初期，系统滑模面都是系统状态的线性函数，与此同时，基于线性结构的滑模面，对非线性系统的滑模变结构控制的研究也取得了很大的进展，但是通常情况下，相关研究对复杂非线性系统仍无能为力，对抖振问题的处理也没有太大优势，而抖振问题是自适应反演滑模变结构控制在理论研究与工程应用中亟需解决的问题之一。高阶滑模控制(High Order Sliding Mode Control，HOSMC)不仅保留了传统的基于线性滑模面结构控制方案的优点，此外在选取滑模面时不单考虑系统状态，也考虑系统控制输入导数的阶数(一阶导数或高阶导数)，因而对滑模变结构控制项的影响有相当部分转移为对控制律的一阶或高阶导数的选择上，这样才有可能获得连续、无抖振的控制信号。

Bartolini 等[43-45]提出了使自适应反演控制与高阶滑模控制方法相结合的设计方案，该方案将高阶滑模控制方法应用于自适应反演控制最后两步构造的辅助系统中，减少了算法的计算量，并允许系统的最后两个方程存在非参数化不确定性，但由于上述方法构造的辅助系统相对阶为 2，因此并未有效削弱抖振。在此基础上，Bartolini 等[46]基于模块化设计思想，提出了一种输入状态稳定的自适应反演高阶滑模控制方案，该方案在输入有界的前提下保证了系统状态的有界特性，基于非线性 swapping 技术来设计滤波器的辨识模块和参数自适应律，保证独立于输入状态稳定控制器之外的参数估计误差及其导数有界。

(2) 自适应反演终端滑模控制。近年来出现了终端滑模控制(Terminal Sliding Mode Control，TSMC)综合方法，并且得到了很快的发展。Terminal 一词最初来自于神经网络理论中的最终吸引子(Terminal Attractor)[47]的概念。终端滑模控制本质上属于最终滑动模态控制的范畴。随后，又有学者提出了快速终端滑模控制(Fast Terminal Sliding Mode Control，FTSMC)和非奇异终端滑模控制(Nonsingular Terminal Sliding Mode Control，NTSMC)。终端滑模控制在保留传统线性滑模控制优点的同时，提高了系统的收敛速度和稳态跟踪精度。

余星火等[48]针对一类具有参数不确定性和未知非线性函数特点的非线性系统，通过引入快慢两种切换线给出了一种自适应有限时间滑模变结构机制，结合自适应反演控制方案设计控制器保证了闭环系统的稳定性，并使状态在有限时间内收敛到原点。周丽等[49]针对一类具有不确定严格反馈块控特点的非线性系统，模糊逻辑系统的采用逼近了系统复合不确定干扰，实现了具有全局快速有限时间收敛特性的自适应反演终端滑模控制应用，并给出了闭环系统的稳定性分析。可以发现，自适应反演终端滑模控制具有很好的稳定性和抗干扰性能，虽然该方法对系统稳定性进行分析较为方便，控制器设计也较为简单，但并未考虑控制信号抖振的影响。郑剑飞等[50]针对一类具有参数严格反馈型特点的不确定非线性系统，提出了一种自适应反演高阶终端滑模控制方案，该方案在反演控制的前 $n-1$ 步结合自适应律估计系统的未知参数，第 n 步采用非奇异终端滑模使系统的最后一个状态在有限时间内收敛，利用鲁棒微分估计器来获得误差系统状态的导数，并设计高阶滑模控制律，削弱控制抖振，使系统对于匹配和非匹配不确定性均具有鲁棒性。蒲明等[51]针对非奇异终端滑模控制方法不适用于三阶系统这一情况引起的问题，提出一类具有不确定和外干扰特点的三阶非线性系统的新型反演非奇异滑模控制方法。

2. 多滑模反演控制方案

自适应反演滑模变结构控制方案只在递归设计过程的最后一步或两步应用了滑模变结构控制。在模型参数不确定的情况下，Zinober[52]又提出新的反演滑模变结构控制方案——多滑模反演控制方案。该方案放弃了传统的参数自适应律，在递推设计过程中采用基于符号切换函数的滑模变结构控制来克服外界干扰和未建模动态对其的影响。Polycarpou 和 Yao 等[53,54]针对期望虚拟控制的不连续问题，提出了一种基于双曲正切切换函数的多滑模反演控制方案。

不确定非线性系统的多滑模反演控制方案，主要以上述研究成果为基础，已有较充分的研究，并在工程方面有成功应用。其设计过程说明如下。

考虑如下不确定非线性系统：

$$\begin{cases} \dot{x}_1 = x_2 + \eta_1(\boldsymbol{x}, \boldsymbol{\omega}) \\ \dot{x}_2 = x_3 + \eta_2(\boldsymbol{x}, \boldsymbol{\omega}) \\ \quad \vdots \\ \dot{x}_{n-1} = x_n + \eta_{n-1}(\boldsymbol{x}, \boldsymbol{\omega}) \\ \dot{x}_n = f(\boldsymbol{x}) + \eta_n(\boldsymbol{x}, \boldsymbol{\omega}) + g(\boldsymbol{x})u \\ y = x_1 \end{cases} \tag{1.2}$$

其中，$\boldsymbol{x}=[x_1, x_2, \cdots, x_n]^{\mathrm{T}} \in \mathbf{R}^n$ 为系统状态向量，$u \in \mathbf{R}$ 和 $y \in \mathbf{R}$ 分别为系统控制输入

和输出，$f(\boldsymbol{x})$和$g(\boldsymbol{x})$为已知光滑非线性函数，$\eta_i(\boldsymbol{x},\boldsymbol{\omega})$为系统未知不确定项，且满足有界条件。

控制器设计仍然采用递归设计方法，将每一阶子系统$\dot{x}_i=x_{i+1}+\eta_i(\boldsymbol{x},\boldsymbol{\omega})$中的$x_{i+1}$视为“虚拟控制”，并为其设计中间控制律：首先利用坐标变换定义 n 个零阶滑模面$s_i=x_i-x_{id}$，其中$x_{1d}=y_d$，y_d为系统给定参考轨迹，将式(1.2)中的每一个等式视为一个独立的子系统；然后采用滑模变结构控制策略设计适当的虚拟控制 x_{id}，$2\leqslant i\leqslant n$，使得前一阶子系统的状态逐渐趋于稳定，但系统的解不满足 $x_{id}=x_i$，而是通过滑模变结构控制的作用使得 x_i 与虚拟控制 x_{id} 之间具有某种渐近特性，即使得滑模面 s_i 满足到达条件 $s_i\dot{s}_i\leqslant 0$；最终实现整个系统的渐近稳定，系统输出 y 亦能够稳定跟踪给定参考轨迹 y_d。

上述设计方案除具有自适应反演滑模变结构控制方案的大部分优点外，其最主要的优点在于：该方案为每一次的坐标转换提供一个零阶滑模面，利用反演控制在递归设计的每一步设计虚拟的滑模变结构控制器，该虚拟控制器可以对未知的有界函数进行补偿，且对未知函数的形式无任何要求，只需知道其上界即可，这一特点是自适应反演滑模变结构控制方案所不具备的。

在多滑模反演控制方案的设计框架下，Gorman 等[55]在递推设计过程中采用基于范数型切换函数的滑模变结构控制来补偿不确定性的影响，并通过设计高增益观测器观测期望虚拟控制的导数，简化了控制律设计。在国内学者中，李俊等[56-58]首先开始多滑模反演控制研究。李俊、罗凯和孙剑[56]采用多滑模反演控制策略，研究了一类非匹配不确定非线性系统的输出反馈控制问题。李俊和徐德民[57]探讨了一类一般形式的仿射非匹配不确定非线性系统的多滑模反演控制器的设计方法，针对设计过程中期望虚拟控制作用变化较大的问题，对期望虚拟控制进行修正，用饱和函数代替控制作用变化项，有效降低了抖振。李俊、徐德民和宋保维等[58]针对一类存在未知扰动特点的非匹配不确定非线性系统，采用非线性阻尼技术抵消非匹配不确定性对系统设计的影响，设计多滑模反演控制器，实现了系统的鲁棒输出跟踪。赵文杰[59]采用多滑模反演控制策略，并将边界层应用到滑模面的设计中，探讨了一类非匹配不确定非线性系统的输出跟踪控制问题。Zhou 等[60]针对一类多输入、多输出参数的严格反馈非线性系统，设计了一种基于范数型切换函数的多滑模反演控制器，实现了具有参数不确定性、输入增益不确定性、未建模动态和外界干扰的非线性系统的鲁棒控制。

3. 其他控制方案

除了上述具有代表性的两种反演滑模变结构控制方案外，其他类型的反演滑模变结构控制研究包括：

a. Ferrara 等[61]结合反演控制和高阶滑模控制解决了多输入链式非线性系统的镇定问题。

b. Gorman 等[62]针对一类多输入、多输出且不确定严格反馈的非线性系统，提出了一种新的反演滑模变结构控制方案，该方案结合反演滑模变结构控制的两种基本设计方案的优点，并采用非线性 swapping 技术设计滤波器的辨识模块，基于指数遗忘最小二乘算法设计参数自适应律，通过引入投影算子保证参数估计误差有界。

c. 其他将反演滑模变结构控制与模糊逻辑、神经网络、遗传算法等结合的智能自适应反演滑模变结构控制[63-66]。

1.2.2 工程应用现状

从已查阅的近二十年的文献发现，随着对反演滑模变结构控制理论研究的不断深入与发展，其在诸多工程领域也已得到了广泛的应用。

1. 航空航天领域

曹邦武等[67]将反演滑模变结构控制方案应用于某型侧滑转弯(Skid-to-Turn，STT)导弹的飞行控制系统的设计中，采用高斯径向基函数(Radial Basis Function，RBF)神经网络获得系统未建模动态和外来扰动的估计值，逐步递推得到鲁棒控制器，为避免因高频抖振引起导弹作动器的位置、速率饱和的问题，采用模糊逻辑系统对滑模面斜率进行实时调整，取得了良好的控制效果。针对倾斜转弯(Bank-to-Turn，BTT)导弹的飞行控制系统设计问题，朱凯等[68]提出了一种多滑模反演鲁棒自适应控制方案，在递推设计过程中采用范数型切换函数的滑模变结构控制来补偿不确定性的影响。朱凯等[69]进一步考虑抖振问题对舵机的影响，提出了一种基于二阶终端滑模的 BTT 导弹反演滑模变结构控制方案。Song 等[70]讨论了一种不具有滑动模态的反演滑模变结构控制方法在空间飞行器姿态控制中的应用问题。胡庆雷等[71]针对刚体卫星在轨机动时存在未知惯量特性、外部干扰和控制输入受限的鲁棒控制问题，利用小波函数的逼近能力来补偿执行机构的饱和非线性，提出了一种基于小波神经网络的反演滑模变结构姿态调节控制方案。Madani 等[72]首先建立了微型无人直升机非线性动力学模型，采用反演滑模变结构控制方法设计飞行控制律并对其进行了仿真研究，取得了良好的跟踪性能和鲁棒性，然而，在控制律设计过程中需要对期望虚拟控制求导而使控制律的实现较为复杂；在此基础上，为了简化飞行控制律，Madani 等[73]通过采用二阶滑模微分估计器来获得期望虚拟控制导数的方法讨论了微型无人机反演滑模变结构飞行控制律的设计问题。刘蓉等[74]针对高超声速飞行器一体化布局导致弹性机体与推进系统间的强耦合性以及跨大空域和高速飞行过程中该布局导致气动特性存在强非线性、不确定性和明显的时变特性的问题，提出一种基于小脑神经网络的高超声速飞行器反演滑模控制策略。张进等[75]针对高超声速飞行器在大动压环境下存在的参数不确定性及严重的气动伺服弹性问题，提出了一种弹性反演自适应滑模控制方法。王雨辰等[76]针对大跨域飞行条件下制导弹药滚转通道稳定性的控制问题，设计了一种基于自适应滑模控制理论的强鲁棒滚转稳定控制方法，并在此基础上，进一步考虑执行机构动力学滞后的特性，利用反演法设计了一种执行机构动力学控制方法。

2. 机器人控制领域

吴青云等[77]针对基于动力学模型描述的非完整移动机器人轨迹跟踪的问题，结合反演控制和快速终端滑模控制方法，实现了非完整移动机器人全局快速轨迹的跟踪控制。张燕红等[78]讨论了在载体位置无控、姿态受控的情况下，存在外部扰动的漂浮基空间机器人载体姿态与机械臂各关节协调运动的反演滑模变结构控制问题。宋齐等[79]基于反演控制和高阶滑模控制理论，讨论了载体位置不受控情况下的漂浮基三杆空间机械臂系统的容错控制问题。

3. 电机控制领域

Lin 等[80,81]为一种线性感应电机设计自适应反演滑模变结构控制器并进行了仿真研究，结果表明：该控制器能够克服参数不确定性、摩擦和外界干扰的影响，实现对指令的稳定、精确跟踪，并展现出良好的暂态性能和鲁棒性。王家军等[82]提出了一种新颖的感应电动机解耦模型，分别设计了虚拟转矩和磁链电压反演滑模变结构控制器，并采用自回归小波神经网络以在线估计滑模开关增益，有效提高了感应电动机控制的鲁棒性，同时降低了高频抖振。王礼鹏等[83]针对永磁同步电机调速系统，提出了一种基于扩张状态观测器的反演滑模变结构控制策略，通过设计扩张状态观测器以实时估计系统的外界负载扰动，有效地削弱了抖振。刘乐等[84]针对永磁直线同步电机易受到参数摄动、负载扰动等不确定因素的影响，进而其位移跟踪控制精度会受到影响的问题，提出了一种基于非线性干扰观测器和极限学习机的动态面反演滑模控制方法。刘胜等[85]为了解决永磁同步电机绕组缺相故障引起的转速跟踪和转矩脉动问题，提出了一种鲁棒自适应反演滑模容错控制方法，实现了永磁同步电机缺相故障运行的转速高精度跟踪和扰动抑制。

4. 电液伺服系统控制领域

国内学者管成等[86,87]针对电液伺服系统的非线性特性、系统参数及外部负载的非匹配特性，在电液伺服系统的位置跟踪控制中，提出了多滑模反演鲁棒自适应控制策略，取得了良好的跟踪性能。

5. 其他控制领域

除航空航天、机器人控制、电机控制、电液伺服系统控制等领域外，反演滑模变结构控制的应用在其他控制领域均有大量报道[88-109]。

1.3　反演滑模变结构控制存在的问题

从上述的研究现状我们可以看出，尽管反演滑模变结构控制在理论研究与工程应用方面已取得了诸多成果，但仍然存在许多需要完善的地方，主要有以下几方面。

(1) 处理计算复杂性问题。现有的一些方案需要对期望虚拟控制反复求导而带来计算复杂性问题，而且随着被控对象相对阶的增加，控制律高度复杂、高度非线性。尤其当方案应用于导弹、飞控等复杂系统时，其计算量往往是机载计算机难以承受的。如何在降低非线性控制律的复杂程度的情况下不降低其过渡过程品质，是反演滑模变结构控制系统亟需解决的问题。

(2) 寻求有效削弱抖振的方法。在反演滑模变结构控制削弱抖振的研究中，尽管已经提出了诸如饱和函数替代、模糊逻辑、边界层设计等方法，但这些方法基本上并未超出准滑动模态方法的范畴，而采用反演高阶(二阶)滑模控制策略[43-45]，在最后两步构造了相对阶为2的辅助系统的方法，却并未有效削弱抖振现象，与此同时，滑模变结构控制系统固有的降阶特性不复存在，在某些程度上降低了系统的鲁棒性和抗干扰性能。因而，我们需要进一步研究在不降低控制系统性能及鲁棒性的基础上，寻求削弱抖振的有效方法，这也是一个具有较强吸引力的研究方向。

(3) 面临虚拟控制系数和控制增益未知的问题。系统模型中与未知参数(函数)相乘的虚拟控制变量和实际控制变量分别称为虚拟控制系数和控制增益，而虚拟控制系数和控制增益的控制方向表示系统在虚拟控制和实际控制作用下的运动方向，被称为符号。已有的对反演滑模变结构控制系统的研究，大多针对控制方向已知的情况。然而，在实际系统中，与虚拟控制变量和实际控制变量相乘的未知参数或函数有时候不仅数值大小(类型)未知而且符号也不能事先确定，而要求虚拟控制系数和控制增益完全已知对实际系统也过于苛刻。

(4) 认识非线性系统的多样性。不确定非线性系统具有多样性，包括非仿射不确定非线性系统、非最小相位不确定非线性系统、不确定非线性时滞系统等。认识其多样性对反演滑模变结构控制的研究具有重要意义。

(5) 对非线性系统特性的着重研究。目前反演滑模变结构控制的研究基本上针对的是输入为线性的情况，然而，很多非线性系统存在不连续的非线性本质特性，这些因素将导致控制系统性能达不到期望，甚至有可能使系统不稳定，为此有必要对具有非线性本质特性的反演滑模变结构控制系统进行研究。

(6) 工程应用范围有待进一步开拓。如何将最新的理论研究成果拓展到其他工程应用领域成为亟待解决的问题。

在上述分析和总结的基础上，本书选择“反演滑模变结构控制”作为研究方向，力图对现有方案进行改进，具体改善系统的过渡过程品质、鲁棒性，简化控制律复杂性。本书的主要工作是基于以上六方面问题，研究探讨非匹配不确定非线性系统反演滑模变结构控制、具有执行器非线性约束的不确定非线性系统及其时滞系统的自适应反演滑模变结构控制、具有执行器未知故障的自适应反演滑模变结构控制的方法，并在理论研究的基础上进行一些工程应用方面的探讨。

第 2 章 预 备 知 识

本章将阐述本书中需要用到的一些定义、定理和基础理论等，包括反演控制基本原理、滑模变结构控制基本理论、Lyapunov 稳定性理论、神经网络逼近理论、非线性干扰观测器原理以及相关引理和不等式。这些基本控制理论奠定了本书的理论基础，为各种控制方案设计和闭环系统稳定性分析提供了可靠的理论保障。书中若无特殊说明，将采用以下标识符号：

$\mathbf{R}$ 表示实数集或一维实值空间，$\mathbf{R}_+$ 表示非负实数集，$\mathbf{R}^n$ 表示 n 维欧氏空间；

$|x|$ 表示实数 x 的绝对值，$\|\boldsymbol{x}\|$ 表示向量 $\boldsymbol{x}$ 的欧几里得(Euclidean)范数，即 $\|\boldsymbol{x}\|=\sqrt{\boldsymbol{x}^{\mathrm{T}}\boldsymbol{x}}$；

x_i 表示向量 $\boldsymbol{x}=[x_1, x_2, \cdots, x_n]^{\mathrm{T}}$ 的第 i 个分量，$\bar{\boldsymbol{x}}_i$ 表示向量 $\bar{\boldsymbol{x}}_i=[x_1, x_2, \cdots, x_i]^{\mathrm{T}}$；

$\boldsymbol{I}_n$ 表示 $n\times n$ 阶单位矩阵，在不致混淆的情况下可省去下标 n；

$\lambda_{\min}(\boldsymbol{A})$ 和 $\lambda_{\max}(\boldsymbol{A})$ 表示对称实矩阵 $\boldsymbol{A}$ 的最小特征值和最大特征值；

$\boldsymbol{A}^{\mathrm{T}}$ 表示矩阵 $\boldsymbol{A}$ 的转置，$\|\boldsymbol{A}\|$ 表示矩阵 $\boldsymbol{A}$ 的谱范数，即 $\|\boldsymbol{A}\|=\sqrt{\lambda_{\max}(\boldsymbol{A}^{\mathrm{T}}\boldsymbol{A})}$；

$\mathcal{C}^1[0, \infty]$ 和 $\mathcal{C}^n[0, \infty]$ 表示连续函数空间和具有 n 阶连续导数的函数空间；

$\boldsymbol{B}_r=\{\boldsymbol{x}\in\mathbf{R}^n \mid \|\boldsymbol{x}\|\leqslant r, r>0\}$ 表示以原点为圆心，r 为半径的球；

$\hat{\cdot}$ 表示未知参数 $\cdot$ 或 $\cdot^*$ 的估计值，$\tilde{\cdot}=\cdot-\hat{\cdot}$ 和 $\tilde{\cdot}=\hat{\cdot}-\cdot^*$ 分别表示 $\cdot$ 和 $\cdot^*$ 的估计误差。

2.1 反演控制基本原理

下面以严格反馈系统跟踪问题为例，介绍反演控制方法的基本原理[7]，首先考虑二阶非参数化严格反馈非线性系统

$$\begin{cases}\dot{x}_1=x_2+f_1(x_1)\\ \dot{x}_2=u+f_2(x_1, x_2)\\ y=x_1\end{cases} \tag{2.1}$$

假设系统中非线性函数都是已知的，显然非线性函数不满足匹配条件，即非线性函数没有全部出现在控制输入张成的空间中。反演控制的基本原理概括如下：

首先定义闭环系统式(2.1)的状态跟踪误差为

$$\begin{cases}e_1=x_1-y_r\\ e_2=x_2-\alpha_1\end{cases} \tag{2.2}$$

第 1 步：由闭环系统式(2.1)的第一阶子系统和状态跟踪误差 $e_1=x_1-y_r$，则 e_1 的动态方程为

$$\dot{e}_1 = x_2 + f_1(x_1) - \dot{y}_r \tag{2.3}$$

其中，y_r 是参考信号。

如果把 x_2 看作控制输入，则可设计

$$x_2 = -k_1 e_1 - f_1(x_1) + \dot{y}_r \tag{2.4}$$

其中，$k_1 > 0$ 为设计参数。

将式(2.4)代入式(2.3)可得

$$\dot{e}_1 = -k_1 e_1 \tag{2.5}$$

定义第一阶子系统的 Lyapunov 函数为

$$V_1 = \frac{1}{2} e_1^2 \tag{2.6}$$

对 V_1 按时间 t 求导可得

$$\dot{V}_1 = e_1 \dot{e}_1 = -k_1 e_1^2 \leqslant 0 \tag{2.7}$$

因此，由 Lyapunov 稳定性理论可知，状态跟踪误差 $e_1 = 0$ 逐渐趋于稳定。

然而，由于 x_2 不是实际控制输入，因此，在反演控制中，把式(2.4)称为期望虚拟控制(又称为镇定函数)，记为

$$\alpha_1 = -k_1 e_1 - f_1(x_1) + \dot{y}_r \tag{2.8}$$

由状态跟踪误差 $e_2 = x_2 - \alpha_1$，于是状态跟踪误差 e_1 的动态方程应为

$$\dot{e}_1 = -k_1 e_1 + e_2 \tag{2.9}$$

则 Lyapunov 函数 V_1 的导数也应修改为

$$\dot{V}_1 = -k_1 e_1^2 + e_1 e_2 \tag{2.10}$$

其中，$e_1 e_2$ 项将在下一步设计中对其进行补偿。

第 2 步：根据闭环系统式(2.1)的第二阶子系统和状态跟踪误差 $e_2 = x_2 - \alpha_1$，则 e_2 的动态方程为

$$\dot{e}_2 = u + f_2(x_1, x_2) - \frac{\partial \alpha_1}{\partial x_1}[x_2 + f_1(x_1)] - \frac{\partial \alpha_1}{\partial y_r}\dot{y}_r - \frac{\partial \alpha_1}{\partial \dot{y}_r}\ddot{y}_r \tag{2.11}$$

设计实际控制输入

$$u = -e_1 - k_2 e_2 - f_2(x_1, x_2) + \frac{\partial \alpha_1}{\partial x_1}[x_2 + f_1(x_1)] + \frac{\partial \alpha_1}{\partial y_r}\dot{y}_r + \frac{\partial \alpha_1}{\partial \dot{y}_r}\ddot{y}_r \tag{2.12}$$

其中，$k_2 > 0$ 为设计参数。

将实际控制输入 u 代入式(2.11)可得

$$\dot{e}_2 = -e_1 - k_2 e_2 \tag{2.13}$$

定义第二阶子系统的 Lyapunov 函数为

$$V_2 = V_1 + \frac{1}{2} e_2^2 = \frac{1}{2} e_1^2 + \frac{1}{2} e_2^2 \tag{2.14}$$

对 V_2 按时间 t 求导可得

$$\dot{V}_2 = -k_1 e_1^2 - k_2 e_2^2 \leqslant 0 \tag{2.15}$$

因此，由 Lyapunov 稳定性理论，控制律式(2.12)保证了跟踪误差渐近收敛于零。

对于一般的 n 阶系统

$$\begin{cases}\dot{x}_1=x_2+f_1(x_1)\\ \dot{x}_2=x_3+f_2(x_1,\ x_2)\\ \quad\vdots\\ \dot{x}_n=u+f_n(x_1,\ x_2,\ \cdots,\ x_n)\\ y=x_1\end{cases}\tag{2.16}$$

类似地，可以得到以下如表 2.1 所示的设计结果。

表 2.1　n 阶系统的反演控制

状态跟踪误差：	$e_1=y-y_r$，$e_i=x_i-\alpha_{i-1}$，$i=2,\ 3,\ \cdots,\ n-1$
期望虚拟控制：	$\alpha_1=-k_1e_1-f_1(x_1)+\dot{y}_r$ $\alpha_i=-e_{i-1}-k_ie_i-f_i(\bar{\boldsymbol{x}}_i)+\sum_{j=1}^{i-1}\frac{\partial\alpha_{i-1}}{\partial x_j}[x_{j+1}+f_j(\bar{\boldsymbol{x}}_j)]+\sum_{j=0}^{i-1}\frac{\partial\alpha_{i-1}}{\partial y_r^{(j)}}y_r^{(j+1)}$， $i=2,\ 3,\ \cdots,\ n-1$
控制输入：	$u=-e_{n-1}-k_ne_n-f_n(\boldsymbol{x})+\sum_{j=1}^{n-1}\frac{\partial\alpha_{i-1}}{\partial x_j}[x_{j+1}+f_j(\bar{\boldsymbol{x}}_j)]+\sum_{j=0}^{n-1}\frac{\partial\alpha_{i-1}}{\partial y_r^{(j)}}y_r^{(j+1)}$

下面以参数化严格反馈非线性系统为例，介绍自适应反演控制方法的基本原理。

考虑如下的非线性系统

$$\begin{cases}\dot{x}_1=x_2+\boldsymbol{\varphi}_1^{\mathrm{T}}(x_1)\boldsymbol{\theta}\\ \dot{x}_2=u+\boldsymbol{\varphi}_2^{\mathrm{T}}(x_1,\ x_2)\boldsymbol{\theta}\\ y=x_1\end{cases}\tag{2.17}$$

其中，$\boldsymbol{\theta}$ 为未知参数向量，类似反演控制设计过程，自适应反演控制设计过程增加了对参数自适应律的设计，我们以调节函数设计方案为例，说明这种设计思想。

首先定义闭环系统式(2.17)的状态跟踪误差为

$$\begin{cases}e_1=x_1-y_r\\ e_2=x_2-\dot{y}_r-\alpha_1\end{cases}\tag{2.18}$$

第 1 步：由闭环系统式(2.17)的第一阶子系统和状态跟踪误差 $e_1=x_1-y_r$，则 e_1 的动态方程为

$$\dot{e}_1=e_2+\alpha_1+\boldsymbol{\varphi}_1^{\mathrm{T}}(x_1)\boldsymbol{\theta}=e_2+\alpha_1+\boldsymbol{\omega}_1^{\mathrm{T}}(x_1)\hat{\boldsymbol{\theta}}+\boldsymbol{\omega}_1^{\mathrm{T}}(x_1)(\boldsymbol{\theta}-\hat{\boldsymbol{\theta}})\tag{2.19}$$

其中，$\boldsymbol{\omega}_1(x_1)=\boldsymbol{\varphi}_1(x_1)$称为回归向量。

定义第一阶子系统的 Lyapunov 函数为

$$V_1=\frac{1}{2}e_1^2+\frac{1}{2}\tilde{\boldsymbol{\theta}}^{\mathrm{T}}\boldsymbol{\Gamma}^{-1}\tilde{\boldsymbol{\theta}}\tag{2.20}$$

其中，$\tilde{\boldsymbol{\theta}}=\boldsymbol{\theta}-\hat{\boldsymbol{\theta}}$ 为参数估计误差，$\hat{\boldsymbol{\theta}}$ 为 $\boldsymbol{\theta}$ 的估计值，$\boldsymbol{\Gamma}=\boldsymbol{\Gamma}^{\mathrm{T}}>0$ 为自适应增益矩阵。

对 V_1 按时间 t 求导可得

$$\dot{V}_1=e_1[e_2+\alpha_1+\boldsymbol{\omega}_1^{\mathrm{T}}(x_1)\hat{\boldsymbol{\theta}}]-\tilde{\boldsymbol{\theta}}^{\mathrm{T}}\boldsymbol{\Gamma}^{-1}[\dot{\hat{\boldsymbol{\theta}}}-\boldsymbol{\Gamma}\boldsymbol{\omega}_1(x_1)e_1]\tag{2.21}$$

如果把 x_2 看作控制输入，即 $e_2=0$，$x_2=\alpha_1+\dot{y}_r$，则可设计期望虚拟控制和参数自适应律为

$$\begin{cases}\alpha_1=-k_1e_1-\boldsymbol{\omega}_1^{\mathrm{T}}(x_1)\hat{\boldsymbol{\theta}}\\ \dot{\hat{\boldsymbol{\theta}}}=\boldsymbol{\Gamma}\boldsymbol{\omega}_1(x_1)e_1=\boldsymbol{\Gamma}\tau_1\end{cases}\tag{2.22}$$

其中，$k_1>0$ 为设计参数。

将期望虚拟控制和参数自适应律式(2.22)代入式(2.21)可得

$$\dot{e}_1=-k_1e_1\tag{2.23}$$

然而，由于 x_2 不是实际控制输入，因此不能选择 $\dot{\hat{\boldsymbol{\theta}}}=\boldsymbol{\Gamma}\tau_1$ 作为参数自适应律，我们把 τ_1 称为调节函数，将期望虚拟控制 α_1 代入式(2.21)，则有

$$\dot{V}_1=-k_1e_1^2+e_1e_2-\tilde{\boldsymbol{\theta}}^{\mathrm{T}}\boldsymbol{\Gamma}^{-1}(\dot{\hat{\boldsymbol{\theta}}}-\boldsymbol{\Gamma}\tau_1)\tag{2.24}$$

其中，将在下一步设计中对 e_1e_2 进行补偿。

第 2 步：由闭环系统式(2.17)的第二阶子系统和状态跟踪误差 $e_2=x_2-\dot{y}_r-\alpha_1$，则 e_2 的动态方程为

$$\dot{e}_2=u-\frac{\partial\alpha_1}{\partial x_1}x_2-\frac{\partial\alpha_1}{\partial y_r}\dot{y}_r-\ddot{y}_r+\boldsymbol{\omega}_2^{\mathrm{T}}(x_1,\ x_2,\ \hat{\boldsymbol{\theta}})\boldsymbol{\theta}-\frac{\partial\alpha_1}{\partial\hat{\boldsymbol{\theta}}}\dot{\hat{\boldsymbol{\theta}}}\tag{2.25}$$

回归向量为

$$\boldsymbol{\omega}_2(x_1,\ x_2,\ \hat{\boldsymbol{\theta}})=\boldsymbol{\varphi}_2(x_1,\ x_2)-\frac{\partial\alpha_1}{\partial x_1}\boldsymbol{\varphi}_1(x_1)\tag{2.26}$$

设计实际控制输入

$$u=-e_1-k_2e_2+\frac{\partial\alpha_1}{\partial x_1}x_2+\frac{\partial\alpha_1}{\partial y_r}\dot{y}_r+\ddot{y}_r-\boldsymbol{\omega}_2^{\mathrm{T}}(x_1,\ x_2,\ \hat{\boldsymbol{\theta}})\hat{\boldsymbol{\theta}}+\frac{\partial\alpha_1}{\partial\hat{\boldsymbol{\theta}}}\dot{\hat{\boldsymbol{\theta}}}\tag{2.27}$$

将实际控制输入 u 代入式(2.25)可得

$$\dot{e}_2=-e_1-k_2e_2+\boldsymbol{\omega}_2^{\mathrm{T}}\tilde{\boldsymbol{\theta}}\tag{2.28}$$

定义第二阶子系统的 Lyapunov 函数为

$$V_2=V_1+\frac{1}{2}e_2^2=\frac{1}{2}e_1^2+\frac{1}{2}e_2^2+\frac{1}{2}\tilde{\boldsymbol{\theta}}^{\mathrm{T}}\boldsymbol{\Gamma}^{-1}\tilde{\boldsymbol{\theta}}\tag{2.29}$$

对 V_2 按时间 t 求导可得

$$\dot{V}_2=-k_1e_1^2-k_2e_2^2-\tilde{\boldsymbol{\theta}}^{\mathrm{T}}\boldsymbol{\Gamma}^{-1}[\dot{\hat{\boldsymbol{\theta}}}-\boldsymbol{\Gamma}(\tau_1+\boldsymbol{\omega}_2e_2)]\tag{2.30}$$

设计参数自适应律为

$$\dot{\hat{\boldsymbol{\theta}}}=\boldsymbol{\Gamma}(\tau_1+\boldsymbol{\omega}_2e_2)=\boldsymbol{\Gamma}\tau_2\tag{2.31}$$

将参数自适应律式(2.31)代入式(2.30)可得

$$\dot{V}_2=-k_1e_1^2-k_2e_2^2\leqslant 0\tag{2.32}$$

因此，由 Lyapunov 稳定性理论，控制律式(2.27)和参数自适应律式(2.31)保证了跟踪误差渐近收敛于零。

对于一般的 n 阶系统

$$
\begin{cases}
\dot{x}_1 = x_2 + \boldsymbol{\varphi}_1^{\mathrm{T}}(x_1)\boldsymbol{\theta} \\
\dot{x}_2 = x_3 + \boldsymbol{\varphi}_2^{\mathrm{T}}(x_1, x_2)\boldsymbol{\theta} \\
\quad \vdots \\
\dot{x}_n = u + \boldsymbol{\varphi}_n^{\mathrm{T}}(x_1, x_2, \cdots, x_n)\boldsymbol{\theta} \\
y = x_1
\end{cases}
\tag{2.33}
$$

类似地，可以得到以下如表 2.2 所示的设计结果。

表 2.2　n 阶系统的自适应反演控制

状态跟踪误差：	$e_1 = y - y_r$，$e_i = x_i - y_r^{(i-1)} - \alpha_{i-1}$，$i = 2, 3, \cdots, n-1$
期望虚拟控制：	$\alpha_i = -e_{i-1} - k_i e_i - \boldsymbol{\omega}_i^{\mathrm{T}}\hat{\boldsymbol{\theta}} + \sum_{j=1}^{i-1}\left[\frac{\partial \alpha_{i-1}}{\partial x_j}x_{j+1} + \frac{\partial \alpha_{i-1}}{\partial y_r^{(j-1)}}y_r^{(j)}\right] + \frac{\partial \alpha_{i-1}}{\partial \hat{\boldsymbol{\theta}}}\boldsymbol{\Gamma}\tau_i + \sum_{j=2}^{i-1}\frac{\partial \alpha_{i-1}}{\partial \hat{\boldsymbol{\theta}}}\boldsymbol{\Gamma}\boldsymbol{\omega}_i e_j$，$i = 1, 2, \cdots, n$
调节函数：	$\tau_i = \tau_{i-1} + \boldsymbol{\omega}_i e_i$，$i = 1, 2, \cdots, n$
回归向量：	$\boldsymbol{\omega}_i = \dot{\boldsymbol{\varphi}}_i - \sum_{j=1}^{i-1}\frac{\partial \alpha_{i-1}}{\partial x_j}\boldsymbol{\varphi}_j$，$i = 1, 2, \cdots, n$
控制输入：	$u = \alpha_n + y_r^{(n)}$
参数自适应律：	$\dot{\hat{\boldsymbol{\theta}}} = \boldsymbol{\Gamma}\tau_n$

2.2　滑模变结构控制基本原理

控制论诞生不久，“改变系统结构”这一思想最早出现于 1953 年 Wunch 的博士学位论文中[110]。之后，苏联学者 Emelyanov 首先提出了变结构控制系统（Variable Structure Control System，VSCS）的概念，并且逐步形成了一种控制系统的综合方法[111,112]。在此基础上，Utkin 等学者进一步发展、完善了变结构控制理论[113-115]，使得变结构控制理论成为控制科学的一大分支，受到了大量学者和工程人员的广泛关注与深入研究。

从广义上看，变结构控制系统目前主要有两类：第一类是不具有滑动模态的变结构控制系统；第二类是具有滑动模态的变结构控制系统。一般的变结构控制系统均指具有滑动模态的变结构控制系统，也称为滑模变结构控制系统，或者直接称为滑模控制系统。由于滑动模态的存在，滑模变结构控制系统对系统的不确定性（满足匹配条件）和干扰具有完全的自适应性，而且可以通过滑动模态的设计获得满意的动态品质，同时控制简单，易于实现，所以基于滑动模态的变结构控制系统在国际上得到了广泛重视。

滑模变结构控制的基本原理在于，当系统状态穿越状态空间的滑动超平面时，反馈控制的结构就会发生变化，从而系统的状态轨迹能够到达这个滑动超平面，并且沿着超平面运动至原点。系统在滑动超平面上的运动性能依赖于滑动模态参数的设计，该设计使系统的性能达到期望的性能指标[113,114]。

滑模变结构控制最开始是一种针对连续控制系统的综合方法，其基本设计思想如下[116-121]。

考虑一般的仿射非线性系统

$$\dot{\boldsymbol{x}}=f(\boldsymbol{x},t)+b(\boldsymbol{x},t)u \tag{2.34}$$

其中，$\boldsymbol{x}\in\mathbf{R}^n$ 为系统状态变量，$u\in\mathbf{R}^m$ 为系统控制输入，$f(\boldsymbol{x},t)$和 $b(\boldsymbol{x},t)$为适当维数的连续光滑函数。

控制系统设计的目标是构造反馈控制 $u\in\mathbf{R}^m$，使得

(1) 系统的任意初始状态都能被引导到由滑模面 $s(\boldsymbol{x})\in\mathbf{R}^m$ 定义的平面(超平面/流形)$S=\{\boldsymbol{x}\mid s(\boldsymbol{x})=0\}$上。

(2) 系统状态到达 S 平面之后，沿着该平面渐近收敛到原点。

(3) 一旦系统状态穿越该平面，u 的结构立刻发生变化，以保证系统状态到达 S 平面。

系统沿 S 平面的运动称为滑动模态或简称为“滑模”，系统在没有到达 S 平面之前的运动，称之为趋近模态，即非滑动模态。

因此，通常情况下滑模变结构控制系统的设计可分为以下两步：

① 设计滑模面 $s(\boldsymbol{x})$，保证滑模渐近、稳定，动态品质良好。

② 设计控制律以满足到达条件，保证任意初始状态在有限时间内到达并保持在由滑模面 $s(\boldsymbol{x})$定义的平面 S 上。

2.2.1 滑模面设计方法

滑模变结构控制通常要求理想的滑动模态、良好的动态品质和较高的鲁棒性，这些性能可以通过设计适当的滑模面来实现。下面从滑模面设计的不同目的角度简述滑模面的设计方法。

1. 提高系统收敛速度

在滑模变结构控制的发展初期，系统的滑模面都是系统状态的线性函数，称为线性滑模面(Linear Sliding Mode Surface，LSMS)。其表达式可表示为[121]

$$s(\boldsymbol{x})=\boldsymbol{C}\boldsymbol{x}=\sum_{i=1}^{n-1}c_i x_i+x_n \tag{2.35}$$

其中，$\boldsymbol{x}=[x_1,x_2,\cdots,x_n]^{\mathrm{T}}\in\mathbf{R}^n$ 为系统状态向量，$x_i=x^{(i-1)}$，$i=1,2,\cdots,n$ 为系统状态的各阶导数，$\boldsymbol{C}=\mathrm{diag}[c_1,c_2,\cdots,c_{n-1},1]\in\mathbf{R}^n$(常数对角阵，其元素满足多项式 $p^{n-1}+c_{n-1}p^{n-2}+\cdots+c_2p+c_1$)为赫尔维茨(Hurwitz)稳定，$p$ 为拉普拉斯(Laplace)算子。

线性滑模面的设计就是选择常数矩阵 $\boldsymbol{C}$ 使控制系统具有良好的动态品质，其设计方法有很多种。张昌凡等[121]列举了常见的极点配置法、几何法、最优控制法。Ghezawi 等[122]用广义逆矩阵法，根据闭环特征根来设计滑模面。Dorling 和 Young 等[123,124]选择二次型函数作为目标函数，从而得到最优滑模面。

在采用线性滑模面的滑模变结构控制系统中，系统状态在到达滑模状态后能够沿着滑模面定义的超平面渐近收敛到零，渐近收敛的速度可以通过选择常数矩阵 $\boldsymbol{C}$ 来改变。但无论如何，系统状态都无法在有限时间内收敛到零，因此，线性滑模面适用于速度和精度要求不是很高的非线性系统。

为了提高系统的收敛速度，出现了各种非线性终端滑模面(Terminal Sliding Mode Surface，TSMS)。所谓终端滑模面，就是在滑模面的设计中引入非线性函数，使得滑模面上的系统能够在有限时间内到达平衡点状态。Man 等[125]通过引入神经网络中终端

(Terminal)吸引子的概念，设计了一种终端滑模面，其表达式可表示为

$$s=\dot{\boldsymbol{x}}+\beta\boldsymbol{x}^{p/q} \tag{2.36}$$

其中，$\boldsymbol{x}\in\mathbf{R}$ 为系统状态变量，$\beta>0$，p 和 q 为正奇数，且满足 $1/2<p/q<1$。

当系统在滑模阶段运行时，其运行轨迹决定于 $s=0$，则由式(2.36)可得

$$\dot{\boldsymbol{x}}+\beta\boldsymbol{x}^{p/q}=0 \tag{2.37}$$

解微分方程式(2.37)，得到系统从任意初始状态 $\boldsymbol{x}(0)\neq\boldsymbol{0}$ 沿滑动模态到达平衡状态 $\boldsymbol{x}=\boldsymbol{0}$所需的时间为

$$t_s=\frac{q}{\beta(q-p)}\left|\boldsymbol{x}(0)\right|^{(q-p)/q} \tag{2.38}$$

平衡状态 $\boldsymbol{x}=\boldsymbol{0}$ 也称为 Terminal 吸引子。终端滑模面式(2.36)由于引入了非线性部分 $\beta\boldsymbol{x}^{p/q}$，因此改善了向平衡状态收敛的速度。并且该控制越靠近平衡状态，收敛速度越快。

终端滑模面式(2.36)虽然能够保证滑模变结构控制在有限时间内到达平衡状态，但是在收敛时间上却未必是最优的，主要原因是，当系统初始状态远离平衡状态时，收敛速度比线性滑模面的收敛速度慢。为此，Yu 等[126] 提出了一种快速终端滑模面(Fast Terminal Sliding Mode Surface，FTSMS)，其表达式可表示为

$$s=\dot{\boldsymbol{x}}+\alpha\boldsymbol{x}+\beta\boldsymbol{x}^{p/q} \tag{2.39}$$

其中，$\boldsymbol{x}\in\mathbf{R}$ 为系统状态变量，$\alpha>0$，$\beta>0$，p 和 q 为正奇数，且满足 $1/2<p/q<1$。

系统在滑动模态上从任意初始状态 $\boldsymbol{x}(0)\neq\boldsymbol{0}$ 到达平衡状态 $\boldsymbol{x}=\boldsymbol{0}$ 所需的时间为

$$t_s=\frac{q}{\alpha(q-p)}\ln\frac{\alpha\boldsymbol{x}\ (0)^{(q-p)/q}+\beta}{\beta} \tag{2.40}$$

由快速终端滑模面式(2.39)得到系统滑动模态方程为

$$\dot{\boldsymbol{x}}=-\alpha\boldsymbol{x}-\beta\boldsymbol{x}^{p/q} \tag{2.41}$$

当系统状态 $\boldsymbol{x}$ 接近平衡状态 $\boldsymbol{x}=\boldsymbol{0}$ 时，收敛时间主要由快速 Terminal 吸引子即式 $\dot{\boldsymbol{x}}=-\beta\boldsymbol{x}^{p/q}$决定；而当系统状态 $\boldsymbol{x}$ 远离平衡状态 $\boldsymbol{x}=\boldsymbol{0}$ 时，收敛时间主要由式 $\dot{\boldsymbol{x}}=-\alpha\boldsymbol{x}$ 决定，$\boldsymbol{x}$ 快速呈指数衰减。

因此，快速终端滑模面式(2.39)既引入了 Terminal 吸引子，使得系统状态在有限时间内收敛，又保留了线性滑模面在远离平衡状态时的快速性，从而使系统状态能快速、精确地收敛到平衡状态。

终端滑模面式(2.36)和快速终端滑模面式(2.39)在滑模变结构控制的动态响应时间上取得了进步，但都有一个严重的缺点就是在求解控制律时存在奇异点。为此，Feng 等[127] 提出了非奇异终端滑模面(Nonsingular Terminal Sliding Mode Surface，NTSMS)，其表达式可表示为

$$s=\boldsymbol{x}+\frac{1}{\beta}\dot{\boldsymbol{x}}^{p/q} \tag{2.42}$$

其中，$\boldsymbol{x}\in\mathbf{R}$ 为系统状态变量，$\beta>0$，p 和 q 为正奇数，且满足 $1<p/q<2$。

系统在滑动模态上从任意初始状态 $\boldsymbol{x}(0)\neq\boldsymbol{0}$ 到达平衡状态 $\boldsymbol{x}=\boldsymbol{0}$ 所需的时间为

$$t_s=\frac{p}{\beta^{q/p}(p-q)}\left|\boldsymbol{x}(0)\right|^{(p-q)/p} \tag{2.43}$$

终端滑模面式(2.42)不仅能够保证滑模变结构控制在有限时间内到达平衡状态，而且

不存在奇异点。

2. 提高系统鲁棒性

无论是线性滑模面还是上述各种终端滑模面，控制系统的初始状态都不可能恰好在滑模面上，因此其系统运行都存在趋近模态和滑动模态。时变滑模面则可以随着系统的状态或时间的改变而改变，使系统始终运行在滑动模态，从而消除了传统滑模变结构控制的趋近模态，提高了系统的鲁棒性。

Lu 等[128]针对二阶非线性系统，提出了一种时变滑模面设计方法，使得系统在刚开始运动时就处于滑动模态，避免了滑模变结构控制的趋近模态运动，称为全局滑模面(Global Sliding Mode Surface，GSMS)，其表达式可表示为

$$s=\dot{\boldsymbol{x}}+\alpha\boldsymbol{x}-\mathrm{e}^{-\beta t}[\dot{\boldsymbol{x}}(0)+\alpha\boldsymbol{x}(0)] \tag{2.44}$$

其中，$\boldsymbol{x}\in\mathbf{R}$ 为系统状态变量，α 为滑模面常数，β 为正常数，$\boldsymbol{x}(0)$，$\dot{\boldsymbol{x}}(0)$分别表示在$t=0$时刻的系统状态。

全局滑模面式(2.44)消除了传统滑模变结构控制的趋近模态，而且使系统的带宽增大、系统对高频抖振的抗冲击能力加强，然而这种方法到达平衡状态的时间为无穷大，收敛速度也需要进一步提高。许多学者针对全局滑模面的形式进行了研究，也取得了一些成果[129,130]。

3. 削弱抖振

滑模变结构控制本质上具有不连续开关特性，该特性将会引起系统的抖振。对于一个理想的滑模变结构控制系统，假设“结构”切换的过程具有理想的开关特性(即无时间和空间滞后)，系统状态测量精确无误，控制量不受限制，则滑动模态总是降维的光滑运动，且其渐近稳定于原点，不会出现抖振。但是对一个现实的滑模变结构控制系统来说，这些假设不可能完全成立。特别是对离散滑模变结构控制系统来说，滑动模态都将会在光滑的滑模面上叠加一个锯齿形的轨迹。因此，在实际系统中，抖振是必定存在的，而且若消除了抖振，也就消除了滑模变结构控制的抗摄动和抗扰动的能力。因此，消除抖振是不可能的，只能在一定程度上削弱它到一定的范围。

在实际应用中，由于时间滞后开关、空间滞后开关、系统惯性、系统延迟及测量误差等因素，滑模变结构控制在滑动模态下不可避免地存在高频抖振。抖振不仅影响控制系统的性能，增加能量消耗，而且很容易激发起系统中的高频未建模动态，破坏系统的性能，甚至使系统产生振荡或失稳。因此，滑模变结构控制抖振削弱的研究成为滑模变结构控制研究的首要问题[131]。

由于控制系统在滑动模态中，滑模面趋近于零时，其积分也趋近于零。因此，Utkin 等[132]通过在线性滑模面中增加状态变量的积分项来设计积分滑模面(Integral Sliding Mode Surface，ISMS)，其表达式为

$$s=\dot{\boldsymbol{x}}+\alpha\boldsymbol{x}+\beta\int\boldsymbol{x}\,\mathrm{d}t \tag{2.45}$$

其中，$\boldsymbol{x}\in\mathbf{R}$ 为系统状态变量，α 和 β 为滑模面常数。

积分滑模面由于包含状态变量的积分，可以削弱抖振、减小稳态误差。但是积分也会带来累加效应，当初始状态比较大时，可能会引起大的超调或驱动机构饱和。许多学者对

积分滑模面的形式进行了研究，也取得了许多成果[133-135]。

传统滑模变结构控制方法对滑模面的设计一般只依赖于系统状态，而与系统的控制输入无关。这样，不连续项会直接转移到控制中，使系统在不同的控制逻辑间来回切换，从而引起系统抖振。高阶滑模[136-140]（High Order Sliding Mode，HOSM）是对传统滑模（一阶滑模）思想的扩展，高阶滑模方法中滑模面的设计不仅依赖于系统状态，而且与系统控制输入甚至控制输入的一阶或高阶导数有关。因此，不连续控制并不作用于滑模面的一阶微分上，而是作用在其高阶微分上，因而不连续控制的影响可以部分转移到控制的一阶或高阶导数项中，这样不仅保留了传统滑模的主要优点，而且还可以削弱抖振。

2.2.2　等效控制与滑动模态方程

对于仿射非线性系统式(2.34)，假设设计的系统滑模 $s(\boldsymbol{x})\in \mathbf{R}^m$，则系统到达理想的滑动模态时有 $s(\boldsymbol{x})=\dot{s}(\boldsymbol{x})=0$，即

$$\dot{s}=\frac{\partial s}{\partial t}+\frac{\partial s}{\partial \boldsymbol{x}}[f(\boldsymbol{x},t)+b(\boldsymbol{x},t)u] \tag{2.46}$$

如果从式(2.46)中求解出控制量 u，则这个控制量就是当系统进入滑动模态 $s(\boldsymbol{x})=0$ 时，控制器所施加的等效或平均控制量，此时的系统控制称为等效控制。等效控制往往是针对确定性系统在无外界干扰情况下进行设计的。

若$\dfrac{\partial s}{\partial \boldsymbol{x}}b(\boldsymbol{x},t)$可逆，由式(2.46)得到的等效控制为

$$u_{\mathrm{eq}}=-\left[\frac{\partial s}{\partial \boldsymbol{x}}b(\boldsymbol{x},t)\right]^{-1}\left[\frac{\partial s}{\partial t}+\frac{\partial s}{\partial \boldsymbol{x}}f(\boldsymbol{x},t)\right] \tag{2.47}$$

将式(2.47)代入系统方程式(2.34)，可得一般情况下的系统滑动模态方程：

$$\dot{\boldsymbol{x}}=\left\{I-b(\boldsymbol{x},t)\left[\frac{\partial s}{\partial \boldsymbol{x}}b(\boldsymbol{x},t)\right]^{-1}\frac{\partial s}{\partial \boldsymbol{x}}\right\}f(\boldsymbol{x},t)-b(\boldsymbol{x},t)\left[\frac{\partial s}{\partial \boldsymbol{x}}b(\boldsymbol{x},t)\right]^{-1}\frac{\partial s}{\partial t} \tag{2.48}$$

式(2.48)所描述的新动态只需要满足适当的光滑条件，解的存在性和唯一性就可以保证。

针对具有不确定性和面临外界干扰的系统，一般采用的控制律为等效控制加切换控制，即

$$u=u_{\mathrm{eq}}+u_{\mathrm{vss}} \tag{2.49}$$

其中，切换控制 u_{vss} 实现对不确定性和外界干扰的鲁棒控制。

2.2.3　滑动模态到达条件

依据对滑模变结构控制系统设计步骤的叙述，滑模面的设计决定滑动模态运动的渐近稳定性和动态品质，接下来的任务就是要设计适当的变结构控制律，以保证系统能够到达滑动超平面 S，进而实现滑动模态运动。

对单变量系统而言，直观上看要使系统轨线在有限时间内到达滑动超平面 S，滑模的切向量必须指向滑动超平面 S，也即当 $s(\boldsymbol{x})>0$ 时，$\dot{s}(\boldsymbol{x})<0$；而当 $s(\boldsymbol{x})<0$ 时，$\dot{s}(\boldsymbol{x})>0$。因此，单变量系统能够到达滑动模态的充分条件是

$$s(\boldsymbol{x})\dot{s}(\boldsymbol{x})<0 \tag{2.50}$$

对多变量系统而言，滑动模态的到达且存在的条件则不那么直观。该条件相当于在滑

动超平面 S 的邻域内，非线性系统状态轨线关于滑动超平面 S 的稳定性。我国著名学者高为炳先生等提出趋近律方法，即

$$\dot{s}(\boldsymbol{x})=-\boldsymbol{K}s(\boldsymbol{x})-\boldsymbol{W}\mathrm{sgn}(s(\boldsymbol{x})) \tag{2.51}$$

其中，sgn(·)为符号函数，$\boldsymbol{K}=\mathrm{diag}[k_1, k_2, \cdots, k_i]$和$\boldsymbol{W}=\mathrm{diag}[\omega_1, \omega_2, \cdots, \omega_i]$是两个待设计参数，满足 $i=1, 2, \cdots, m$(m 是系统滑模维数)，$k_i>0$，$\omega_i>0$。这样一来，通过选取不同的到达条件参数，即可获得不同的趋近模态性能[141-143]。

通常将式(2.50)表述成 Lyapunov 函数型到达条件，即

$$\dot{V}(s(\boldsymbol{x}))=s(\boldsymbol{x})\dot{s}(\boldsymbol{x})<0,\ V(s(\boldsymbol{x}))=\frac{1}{2}s^2(\boldsymbol{x}) \tag{2.52}$$

其中，$V(s(\boldsymbol{x}))=\frac{1}{2}s^2(\boldsymbol{x})$为定义的 Lyapunov 函数。

由此，可自然地将单变量系统推广为多变量系统，滑模 $s(\boldsymbol{x})\in\mathbf{R}^m$ 的 Lyapunov 函数为

$$V(s(\boldsymbol{x}))=\frac{1}{2}s^{\mathrm{T}}(\boldsymbol{x})s(\boldsymbol{x}) \tag{2.53}$$

同理，只需满足

$$\dot{V}(s(\boldsymbol{x}))=s^{\mathrm{T}}(\boldsymbol{x})\dot{s}(\boldsymbol{x})<0 \tag{2.54}$$

即可保证滑模的到达。然而，到达条件式(2.54)只能保证当 $t\to\infty$时，滑模 $s(\boldsymbol{x})\to0$，为了保证在“有限时间”到达，避免渐近趋近，到达条件可改为

$$\dot{V}(s(\boldsymbol{x}))=s^{\mathrm{T}}(\boldsymbol{x})\dot{s}(\boldsymbol{x})<-\eta\,\|s(\boldsymbol{x})\| \tag{2.55}$$

其中，$\eta>0$ 是待设计参数，这样就能保证 $s(x)$在 $t\leqslant\|s(0)\|/\eta$ 条件下到达[144]。

Lyapunov 型到达条件式(2.55)与条件式(2.51)是统一的，因为由式(2.51)可得

$$s^{\mathrm{T}}(\boldsymbol{x})\dot{s}(\boldsymbol{x})\leqslant-\sum_{i=1}^{m}k_i s_i^2(\boldsymbol{x})-\sum_{i=1}^{m}\omega_i\,\|s_i(\boldsymbol{x})\|<-\sum_{i=1}^{m}\omega_i\,\|s_i(\boldsymbol{x})\| \tag{2.56}$$

2.2.4　滑动模态的不变性

滑模变结构控制系统的运动包括趋近模态运动和滑动模态运动。滑模变结构控制最引人注目之处是，系统一旦进入滑动模态运动，则对一类参数摄动及外界干扰具有完全的自适应性或不变性。下面我们将具体讨论滑模的这一重要特性，并简单给出实现这种不变性需满足的条件。

假设系统式(2.34)相应的不确定系统为

$$\dot{\boldsymbol{x}}=f(\boldsymbol{x},t)+\Delta f(\boldsymbol{x},t,p)+[b(\boldsymbol{x},t)+\Delta b(\boldsymbol{x},t,p)]u+d(\boldsymbol{x},t,p) \tag{2.57}$$

其中，$\Delta f(\boldsymbol{x},t,p)$，$\Delta b(\boldsymbol{x},t,p)$为具有适当维数的不确定性，$d(\boldsymbol{x},t,p)$为具有适当维数的外界干扰，$p$ 为不确定参数(在不引起混淆的情况下，以下部分将省略有关自变量符号)。

选取滑模面 $s(\boldsymbol{x})$，沿系统式(2.57)对时间 t 求导可得

$$\dot{s}=\frac{\partial s}{\partial t}+\frac{\partial s}{\partial \boldsymbol{x}}[(f+\Delta f)+(b+\Delta b)u+d] \tag{2.58}$$

若$\frac{\partial s}{\partial \boldsymbol{x}}(b+\Delta b)$可逆，当系统进入滑动模态 $s(\boldsymbol{x})=0$ 时，即可求出等效控制

$$u_{\mathrm{eq}}=-\left[\frac{\partial s}{\partial \boldsymbol{x}}(b+\Delta b)\right]^{-1}\left[\frac{\partial s}{\partial t}+\frac{\partial s}{\partial \boldsymbol{x}}(f+\Delta f+d)\right] \tag{2.59}$$

将等效控制式(2.59)代入系统方程式(2.57)，可得系统滑动模态方程

$$\dot{\boldsymbol{x}}=f+\Delta f+d-(b+\Delta b)\left[\frac{\partial s}{\partial \boldsymbol{x}}(b+\Delta b)\right]^{-1}\left[\frac{\partial s}{\partial t}+\frac{\partial s}{\partial \boldsymbol{x}}(f+\Delta f+d)\right] \tag{2.60}$$

假设存在 $\tilde{f}$、$\tilde{b}$、$\tilde{d}$ 使得匹配条件

$$\Delta f=b\tilde{f},\ \Delta b=b\tilde{b},\ d=b\tilde{d} \tag{2.61}$$

将式(2.61)代入式(2.60)可得

$$\begin{aligned}
\dot{\boldsymbol{x}}&=f+b\tilde{f}+b\tilde{d}-b(I+\tilde{b})\left[\frac{\partial s}{\partial \boldsymbol{x}}b(I+\tilde{b})\right]^{-1}\left[\frac{\partial s}{\partial t}+\frac{\partial s}{\partial \boldsymbol{x}}(f+b\tilde{f}+b\tilde{d})\right]\\
&=f+b\tilde{f}+b\tilde{d}-b(I+\tilde{b})(I+\tilde{b})^{-1}\left(\frac{\partial s}{\partial \boldsymbol{x}}b\right)^{-1}\frac{\partial s}{\partial \boldsymbol{x}}f-\\
&\quad b(I+\tilde{b})(I+\tilde{b})^{-1}\left(\frac{\partial s}{\partial \boldsymbol{x}}b\right)^{-1}\left(\frac{\partial s}{\partial \boldsymbol{x}}b\right)(\tilde{f}+\tilde{d})-b(I+\tilde{b})(I+\tilde{b})^{-1}\left(\frac{\partial s}{\partial \boldsymbol{x}}b\right)^{-1}\frac{\partial s}{\partial t}\\
&=f+b\tilde{f}+b\tilde{d}-b\left(\frac{\partial s}{\partial \boldsymbol{x}}b\right)^{-1}\frac{\partial s}{\partial \boldsymbol{x}}f-b(\tilde{f}+\tilde{d})-b\left(\frac{\partial s}{\partial \boldsymbol{x}}b\right)^{-1}\frac{\partial s}{\partial t}\\
&=\left[I-b\left(\frac{\partial s}{\partial \boldsymbol{x}}b\right)^{-1}\frac{\partial s}{\partial \boldsymbol{x}}\right]f-b\left(\frac{\partial s}{\partial \boldsymbol{x}}b\right)^{-1}\frac{\partial s}{\partial t}
\end{aligned} \tag{2.62}$$

显然，式(2.62)和式(2.48)一致，这就说明滑动模态与系统所受不确定性 Δf、Δb 和外界干扰 d 无关，即滑动模态对满足匹配条件式(2.61)的未知不确定性和外界干扰具有不变性。

匹配条件式(2.61)也可以用代数条件验证，即

$$\operatorname{rank}(b,\ \Delta f)=\operatorname{rank}(b,\ \Delta b)=\operatorname{rank}(b,\ d)=\operatorname{rank}(b) \tag{2.63}$$

滑动模态关于不确定性和外界干扰的不变性，除了使滑模变结构控制系统在实现滑动模态运动后具有良好的抗干扰性能外，在模型跟踪、输入/输出解耦及分散控制等问题中也有重要的应用意义。

2.3 Lyapunov 稳定性理论

在系统理论与工程中，稳定性理论起着主导作用。在动力学系统的研究中会出现各种不同的稳定性问题。我们在这里主要讨论平衡点的稳定性。平衡点的稳定性特征一般由 Lyapunov 理论确定。此外，即使系统没有平衡点，系统解的有界性也可通过应用 Lyapunov 稳定性进行分析。根据本书研究的问题，本节将对 Lyapunov 稳定性定义和定理作简要的介绍。首先引入$\mathcal{K}$类函数和$\mathcal{KL}$类函数的定义。

定义 2.1[145]($\mathcal{K}$类函数)：如果连续函数 α：$[0,\ a)\rightarrow[0,\ \infty)$严格递增，且 $\alpha(0)=0$，则 α 属于$\mathcal{K}$类函数。如果 $a=\infty$，且当 $r\rightarrow\infty$时，$\alpha(r)\rightarrow\infty$，则 α 属于$\mathcal{K}_\infty$类函数。

定义 2.2[145]($\mathcal{KL}$类函数)：对于连续函数 β：$[0,\ a)\times[0,\ \infty)\rightarrow[0,\ \infty)$，如果对于每个固定的 s，映射 $\beta(r,\ s)$都是关于 r 的$\mathcal{K}$类函数，并且对于每个固定的 r，映射 $\beta(r,\ s)$是 s 的递减函数，且当 $s\rightarrow\infty$时，$\beta(r,\ s)\rightarrow 0$，则 β 属于$\mathcal{KL}$类函数。

考虑以下常微分方程描述的动力学系统：

$$\dot{\boldsymbol{x}}=f(t,\boldsymbol{x}),\ \boldsymbol{x}(t_0)=\boldsymbol{x}_0 \tag{2.64}$$

其中，f：$[0,\infty)\times D\rightarrow\mathbf{R}^n$ 在$[0,\infty)\times D$ 上是 t 的分段连续函数，且其对于 x 是局部利普席茨(Lipschitz)连续的，$D\subset\mathbf{R}^n$ 是包含原点的定义域。若 $f(t,\boldsymbol{x})=f(\boldsymbol{x})$，则称系统为时不变或自治系统，否则称为时变或非自治系统。如果满足 $f(t,0)=0$，$\forall t\geqslant t_0$，则原点是 $t=t_0$ 时系统式(2.64)的平衡点。原点的平衡点可能是某个非零平衡点的平移，或者说是系统某个非零解的平移，记系统以 $\boldsymbol{x}(t_0)=\boldsymbol{x}_0$ 为初始条件的解为 $\boldsymbol{x}(t,t_0,\boldsymbol{x}_0)$。

相关稳定性的定义如下：

定义 2.3[145](稳定与渐近稳定)：假设$\boldsymbol{B}_r\in\mathbf{R}^n$ 为一紧集，则对于系统式(2.64)的平衡点 $\boldsymbol{x}=\boldsymbol{0}$，有以下情况：

(1) 当且仅当存在一个$\mathcal{K}$类函数 α 和独立于 t_0 的正常数 c，满足

$$\|\boldsymbol{x}(t)\|\leqslant\alpha(\|\boldsymbol{x}_0\|),\ \forall t\geqslant t_0\geqslant 0,\ \forall\|\boldsymbol{x}_0\|<c,\ \forall x_0\in\boldsymbol{B}_r \tag{2.65}$$

时，平衡点是局部一致稳定的。

(2) 当且仅当存在一个$\mathcal{KL}$类函数 β 和独立于 t_0 的正常数 c，满足

$$\|\boldsymbol{x}(t)\|\leqslant\beta(\|\boldsymbol{x}_0\|,t-t_0),\ \forall t\geqslant t_0\geqslant 0,\ \forall\|\boldsymbol{x}_0\|<c,\ \forall x_0\in\boldsymbol{B}_r \tag{2.66}$$

时，平衡点是局部一致且渐近稳定的。

如果定义 2.3 对 $\forall\boldsymbol{x}_0\in\mathbf{R}^n$ 均成立，则平衡点是全局意义下稳定的；若对任意的 r 及所有 $\boldsymbol{x}_0\in\boldsymbol{B}_r$ 成立，则平衡点是半全局意义下稳定的。

定义 2.4[145](指数稳定)：对于系统式(2.64)的平衡点 $\boldsymbol{x}=\boldsymbol{0}$，如果存在正常数 c、k 和 λ，满足

$$\|\boldsymbol{x}(t)\|\leqslant k\|\boldsymbol{x}_0\|\mathrm{e}^{-\lambda(t-t_0)},\ \forall\|\boldsymbol{x}_0\|<c,\ \forall\boldsymbol{x}_0\in\boldsymbol{B}_r \tag{2.67}$$

时，平衡点是局部指数稳定的。

如果定义 2.4 对于 $\forall\boldsymbol{x}_0\in\mathbf{R}^n$ 均成立，则平衡点是全局意义下指数稳定的；若对任意的 r 及所有 $\boldsymbol{x}_0\in\boldsymbol{B}_r$ 成立，则平衡点是半全局意义下指数稳定的。

关于有界性的定义如下：

定义 2.5[145](一致有界和一致终结有界)：对于系统式(2.64)：

(1) 如果存在一个与 t_0 无关的常数 c 和 $\forall t_0\geqslant 0$，对于每个 $a\in(0,c)$，存在与 t_0 无关的 $b=b(a)>0$，满足

$$\|\boldsymbol{x}_0\|\leqslant a\Rightarrow\|\boldsymbol{x}(t,t_0,\boldsymbol{x}_0)\|\leqslant b,\ \forall t\geqslant t_0 \tag{2.68}$$

则称解 $\boldsymbol{x}(t,t_0,\boldsymbol{x}_0)$是一致有界的；若式(2.68)对于任意大的 a 都成立，则称解 $\boldsymbol{x}(t,t_0,\boldsymbol{x}_0)$是全局一致且有界的。

(2) 如果存在与 t_0 无关的常数 b 和 c，$\forall t_0\geqslant 0$，对于每个 $a\in(0,c)$，存在 $T=T(a,b)\geqslant 0$ 与 t_0 无关，满足

$$\|\boldsymbol{x}_0\|\leqslant a\Rightarrow\|\boldsymbol{x}(t,t_0,\boldsymbol{x}_0)\|\leqslant b,\ \forall t\geqslant t_0+T \tag{2.69}$$

则称解 $\boldsymbol{x}(t,t_0,\boldsymbol{x}_0)$是一致终结有界的，且最终边界为 b；若式(2.69)对于任意大的 a 都成立，则称解 $\boldsymbol{x}(t,t_0,\boldsymbol{x}_0)$是全局一致且终结有界的。

相关稳定性的定理如下：

定理 2.1[145]：对于系统式(2.64)，假设$\boldsymbol{B}_r\subset\mathbf{R}^n$ 是一紧集，若存在连续可微函数 V：$\mathbf{R}_+\times\mathbf{R}^n\rightarrow\mathbf{R}_+$ 使得

$$\boldsymbol{W}_1(\boldsymbol{x}) \leqslant V(t, \boldsymbol{x}) \leqslant \boldsymbol{W}_2(\boldsymbol{x}) \tag{2.70}$$

$$\dot{V} = \frac{\partial V}{\partial t} + \frac{\partial V}{\partial \boldsymbol{x}} f(t, \boldsymbol{x}) \leqslant 0 \tag{2.71}$$

对于 $\forall t \geqslant 0$ 和 $\forall \boldsymbol{x}_0 \in \boldsymbol{B}_r$ 成立，其中 $\boldsymbol{W}_1(\boldsymbol{x})$ 和 $\boldsymbol{W}_2(\boldsymbol{x})$ 是 $\boldsymbol{B}_r$ 上的连续正定函数，则平衡点 $\boldsymbol{x}=\boldsymbol{0}$ 是局部一致且稳定的。

如果定理 2.1 对 $\forall \boldsymbol{x}_0 \in \mathbf{R}^n$ 均成立，则平衡点 $\boldsymbol{x}=\boldsymbol{0}$ 是全局意义下一致稳定的；若对任意的 r 及所有 $\boldsymbol{x}_0 \in \boldsymbol{B}_r$ 成立，则平衡点 $\boldsymbol{x}=\boldsymbol{0}$ 是半全局意义下一致稳定的。

定理 2.2[145]：对于系统式(2.64)，假设 $\boldsymbol{B}_r \subset \mathbf{R}^n$ 是一紧集，若存在连续可微函数 V：$\mathbf{R}_+ \times \mathbf{R}^n \rightarrow \mathbf{R}_+$ 使得

$$\boldsymbol{W}_1(\boldsymbol{x}) \leqslant V(t, \boldsymbol{x}) \leqslant \boldsymbol{W}_2(\boldsymbol{x}) \tag{2.72}$$

$$\dot{V} = \frac{\partial V}{\partial t} + \frac{\partial V}{\partial \boldsymbol{x}} f(t, \boldsymbol{x}) \leqslant -\boldsymbol{W}_3(\boldsymbol{x}) \tag{2.73}$$

对于 $\forall t \geqslant 0$ 和 $\forall \boldsymbol{x}_0 \in \boldsymbol{B}_r$ 成立，其中 $\boldsymbol{W}_1(\boldsymbol{x})$，$\boldsymbol{W}_2(\boldsymbol{x})$ 和 $\boldsymbol{W}_3(\boldsymbol{x})$ 是 $\boldsymbol{B}_r$ 上的连续正定函数，则平衡点 $\boldsymbol{x}=\boldsymbol{0}$ 是局部一致且渐近稳定的。

如果定理 2.2 对 $\forall \boldsymbol{x}_0 \in \mathbf{R}^n$ 均成立，则平衡点 $\boldsymbol{x}=\boldsymbol{0}$ 是全局意义下一致渐近稳定的；若对任意的 r 及所有 $\boldsymbol{x}_0 \in \boldsymbol{B}_r$ 成立，则平衡点 $\boldsymbol{x}=\boldsymbol{0}$ 是半全局意义下一致渐近稳定的。

定理 2.3[145]：对于系统式(2.64)，假设 $\boldsymbol{B}_r \subset \mathbf{R}^n$ 是一紧集，若存在连续可微函数 V：$\mathbf{R}_+ \times \mathbf{R}^n \rightarrow \mathbf{R}_+$ 使得

$$k_1 \| \boldsymbol{x} \|^a \leqslant V(t, \boldsymbol{x}) \leqslant k_2 \| \boldsymbol{x} \|^a \tag{2.74}$$

$$\dot{V} = \frac{\partial V}{\partial t} + \frac{\partial V}{\partial \boldsymbol{x}} f(t, \boldsymbol{x}) \leqslant -k_3 \| \boldsymbol{x} \|^a \tag{2.75}$$

对于 $\forall t \geqslant 0$ 和 $\forall \boldsymbol{x}_0 \in \boldsymbol{B}_r$ 成立，k_1，k_2，k_3 和 a 是正常数，则平衡点 $\boldsymbol{x}=\boldsymbol{0}$ 是局部指数稳定的。

如果定理 2.3 对于 $\forall \boldsymbol{x}_0 \in \mathbf{R}^n$ 均成立，则平衡点 $\boldsymbol{x}=\boldsymbol{0}$ 是全局意义下指数稳定的；若对任意的 r 及所有 $\boldsymbol{x}_0 \in \boldsymbol{B}_r$ 成立，则平衡点 $\boldsymbol{x}=\boldsymbol{0}$ 是半全局意义下指数稳定的。

定理 2.4[7]：对于系统式(2.64)，假设 $\boldsymbol{B}_r \subset \mathbf{R}^n$ 是一紧集，若存在连续可微函数 V：$\mathbf{R}_+ \times \mathbf{R}^n \rightarrow \mathbf{R}_+$ 使得

$$\alpha_1(\| \boldsymbol{x} \|) \leqslant V(t, \boldsymbol{x}) \leqslant \alpha_2(\| \boldsymbol{x} \|) \tag{2.76}$$

$$\dot{V} = \frac{\partial V}{\partial t} + \frac{\partial V}{\partial \boldsymbol{x}} f(t, \boldsymbol{x}) \leqslant -\mu V + \varphi \tag{2.77}$$

对于 $\forall t \geqslant 0$ 和 $\forall \boldsymbol{x}_0 \in \boldsymbol{B}_r$ 成立，α_1 和 α_2 是 $\mathcal{K}_\infty$ 类函数，则有

$$V(t) \leqslant \left[V(0) - \frac{\varphi}{\mu}\right] \mathrm{e}^{-\mu t} + \frac{\varphi}{\mu} \tag{2.78}$$

即解 $\boldsymbol{x}(t, t_0, \boldsymbol{x}_0)$ 是局部一致且终结有界的。

如果定理 2.4 对 $\forall \boldsymbol{x}_0 \in \mathbf{R}^n$ 均成立，则解 $\boldsymbol{x}(t, t_0, \boldsymbol{x}_0)$ 是全局意义下一致且终结有界的；若对任意的 r 及所有 $\boldsymbol{x}_0 \in \boldsymbol{B}_r$ 成立，则解 $\boldsymbol{x}(t, t_0, \boldsymbol{x}_0)$ 是半全局意义下一致且终结有界的。

2.4　神经网络逼近理论

自从 McCulloch 和 Pitts 在 1943 年提出了神经网络具有学习能力的观点以来，神经网络理论经历了 60 多年的发展，目前已经成为人工智能领域的一大学科，尤其是近十多年来，神经网络在模式识别、图形图像处理、智能认知、系统辨识与控制领域中的应用越来越广泛[146-148]。

对控制科学而言，神经网络的基本特征在于[149]：

(1) 神经网络本质上是非线性系统，能够充分逼近任意复杂的非线性函数；

(2) 具有高度的自适应性和自组织性能力，能够学习和适应不确定系统的动态特性；

(3) 系统信息等存贮在神经元及其连接权中，所以有很强的鲁棒性和容错能力；

(4) 信息的并行处理方式使得快速进行大量运算成为可能。

这些特点说明神经网络在解决具有高度非线性和严重不确定性特点的复杂系统的控制方面有巨大潜力。神经网络由于具有万能逼近性，所以可以用来解决非线性系统的辨识和控制等问题。

在神经网络漫长而曲折的发展历程中，许多网络模型被提出，如逆向传播(Back Propagation，BP)网络、正交多项式函数网络、RBF 网络等。BP 网络有很强的生物背景，虽与函数逼近理论略有差异，但其卓越的输入输出映射特性在多变量函数逼近方面具有很强的优势。但 BP 网络是一种全局网络，要求使用全局信息，其算法受到制约，实际上只能得到局部解。正交多项式函数网络有比较完整的理论基础，但用于多变量函数逼近非线性函数时，神经元个数膨胀较快。RBF 神经网络是由隐含层和输出层组成的两层网络。RBF 网络既具有生物背景，又具有函数逼近能力和持续激励条件，是目前应用较为广泛的一种神经网络模型。因此，本书采用 RBF 神经网络作为函数逼近器。

RBF 神经网络可以看成是由隐含层和输出层组成的两层网络，其拓扑结构如图 2.1 所示。

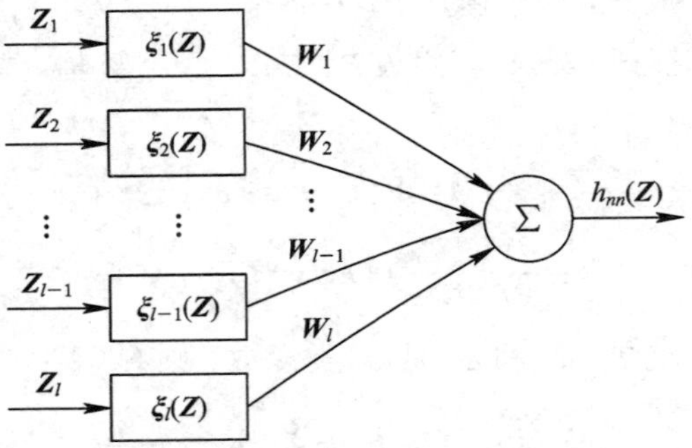

图 2.1　RBF 神经网络拓扑结构图

隐含层实现具有不可调参数的非线性向线性的转换，即隐含层将输入空间映射到一个新的空间，输出层则在该新的空间上实现线性组合。因此，RBF 神经网络是一个线性参数化的神经网络[150,151]，并可以表示为

$$h_{nn}(\boldsymbol{Z})=\boldsymbol{W}^{\mathrm{T}}\boldsymbol{\xi}(\boldsymbol{Z}) \tag{2.79}$$

其中，$\boldsymbol{Z}\in\boldsymbol{\Omega}_Z\subset\mathbf{R}^n$ 是输入向量，n 是神经网络输入维数，$\boldsymbol{W}=[\boldsymbol{W}_1, \boldsymbol{W}_2, \cdots, \boldsymbol{W}_l]^{\mathrm{T}}\in\mathbf{R}^l$ 是神经网络权向量，$l>1$ 是神经网络节点数，$\boldsymbol{\xi}(\boldsymbol{Z})=[\boldsymbol{\xi}_1(\boldsymbol{Z}), \boldsymbol{\xi}_2(\boldsymbol{Z}), \cdots, \boldsymbol{\xi}_l(\boldsymbol{Z})]^{\mathrm{T}}\in\mathbf{R}^l$ 是基函数向量。$\boldsymbol{\xi}(\boldsymbol{Z})$的选取原则[152]：对于一个在$[0, \infty)$上连续正定的函数$\boldsymbol{\xi}_i(\boldsymbol{Z})$，如果其一阶导数是单调递增的，那么这个函数就可以作为一个径向基函数使用。通常将径向基函数$\boldsymbol{\xi}_i(\boldsymbol{Z})$选取为如下的高斯函数

$$\boldsymbol{\xi}_i(\boldsymbol{Z})=\exp\left[\frac{-(\boldsymbol{Z}-\boldsymbol{\mu}_i)^{\mathrm{T}}(\boldsymbol{Z}-\boldsymbol{\mu}_i)}{\eta_i^2}\right],\ i=1, 2, \cdots, l \tag{2.80}$$

其中，$\boldsymbol{\mu}_i=[\mu_{i1}, \mu_{i2}, \cdots, \mu_{in}]^{\mathrm{T}}$ 是高斯函数的中心，η_i 是高斯函数的宽度。

本书主要采用高斯 RBF 神经网络为系统未知非线性函数建模，下面的引理显示了 RBF 神经网络的非线性逼近能力[153]。

引理 2.1：对于高斯 RBF 神经网络式(2.79)，$h(\boldsymbol{Z})$是定义在紧集$\boldsymbol{\Omega}_Z\subset\mathbf{R}^n$ 上的任意连续函数，那么对于任意给定的$\varepsilon^*>0$，选择足够大的正整数 l，使得

$$\sup_{Z\in\boldsymbol{\Omega}_Z}|h(\boldsymbol{Z})-\boldsymbol{W}^{\mathrm{T}}\boldsymbol{\xi}(\boldsymbol{Z})|\leqslant\varepsilon^* \tag{2.81}$$

其中，$h(\boldsymbol{Z})-\boldsymbol{W}^{*\mathrm{T}}\boldsymbol{\xi}(\boldsymbol{Z})=\varepsilon(\boldsymbol{Z})$为神经网络逼近误差，$\boldsymbol{W}^*$ 是最优权向量，$\boldsymbol{W}^*$ 取对于所有的 $\boldsymbol{Z}\in\boldsymbol{\Omega}_Z$，使得$|\varepsilon(\boldsymbol{Z})|$最小的 $\boldsymbol{W}$ 值，即

$$\boldsymbol{W}^*=\arg\min_{\boldsymbol{W}\in\mathbf{R}^l}\{\sup_{\boldsymbol{Z}\in\boldsymbol{\Omega}_Z}|h(\boldsymbol{Z})-\boldsymbol{W}^{\mathrm{T}}\boldsymbol{\xi}(\boldsymbol{Z})|\} \tag{2.82}$$

2.5　非线性干扰观测器原理

使用非线性干扰观测器是一种处理未知干扰的有效方法[154-156]，首先可通过非线性干扰观测器对干扰进行有效的观测，这里的干扰不仅指来自外界的扰动，而且指广义的未建模动态、未知非线性和外界干扰等不确定因素，然后将非线性干扰观测器的输出应用于控制器的设计当中，从而降低系统对干扰的限制要求。由于非线性干扰观测器技术对于系统中存在的不确定性具有良好的逼近能力，且具有实现简单、物理含义明确等优点，目前已在导弹[157,158]、飞机[159]、机械臂[160,161]等诸多实际系统中取得了成功的应用。

下面介绍非线性干扰观测器设计的基本原理：

考虑如下不确定非线性系统：

$$\dot{\boldsymbol{x}}=f(\boldsymbol{x})+g(\boldsymbol{x})u+\boldsymbol{\psi}(t, \boldsymbol{x}) \tag{2.83}$$

其中，$\boldsymbol{x}\in\mathbf{R}^n$ 为系统状态向量，$u\in\mathbf{R}^m$ 为系统控制输入，$f(\boldsymbol{x})$：$\mathbf{R}^n\to\mathbf{R}^n$，$g(\boldsymbol{x})$：$\mathbf{R}^n\to\mathbf{R}^{n\times m}$，$f(\boldsymbol{x})$和 $g(\boldsymbol{x})$中各元为充分光滑的函数，且满足局部 Lipschitz 条件，$\boldsymbol{\psi}(t, \boldsymbol{x})=\Delta f(\boldsymbol{x})+\Delta g(\boldsymbol{x})u+d(t)$为由不确定性和未知外界扰动构成的复合干扰。

设计非线性干扰观测器逼近复合干扰 $\boldsymbol{\psi}(t, \boldsymbol{x})$，其观测值可表示如下：

$$\begin{cases}\hat{\boldsymbol{\psi}}=\boldsymbol{z}+\boldsymbol{P}(\boldsymbol{x})\\ \dot{\boldsymbol{z}}=-\boldsymbol{L}(\boldsymbol{x})\boldsymbol{z}-\boldsymbol{L}(\boldsymbol{x})[\boldsymbol{P}(\boldsymbol{x})+f(\boldsymbol{x})+g(\boldsymbol{x})u]\end{cases} \tag{2.84}$$

其中，$\hat{\boldsymbol{\psi}}$ 为非线性干扰观测器输出，$\boldsymbol{z}$ 为内部变量，$\boldsymbol{L}(\boldsymbol{x})$为增益矩阵，$\boldsymbol{P}(\boldsymbol{x})$为待设计的非线性函数向量，且满足 $\boldsymbol{L}(\boldsymbol{x})=\partial\boldsymbol{P}(\boldsymbol{x})/\partial\boldsymbol{x}$。

定义非线性干扰观测器观测误差为

$$\boldsymbol{e}_{\text{ndo}}=\boldsymbol{\psi}-\hat{\boldsymbol{\psi}} \tag{2.85}$$

下面分两种情况分别讨论观测误差的动态特性：

(1) 相对于观测器的动态特性，复合干扰变化是缓慢的，即可以认为 $\dot{\boldsymbol{\psi}}\approx\mathbf{0}$：

此时，观测器误差系统动态方程为

$$\begin{aligned}\dot{\boldsymbol{e}}_{\text{ndo}}&=\dot{\boldsymbol{\psi}}-\dot{\hat{\boldsymbol{\psi}}}\approx-\dot{\boldsymbol{z}}-\dot{\boldsymbol{P}}(\boldsymbol{x})\\&=\boldsymbol{L}(\boldsymbol{x})[\boldsymbol{z}+\boldsymbol{P}(\boldsymbol{x})]-\boldsymbol{L}(\boldsymbol{x})[\dot{\boldsymbol{x}}-f(\boldsymbol{x})-g(\boldsymbol{x})u]\\&=\boldsymbol{L}(\boldsymbol{x})\hat{\boldsymbol{\psi}}-\boldsymbol{L}(\boldsymbol{x})\boldsymbol{\psi}\\&=-\boldsymbol{L}(\boldsymbol{x})\boldsymbol{e}_{\text{ndo}}\end{aligned} \tag{2.86}$$

由式(2.86)可得 $\dot{\boldsymbol{e}}_{\text{ndo}}+\boldsymbol{L}(\boldsymbol{x})\boldsymbol{e}_{\text{ndo}}=\mathbf{0}$，解微分方程可得

$$\boldsymbol{e}_{\text{ndo}}(t)=[e_{\text{ndo}}^{1}(t),\ e_{\text{ndo}}^{2}(t),\ \cdots,\ e_{\text{ndo}}^{n}(t)],\ e_{\text{ndo}}^{i}(t)=e_{\text{ndo}}^{i}(0)\mathrm{e}^{-L_i t} \tag{2.87}$$

因此，观测误差 $\boldsymbol{e}_{\text{ndo}}$指数收敛至零。

(2) 复合干扰变化率满足 $\|\dot{\boldsymbol{\psi}}\|\leqslant\rho$：

此时，观测器误差系统动态方程为

$$\begin{aligned}\dot{\boldsymbol{e}}_{\text{ndo}}&=\dot{\boldsymbol{\psi}}-\dot{\hat{\boldsymbol{\psi}}}=\dot{\boldsymbol{\psi}}-\boldsymbol{z}-\dot{\boldsymbol{P}}(\boldsymbol{x})\\&=\dot{\boldsymbol{\psi}}+\boldsymbol{L}(\boldsymbol{x})[\boldsymbol{z}+\boldsymbol{P}(\boldsymbol{x})]-\boldsymbol{L}(\boldsymbol{x})[\dot{\boldsymbol{x}}-f(\boldsymbol{x})-g(\boldsymbol{x})u]\\&=\dot{\boldsymbol{\psi}}+\boldsymbol{L}(\boldsymbol{x})\hat{\boldsymbol{\psi}}-\boldsymbol{L}(\boldsymbol{x})\boldsymbol{\psi}\\&=\dot{\boldsymbol{\psi}}-\boldsymbol{L}(\boldsymbol{x})\boldsymbol{e}_{\text{ndo}}\end{aligned} \tag{2.88}$$

由式(2.88)可得 $\dot{\boldsymbol{e}}_{\text{ndo}}+\boldsymbol{L}(\boldsymbol{x})\boldsymbol{e}_{\text{ndo}}-\dot{\boldsymbol{\psi}}=\mathbf{0}$，解微分方程可得

$$\boldsymbol{e}_{\text{ndo}}(t)=[e_{\text{ndo}}^{1}(t),\ e_{\text{ndo}}^{2}(t),\ \cdots,\ e_{\text{ndo}}^{n}(t)],\ e_{\text{ndo}}^{i}(t)=e_{\text{ndo}}^{i}(0)\mathrm{e}^{-L_i t}+\mathrm{e}^{-L_i t}\int_0^t\dot{\boldsymbol{\psi}}_i\mathrm{e}^{L_i\tau}\mathrm{d}\tau \tag{2.89}$$

将 $\dot{\boldsymbol{\psi}}_i$ 视为在有限范围内取值的系数，当 $\dot{\boldsymbol{\psi}}_i<\rho$ 时可得

$$e_{\text{ndo}}^{i}(t)\leqslant e_{\text{ndo}}^{i}(0)\mathrm{e}^{-L_i t}+\mathrm{e}^{-L_i t}\rho\int_0^t\mathrm{e}^{L_i\tau}\mathrm{d}\tau=\left[e_{\text{ndo}}^{i}(0)-\frac{\rho}{L_i}\right]\mathrm{e}^{-L_i t}+\frac{\rho}{L_i} \tag{2.90}$$

因此，可以得到误差收敛的上限满足 $e_{\text{ndo}}^{i}(\infty)\leqslant\rho/L_i$。

同理，当 $\dot{\boldsymbol{\psi}}_i>-\rho$ 时可得

$$e_{\text{ndo}}^{i}(t)\geqslant\left[e_{\text{ndo}}^{i}(0)+\frac{\rho}{L_i}\right]\mathrm{e}^{-L_i t}-\frac{\rho}{L_i} \tag{2.91}$$

因此，可以得到误差收敛的下限满足 $e_{\text{ndo}}^{i}(\infty)\geqslant-\rho/L_i$。

从上面两种情况的分析可以看出，非线性干扰观测器观测误差均按指数收敛，收敛速

度较快。在第 1 种情况下，观测误差指数收敛至零；在第 2 种情况下，观测误差收敛到一个有限半径的闭球内，即

$$\boldsymbol{e}_{\mathrm{ndo}}(\infty)\in\boldsymbol{B}_r,\ \boldsymbol{B}_r=\{\boldsymbol{x}\in\mathbf{R}^n\mid d(\boldsymbol{x},0)\leqslant r,\ r=\max(\rho/L_i)\},\ i=1,2,\cdots,n \tag{2.92}$$

其中，r 为闭球半径，d 为赋范空间中的距离。

值得注意的是，设计非线性干扰观测器的关键是选择合适的非线性函数向量 $\boldsymbol{P}(\boldsymbol{x})$，为此可首先构造增益矩阵 $\boldsymbol{L}(\boldsymbol{x})$，然后通过积分即可求得非线性函数向量 $\boldsymbol{P}(\boldsymbol{x})$。增益矩阵 $\boldsymbol{L}(\boldsymbol{x})$的选取同收敛速度成正比，且同闭球$\boldsymbol{B}_r$ 半径成反比。当 $\boldsymbol{L}(\boldsymbol{x})$同 ρ 的比值较大时，可以近似认为非线性干扰观测器能精确逼近干扰。但过大的 $\boldsymbol{L}(\boldsymbol{x})$会使得非线性干扰观测器的"惯性"过大，即在复合干扰的快变时刻，非线性干扰观测器观测值与复合干扰真实值之间的误差较大，且存在大超调和剧烈振荡情况，这时非线性干扰观测器不但不能起到补偿误差的作用，反而会作为一种新的干扰使控制器性能恶化，系统的动态品质变差[162]。

2.6　相关引理和不等式

引理 2.2[145]：设 $V: D\to\mathbf{R}$ 是定义域为 $D\subset\mathbf{R}^n$ 且包含原点的连续正定函数，并设对于某个$r>0$有$\boldsymbol{B}_r\subset D$，则对于所有 $x\in\boldsymbol{B}_r$，存在定义在$[0, r]$上的$\mathcal{K}$类函数 a_1 和 a_2，满足

$$a_1(\|\boldsymbol{x}\|)\leqslant V(\boldsymbol{x})\leqslant a_2(\|\boldsymbol{x}\|) \tag{2.93}$$

如果 $D=\mathbf{R}^n$ 且 $V(\boldsymbol{x})$是径向无界的，则存在$\mathcal{K}_\infty$类函数 a_1 和 a_2 在$[0, \infty)$上有定义，使得 $a_1(\|\boldsymbol{x}\|)\leqslant V(\boldsymbol{x})\leqslant a_2(\|\boldsymbol{x}\|)$对于任意 $\boldsymbol{x}\in\mathbf{R}^n$ 都成立。

引理 2.3[49]：设 $D\subset\mathbf{R}^n$ 是包含原点的定义域，假设存在一个连续可微的正定函数 $\boldsymbol{L}(t, \boldsymbol{x})$，对于$(t, \boldsymbol{x})\in[0, \infty)\times D$，满足

$$\boldsymbol{W}_1(\boldsymbol{x})\leqslant\boldsymbol{L}(t,\boldsymbol{x})\leqslant\boldsymbol{W}_2(\boldsymbol{x}),\ \dot{\boldsymbol{L}}(t,\boldsymbol{x})\leqslant-\mu\boldsymbol{W}_3(\boldsymbol{x})+\varphi \tag{2.94}$$

其中，φ 为正实数，$\forall t\geqslant 0$，$\forall\boldsymbol{x}\in D$，$\boldsymbol{W}_1(\boldsymbol{x})$，$\boldsymbol{W}_2(\boldsymbol{x})$，$\boldsymbol{W}_3(\boldsymbol{x})$都是 D 上的连续正定函数，且存在大于零的常数 c，使得 $\boldsymbol{\Xi}=\{\boldsymbol{W}_1(\boldsymbol{x})\leqslant c$ 且 $\boldsymbol{W}_2(\boldsymbol{x})<c\}$ 是 D 的一个紧子集，则函数 $\boldsymbol{L}(t, \boldsymbol{x})$将在有限时间内收敛到有界紧集内。

为了处理未知控制增益符号，引入如下 Nussbaum 函数[163]。

定义 2.6：如果连续函数 $N(\zeta):\mathbf{R}\to\mathbf{R}$ 满足如下条件：

$$\limsup_{k\to+\infty}\frac{1}{k}\int_0^k N(\zeta)\mathrm{d}\zeta=+\infty,\ \liminf_{k\to+\infty}\frac{1}{k}\int_0^k N(\zeta)\mathrm{d}\zeta=-\infty \tag{2.95}$$

则称 $N(\zeta)$为 Nussbaum 函数，此时 ζ 为标量。

引理 2.4[164]：已知 $V(\cdot)$，$\zeta(\cdot)$都是$[0, t_f)$上的光滑函数，且 $V(t)\geqslant 0$，$\forall t\in[0, t_f)$，$N(\cdot)$是 Nussbaum 函数，如果下列不等式成立

$$0\leqslant V(t)\leqslant c_0+\mathrm{e}^{-c_1 t}\int_0^t(g(\boldsymbol{x}(\tau))N(\zeta)+1)\dot{\zeta}\mathrm{e}^{c_1\tau}\mathrm{d}\tau \tag{2.96}$$

其中，常数 $c_1>0$，如果 $g(\boldsymbol{x}(t))$为一个取值在未知闭区间 $I:=[l^-, l^+]$，$0\notin I$ 上的函数，c_0 为适当的常数。那么 $V(t)$、$\zeta(t)$和 $\int_0^t g(\boldsymbol{x}(\tau))N(\zeta)\dot{\zeta}\mathrm{d}\tau$ 在区间$[0, t_f)$上有界。

Young 不等式：对于任意两个向量 $\boldsymbol{x}$，$\boldsymbol{y}\in\mathbf{R}^n$，$\varepsilon>0$，$p>1$，$q>1$ 且满足 $(p-1)(q-1)=1$，则有

$$\boldsymbol{x}^{\mathrm{T}}\boldsymbol{y}\leqslant\frac{\varepsilon^p}{p}\|\boldsymbol{x}\|^p+\frac{1}{q\varepsilon^q}\|\boldsymbol{y}\|^q \tag{2.97}$$

特别地，当取 $p=q=2$，$\varepsilon^2=2$，则有

$$\boldsymbol{x}^{\mathrm{T}}\boldsymbol{y}\leqslant\|\boldsymbol{x}\|^2+\frac{1}{4}\|\boldsymbol{y}\|^2 \tag{2.98}$$

当取 $p=q=2$，$\varepsilon^2=1$，则有

$$\boldsymbol{x}^{\mathrm{T}}\boldsymbol{y}\leqslant\frac{1}{2}\|\boldsymbol{x}\|^2+\frac{1}{2}\|\boldsymbol{y}\|^2 \tag{2.99}$$

界化不等式：对于任意给定的 $\upsilon>0$，$x\in\mathbf{R}$，双极 sigmoid 函数 $[g(x)]_{cd}=\dfrac{1-\exp(-\upsilon x)}{1+\exp(-\upsilon x)}$满足

$$0<|x|-x\frac{1-\exp(-\upsilon x)}{1+\exp(-\upsilon x)}\leqslant\frac{1}{\upsilon} \tag{2.100}$$

第 3 章　非匹配不确定非线性系统反演滑模变结构控制

3.1 引　　言

在工程实际中，对非线性系统建立精确的模型较为困难，甚至是不大可能实现的，因此，不确定非线性系统的控制问题历来是控制领域的热点研究方向之一，其中变结构控制是一种较为有效的方法，具有滑动模态的变结构控制，即滑模变结构控制尤甚，该方法不仅对系统的不确定性具有较强的鲁棒稳定性和抗干扰性，而且可以通过滑动模态的设计获得满意的动态品质，同时，其具有控制精度高、结构简单等优点。然而，滑模变结构控制要求系统不确定性满足匹配条件，这就意味着不确定项仅仅可以出现在控制输入通道。反演滑模变结构控制结合反演控制和滑模变结构控制的优点，使系统对于匹配不确定性和非匹配不确定性均具有鲁棒性，因此近 20 年来受到了广大学者的广泛关注，并取得了一系列研究成果，但仍然存在一些问题需要进一步探讨。例如，现有一些研究成果一方面要求系统不确定性满足可参数化表示的假设，只允许在系统模型的最后一个表达式中出现非参数化不确定性；另一方面，在控制律设计过程中需要对某些非线性控制信号反复求导而导致计算复杂性问题，使得构造控制器难以实现。

首先，本章针对一类非匹配不确定非线性系统，提出了一种新的反演滑模变结构控制方案，克服原有的一些反演滑模变结构控制方案对系统中某些非线性控制信号反复求导导致的计算复杂性问题，从而使得控制律大大简化。新控制器构造的思想受到动态面控制的启发，在反演设计的前 $n-1$ 步，通过引入双极 sigmoid 函数设计虚拟控制律，抑制非匹配不确定性对系统的影响，并将一阶低通滤波器融入反演设计，结合动态面控制得到期望虚拟控制；在第 n 步，基于反演设计结果构造滑模变结构控制器，使系统对匹配不确定性也具有鲁棒性。

其次，针对研究对象要求明确已知非匹配不确定性的结构特征这一前提，将反演控制和自适应神经网络控制方法相结合，在此基础上结合动态非线性滑模面设计方法，提出了基于动态面控制构架的自适应神经网络反演终端滑模控制方案。该方案在设计的最后一步引入一种动态非线性滑模面方程，在保证滑模变结构控制稳定性的基础上，使系统状态在指定的有限时间内到达平衡点，提高了系统的收敛速度和稳态跟踪精度。

最后，基于动态面控制构架的反演滑模变结构控制方案，提出了一种自适应神经网络反演高阶终端滑模控制方案。该方案结合非奇异终端滑模和高阶滑模控制方法，使系统最后一个状态跟踪误差在有限时间内收敛，并利用鲁棒微分估计器获得误差系统状态的导数，设计高阶滑模控制律，提高了系统收敛速度、稳态跟踪精度，有效削弱了控制信号抖振。

3.2　非匹配不确定非线性系统反演线性滑模变结构控制

3.2.1　问题描述

考虑如下一类不确定非线性系统：

$$\begin{cases}\dot{x}_i=x_{i+1}+\Delta_i(t,\ \boldsymbol{x}),\ i=1,\ 2,\ \cdots,\ n-1\\ \dot{x}_n=f(\boldsymbol{x})+\Delta f(\boldsymbol{x})+(g+\Delta g)u+d(t)\\ y=x_1\end{cases}\tag{3.1}$$

其中，$\boldsymbol{x}=[x_1,\ x_2,\ \cdots,\ x_n]^{\mathrm{T}}\in\mathbf{R}^n$ 为可测状态向量，$u\in\mathbf{R}$ 和 $y\in\mathbf{R}$ 分别为系统控制输入和输出，$\Delta_i(t,\ \boldsymbol{x})$，$i=1,\ 2,\ \cdots,\ n-1$ 为不满足匹配条件的外界不确定干扰项，$\Delta f(\boldsymbol{x})$和 Δg 为满足匹配条件的不确定项，$f(\boldsymbol{x})$为已知非线性函数，$g\neq 0$ 为已知常数，$d(t)$为外界干扰。

假设 3.1： 对于 $1\leqslant i\leqslant n-1$，存在已知正常数 δ_i 使得 $\forall(t,\ \boldsymbol{x})\in\mathbf{R}_+\times\mathbf{R}^n$，且

$$|\Delta_i(t,\ \boldsymbol{x})|\leqslant\delta_i\phi_i(\bar{\boldsymbol{x}}_i)$$

其中，$\phi_i(\bar{\boldsymbol{x}}_i)$是已知非负光滑函数。

假设 3.2： 满足匹配条件的不确定项及外界干扰满足如下有界条件

$$|\Delta f(\boldsymbol{x})|\leqslant F(\boldsymbol{x}),\ 0<\Delta g_{\min}\leqslant\Delta g\leqslant\Delta g_{\max},\ |d(t)|\leqslant D$$

其中，$F(\boldsymbol{x})$为已知光滑正定函数，$\Delta g_{\min}$、$\Delta g_{\max}$和 D 为已知正常数。

假设 3.3： 参考轨迹 y_r 及其一阶导数 $\dot{y}_r$ 存在且有界。

控制目标：针对不确定非线性系统式(3.1)，在满足假设 3.1～假设 3.3 的条件下，设计反演滑模变结构控制器，消除未知匹配和非匹配不确定性对系统的影响，使得系统输出 y 能够稳定跟踪给定参考轨迹 y_r，同时保证闭环系统所有信号是一致且终结有界的。

3.2.2　控制器设计与稳定性分析

1. 控制器设计

控制器设计包含 n 步：前 $n-1$ 步，根据反演控制设计思想，引入双极 sigmoid 函数设计虚拟控制律，抑制非匹配不确定性对系统的影响，并结合动态面控制得到期望虚拟控制；在第 n 步，基于反演设计结果构造滑模变结构控制律，使系统对匹配不确定性也具有鲁棒性。具体设计步骤如下。

首先定义闭环系统式(3.1)的状态跟踪误差为

$$\begin{cases}e_1=x_1-y_r\\ e_2=x_2-\alpha_1\\ \quad\vdots\\ e_n=x_n-\alpha_{n-1}\end{cases}\tag{3.2}$$

其中，α_i 为第 i 阶子系统的期望虚拟控制。

第 1 步：由闭环系统式(3.1)的第一阶子系统和状态跟踪误差 $e_1=x_1-y_r$，可得 e_1 的动态方程为

$$\dot{e}_1=x_2+\Delta_1(t, x_1)-\dot{y}_r \tag{3.3}$$

根据式(3.3)可设计第一阶子系统的虚拟控制律为

$$\beta_1^*=x_2=-k_1e_1-\delta_1\phi_1(x_1)\mathrm{sgn}(e_1)+\dot{y}_r$$

其中，$k_1>0$ 为设计参数。

因此存在 Lyapunov 函数 $V_{e_1}=\frac{1}{2}e_1^2$，使得

$$\dot{V}_{e_1}=-k_1e_1^2-|e_1|\delta_1\phi_1+e_1\Delta_1\leqslant -k_1e_1^2\leqslant 0$$

则状态跟踪误差 $e_1=0$ 渐近稳定。

然而，在反演设计过程中，虚拟控制要保证至少是 C^1 连续的函数。而虚拟控制律 β_1^* 中由于符号函数 sgn(·)的引入带来了虚拟控制不连续问题，因而，闭环系统的稳定性难以得到保证。通常采用连续但不可导的饱和函数 sat(·)近似表示符号函数 sgn(·)，饱和函数表达式为

$$\mathrm{sat}(x)=\begin{cases}\dfrac{x}{\phi}, & \phi>0,\ |x|<\phi \\ \mathrm{sgn}(x), & |x|\geqslant\phi>0\end{cases}$$

其中，ϕ 为边界层厚度。

然而，边界层厚度的选取比较困难，需要在系统所处的不同状态及滑动模态的不同阶段采用不同的边界层厚度，否则无法兼顾不同阶段的控制性能要求[165]。因此，简便且有效的方法是采用连续且可导的双极 sigmoid 函数 $[g(x)]_{cd}$ 近似表示符号函数，函数 $[g(x)]_{cd}$ 的表达式为[117]

$$[g(x)]_{cd}=\frac{1-\exp(-\upsilon x)}{1+\exp(-\upsilon x)}$$

且函数 $[g(x)]_{cd}$ 满足界化不等式。

因此，由式(3.3)可设计第一阶子系统的虚拟控制律为

$$\beta_1=-k_1e_1-\delta_1\phi_1(x_1)\frac{1-\exp(-\upsilon_1\delta_1\phi_1(x_1)e_1)}{1+\exp(-\upsilon_1\delta_1\phi_1(x_1)e_1)}+\dot{y}_r \tag{3.4}$$

其中，$k_1>0$，$\upsilon_1>0$ 为设计参数。

针对传统反演控制由于对期望虚拟控制反复求导带来的计算复杂性问题，为避免下一步对期望虚拟控制求导，采用动态面控制设计思想，引入一阶低通滤波器对虚拟控制律进行滤波，以降低控制器复杂性，滤波器动态方程为

$$\tau_1\dot{\alpha}_1+\alpha_1=\beta_1,\ \alpha_1(0)=\beta_1(0) \tag{3.5}$$

其中，τ_1 为滤波器时间常数。

定义第一阶子系统的边界层误差为

$$\omega_1=\alpha_1-\beta_1 \tag{3.6}$$

由式(3.5)和式(3.6)可得 $\dot{\alpha}_1=-\omega_1/\tau_1$。

第 2 步：由闭环系统式(3.1)的第二阶子系统和状态跟踪误差 $e_2=x_2-\alpha_1$，可得 e_2 的动态方程为

$$\dot{e}_2=x_3+\Delta_2(t,\ x_2)-\dot{\alpha}_1 \tag{3.7}$$

根据式(3.7)设计第二阶子系统的虚拟控制律，可得

$$\beta_2=-e_1-k_2e_2-\delta_2\phi_2(\bar{\boldsymbol{x}}_2)\frac{1-\exp(-\upsilon_2\delta_2\phi_2(\bar{\boldsymbol{x}}_2)e_2)}{1+\exp(-\upsilon_2\delta_2\phi_2(\bar{\boldsymbol{x}}_2)e_2)}+\dot{\alpha}_1 \tag{3.8}$$

其中，$k_2(k_2>0)$、$\upsilon_2(\upsilon_2>0)$为设计参数。

注 3.1：第二阶子系统的虚拟控制律 β_2 中包含第一阶子系统的期望虚拟控制函数的导数 $\dot{\alpha}_1$，引入一阶低通滤波器后，由滤波器动态方程可得 $\dot{\alpha}_1=-\omega_1/\tau_1$，因此，不需要对期望虚拟控制 α_1 直接微分，避免了计算复杂性问题，从而简化了控制律。

对 β_2 进行滤波，滤波器动态方程为 $\tau_2\dot{\alpha}_2+\alpha_2=\beta_2$，$\alpha_2(0)=\beta_2(0)$，得到期望虚拟控制 α_2，定义第二阶子系统的边界层误差为

$$\omega_2=\alpha_2-\beta_2 \tag{3.9}$$

则可得 $\dot{\alpha}_2=-\omega_2/\tau_2$。

第 i 步：对于 $3\leqslant i\leqslant n-1$，由闭环系统式(3.1)的第 i 阶子系统和状态跟踪误差 $e_i=x_i-\alpha_{i-1}$，则 e_i 的动态方程为

$$\dot{e}_i=x_{i+1}+\Delta_i(t,\ \boldsymbol{x})-\dot{\alpha}_{i-1} \tag{3.10}$$

根据式(3.10)设计第 i 阶子系统的虚拟控制律为

$$\beta_i=-e_{i-1}-k_ie_i-\delta_i\phi_i(\bar{\boldsymbol{x}}_i)\frac{1-\exp(-\upsilon_i\delta_i\phi_i(\bar{\boldsymbol{x}}_i)e_i)}{1+\exp(-\upsilon_i\delta_i\phi_i(\bar{\boldsymbol{x}}_i)e_i)}+\dot{\alpha}_{i-1} \tag{3.11}$$

其中，$k_i(k_i>0)$、$\upsilon_i(\upsilon_i>0)$为设计参数。

注 3.2：第 i 阶子系统的虚拟控制律 β_i 中包含第 $i-1$ 阶子系统的期望虚拟控制函数的导数 $\dot{\alpha}_{i-1}$，引入一阶低通滤波器后，由滤波器动态方程可得 $\dot{\alpha}_{i-1}=-\omega_{i-1}/\tau_{i-1}$，因此，不需要对期望虚拟控制 α_{i-1} 直接微分，避免了计算复杂性问题，从而简化了控制律。

对 β_i 进行滤波，滤波器动态方程为 $\tau_i\dot{\alpha}_i+\alpha_i=\beta_i$，$\alpha_i(0)=\beta_i(0)$，得到期望虚拟控制 α_i，定义第 i 阶子系统的边界层误差为

$$\omega_i=\alpha_i-\beta_i \tag{3.12}$$

则可得 $\dot{\alpha}_i=-\omega_i/\tau_i$。

注意到 $x_{i+1}=e_{i+1}+\beta_i+\omega_i$，将虚拟控制律式(3.4)、式(3.8)和式(3.11)代入式(3.3)、式(3.7)和式(3.10)，经过 $n-1$ 步反演控制，系统变换为

$$\begin{bmatrix}\dot{e}_1\\ \dot{e}_2\\ \vdots\\ \dot{e}_{n-1}\end{bmatrix}=\begin{bmatrix}\rho_1\\ \rho_2\\ \vdots\\ \rho_{n-1}\end{bmatrix}+\begin{bmatrix}\tilde{\omega}_1\\ \tilde{\omega}_2\\ \vdots\\ \tilde{\omega}_{n-1}\end{bmatrix}+\begin{bmatrix}\Delta_1\\ \Delta_2\\ \vdots\\ \Delta_{n-1}\end{bmatrix} \tag{3.13}$$

其中，

$$\begin{bmatrix}\rho_1\\ \rho_2\\ \vdots\\ \rho_{n-1}\end{bmatrix}=\begin{bmatrix}-k_1 & 1 & 0 & 0 & \cdots & 0\\ -1 & -k_2 & 1 & 0 & \cdots & 0\\ 0 & -1 & -k_3 & 1 & \cdots & 0\\ \vdots & \vdots & \vdots & \vdots & & \vdots\\ 0 & \cdots & 0 & -1 & -k_{n-1} & 1\end{bmatrix}\begin{bmatrix}e_1\\ e_2\\ \vdots\\ e_n\end{bmatrix}$$

$$\tilde{\omega}_i=\omega_i-\delta_i\phi_i(\bar{\boldsymbol{x}}_i)\frac{1-\exp(-\upsilon_i\delta_i\phi_i(\bar{\boldsymbol{x}}_i)e_i)}{1+\exp(-\upsilon_i\delta_i\phi_i(\bar{\boldsymbol{x}}_i)e_i)}$$

经过上述 $n-1$ 步设计过程，得到 $n-1$ 个期望虚拟控制 $\alpha_i(i=1, 2, \cdots, n-1)$。在此基础上，设计最终的滑模变结构控制律。

第 n 步：根据闭环系统式(3.1)的第 n 阶子系统和状态跟踪误差 $e_n=x_n-\alpha_{n-1}$，则 e_n 的动态方程为

$$\dot{e}_n=f(\boldsymbol{x})+\Delta f(\boldsymbol{x})+(g+\Delta g)u+d(t)-\dot{\alpha}_{n-1} \tag{3.14}$$

定义滑模面

$$s=c_1e_1+c_2e_2+\cdots+c_{n-1}e_{n-1}+e_n \tag{3.15}$$

其中，c_1，c_2，…，c_{n-1} 为设计参数，使得多项式 $p^{n-1}+c_{n-1}p^{n-2}+\cdots+c_2p+c_1$ 为 Hurwitz 稳定，p 为 Laplace 算子。

对 s 求导可得

$$\dot{s}=\sum_{i=1}^{n-1}c_i\dot{e}_i+\dot{e}_n=\sum_{i=1}^{n-1}c_i(\rho_i+\tilde{\omega}_i+\Delta_i)+f(\boldsymbol{x})+\Delta f(\boldsymbol{x})+(g+\Delta g)u+d(t)-\dot{\alpha}_{n-1} \tag{3.16}$$

设计实际控制律为

$$\begin{cases}u=u_{\rm c}+u_{\rm vss}\\ u_{\rm c}=-\dfrac{1}{g}\displaystyle\sum_{i=1}^{n-1}[c_i(\rho_i+\tilde{\omega}_i)+f(\boldsymbol{x})-\dot{\alpha}_{n-1}+ks]\\ u_{\rm vss}=-\dfrac{\lambda}{g+\Delta g_{\min}}\cdot\dfrac{1-\exp(-\upsilon_n\lambda s)}{1+\exp(-\upsilon_n\lambda s)}\end{cases} \tag{3.17}$$

其中，$u_{\rm c}$ 为非线性补偿项，$u_{\rm vss}$ 为切换控制项，$\lambda=\sum_{i=1}^{n-1}|c_i|\delta_i\phi_i+\Delta g_{\max}|u_{\rm c}|+F(\boldsymbol{x})+D$，$k$ 为控制增益，$\upsilon_n(\upsilon_n>0)$为设计参数。

注 3.3：控制律 $u_{\rm c}$ 中包含第 $n-1$ 阶子系统的期望虚拟控制函数导数 $\dot{\alpha}_{n-1}$，引入一阶低通滤波器后，由滤波器动态方程可得 $\dot{\alpha}_{n-1}=-\omega_{n-1}/\tau_{n-1}$，因此，不需要对期望虚拟控制 α_{n-1} 直接微分，避免了计算复杂性问题，从而简化了控制律。

注 3.4：滤波器时间常数选取原则[49]：若时间常数过小，容易使系统不稳定，若时间常数过大，则容易造成幅值和相位失真。一般情况下，可以取在 0.01 到 0.05 之间的时间常数，效果较好。

2. 稳定性分析

定理 3.1：考虑闭环系统式(3.1)，给定已知有界参考轨迹 y_r 和初始紧集

$$\Omega_0=\left\{\frac{s^2}{2}+\sum_{i=1}^{n-1}\frac{e_i^2+\omega_i^2}{2}\leqslant q\right\}$$

q 为任意给定正数，在假设 3.1～假设 3.3 条件下，采用控制律式(3.17)，选择适当的设计参数 k_i、υ_i、c_i 和 k，使得闭环系统所有状态一致且终结有界，且对于任意给定的 $\rho>0$，跟踪误差 $e=y-y_r$ 在有限时间内收敛到 $\lim\limits_{t\to\infty}|e|\leqslant\rho$。

证明：定义闭环系统式(3.1)的 Lyapunov 函数为

$$V=\frac{s^2}{2}+\sum_{i=1}^{n-1}\frac{e_i^2+\omega_i^2}{2}\tag{3.18}$$

对 V 按时间 t 求导可得

$$\dot{V}=s\dot{s}+\sum_{i=1}^{n-1}(e_i\dot{e}_i+\omega_i\dot{\omega}_i)\tag{3.19}$$

由 $\omega_i=\alpha_i-\beta_i$ 可得

$$\dot{\omega}_i=-\frac{\omega_i}{\tau_i}-\dot{\beta}_i\tag{3.20}$$

由引理 2.2 可知存在$\mathcal{K}_\infty$类函数 κ_{i1} 和 κ_{i2}，使得

$$\kappa_{i1}\leqslant|\dot{\beta}_i|^2\leqslant\kappa_{i2}\tag{3.21}$$

将式(3.13)、式(3.16)、控制律式(3.17)和式(3.20)代入式(3.19)，并根据假设 3.1、假设 3.2、不等式(3.21)和界化不等式 $|e_i|\delta_i\phi_i(\bar{\boldsymbol{x}}_i)-e_i\delta_i\phi_i(\bar{\boldsymbol{x}}_i)\dfrac{1-\exp(-\upsilon_i\delta_i\varphi_i(\bar{\boldsymbol{x}}_i)e_i)}{1+\exp(-\upsilon_i\delta_i\varphi_i(\bar{\boldsymbol{x}}_i)e_i)}\leqslant\dfrac{1}{\upsilon_i}$，$i=1, 2, \cdots, n-1$，则有

$$\begin{aligned}\dot{V}\leqslant&\sum_{i=1}^{n-1}\left[-k_i^*\ |e_i|^2+\left(\frac{1}{4}-\frac{1}{\tau_i}-\frac{\kappa_{i2}}{2\eta_i}\right)|\omega_i|^2+\frac{1}{\upsilon_i}+\frac{\eta_i}{2}\right]+\\&s\left[\sum_{i=1}^{n-1}c_i\Delta_i+\Delta f(\boldsymbol{x})+d(t)+\Delta g u_c\right]-\lambda s\frac{1-\exp(-\upsilon_n\lambda s)}{1+\exp(-\upsilon_n\lambda s)}-ks^2\\\leqslant&\sum_{i=1}^{n-1}\left[-k_i^*\ |e_i|^2+\left(\frac{1}{4}-\frac{1}{\tau_i}-\frac{\kappa_{i2}}{2\eta_i}\right)|\omega_i|^2+\frac{1}{\upsilon_i}+\frac{\eta_i}{2}\right]+\\&\lambda|s|-\lambda s\frac{1-\exp(-\upsilon_n\lambda s)}{1+\exp(-\upsilon_n\lambda s)}-ks^2\end{aligned}\tag{3.22}$$

由界化不等式 $\lambda|s|-\lambda s\dfrac{1-\exp(-\upsilon_n\lambda s)}{1+\exp(-\upsilon_n\lambda s)}\leqslant\dfrac{1}{\upsilon_n}$ 得

$$\dot{V}\leqslant\sum_{i=1}^{n-1}\left[-k_i^*\ |e_i|^2+\left(\frac{1}{4}-\frac{1}{\tau_i}-\frac{\kappa_{i2}}{2\eta_i}\right)|\omega_i|^2\right]-ks^2+\varphi\tag{3.23}$$

其中，$\varphi=\sum\limits_{i=1}^{n}\dfrac{1}{\upsilon_i}+\sum\limits_{i=1}^{n-1}\dfrac{\eta_i}{2}$，$k_i^*=k_i-1$。

令 $\mu=2\min\{k_i^*, k\}$，$\eta_i=\dfrac{\kappa_{i2}}{2(\mu-1/\tau_i+1/4)}$，$1\leqslant i\leqslant n-1$，并代入式(3.23)可得

$$\dot{V}\leqslant-\mu V+\varphi \tag{3.24}$$

令 $\mu>\varphi/q$，则当 $V=q$ 时，有 $\dot{V}\leqslant 0$，因而 $V\leqslant q$ 为不变集，因此，当系统满足初始条件 $V(0)\leqslant q$ 时，可得 $V\leqslant q$，则可知闭环系统式(3.1)的滑模面 s、状态跟踪误差 $e_i(i=1, 2, \cdots, n-1)$和边界层误差 $\omega_i(i=1, 2, \cdots, n-1)$均为一致终结有界，则状态跟踪误差 e_n 亦有界。

由 $e_1=x_1-y_r$ 和 y_r 有界，可知状态 x_1 有界，根据式(3.4)可知虚拟控制 β_1 有界，则 α_1 及 $\dot{\alpha}_1$ 有界，又根据式 $e_2=x_2-\alpha_1$ 有界，可知状态 x_2 有界，以此类推，闭环系统所有状态均有界。

式(3.24)两边同乘以 $\mathrm{e}^{\mu t}$，并同时对 t 进行积分可得

$$V(t)\leqslant\left[V(0)-\frac{\varphi}{\mu}\right]\mathrm{e}^{-\mu t}+\frac{\varphi}{\mu} \tag{3.25}$$

根据式(3.18)可得

$$\sum_{i=1}^{n-1}e_i^2\leqslant 2\left[V(0)-\frac{\varphi}{\mu}\right]\mathrm{e}^{-\mu t}+2\,\frac{\varphi}{\mu} \tag{3.26}$$

定义紧集 $\boldsymbol{\Xi}_1=\{\boldsymbol{W}_1(\boldsymbol{x})\leqslant q\,\&\,\boldsymbol{W}_2(\boldsymbol{x})<q\}$，$\vartheta>0$ 是紧集 $\boldsymbol{\Xi}_1$ 上 V 的极小值，即 $\vartheta=\min_{x\in\boldsymbol{\Xi}_1}V>0$，则 $\forall\, x\in\boldsymbol{\Xi}_1$，$\forall\,\varphi\leqslant\mu\vartheta/2$，式(3.24)可表示为

$$\dot{V}\leqslant-\frac{\mu V}{2}-\frac{\mu\vartheta}{2}+\varphi\leqslant-\frac{\mu V}{2}\leqslant-\frac{\mu\vartheta}{2} \tag{3.27}$$

由于函数 V 连续可微，因此对于某个正常数 $a=\sup\limits_{x\in\boldsymbol{\Xi}_1}\{\boldsymbol{W}_1(\boldsymbol{x})<q\}$，存在紧集 $\Theta=\{a\leqslant V\leqslant q\}$，则由不等式(3.27)可知集合 $\boldsymbol{\Omega}_a=\{V\leqslant a\}$ 和 $\boldsymbol{\Omega}_q=\{V\leqslant q\}$ 是两个正不变集，因为在边界 $\partial\boldsymbol{\Omega}_a$ 和 $\partial\boldsymbol{\Omega}_q$ 上，$\dot{V}$ 为负，则始于 $\boldsymbol{\Xi}_1$ 内的轨线一定沿 V 减小的方向运动。

不等式(3.27)两边同时对 t 进行积分可得

$$V(t, \boldsymbol{x})\leqslant V(t, x_0)-\frac{\mu\vartheta(t-t_0)}{2}\leqslant q-\frac{\mu\vartheta(t-t_0)}{2} \tag{3.28}$$

根据式(3.28)和引理 2.3 可知，$V(t, \boldsymbol{x})$将在时间区间$[t_0, t_0+2(q-a)/(\mu\vartheta)]$内收敛到紧集 $\boldsymbol{\Omega}_a=\{V\leqslant a\}$ 内。

注意到 k_i、υ_i、c_i 和 k 为给定的设计参数，τ_i 和 κ_{i2} 为常数，因此，对于给定的 $\rho>\sqrt{2\varphi/\mu}>0$，可以通过选择适当的设计参数使得对于所有的 $t\geqslant t_0+T$ 和正常数 $T\in(0, 2(q-a)/(\mu\vartheta)]$，跟踪误差 $e=y-y_r=x_1-y_r=e_1$ 满足 $\lim\limits_{t\to\infty}|e|\leqslant\rho$。

3.2.3 仿真算例

考虑如下不确定非线性系统

$$\begin{cases}\dot{x}_1=x_2+\Delta_1(t, \boldsymbol{x})\\ \dot{x}_2=2x_1^3+3x_1x_2+\xi_1(t)x_1^3+[1+\xi_2(t)]u+d(t)\\ y=x_1\end{cases} \tag{3.29}$$

其中，不确定项实际值为 $\Delta_1(t, \boldsymbol{x})=0.5x_1^2\sin(t)$，$\xi_1(t)=\sin(4t)$，$\xi_2(t)=1+0.2\sin(2t)$，外界干扰 $d(t)=2\cos(t)$；给定界 $F(\boldsymbol{x})=|x_1^3|$，$\Delta g_{\min}=0.8$，$\Delta g_{\max}=1.2$，$D=2$；常数 $\delta_1=0.5$，光滑函数 $\phi_1(x_1)=x_1^2$。

系统参考轨迹 $y_r=1+\cos(5t)$，初始状态 $\boldsymbol{x}_0=[0.5, 0.5]^{\mathrm{T}}$，反演滑模变结构控制方案设计参数为：$k_1=1.5$，$c_1=2.5$，$k=0.5$，$\upsilon_1=\upsilon_2=10$，滤波器时间常数 $\tau_1=0.04$。仿真结果如图 3.1～图 3.4 所示。图 3.1 为系统输出 y 和参考轨迹 y_r 仿真曲线，图 3.2 为系统状态变量 x_2 有界轨迹，图 3.3 为系统跟踪误差 e 收敛曲线，图 3.4 为系统控制输入 u 有界轨迹。可以看出，采用本节所提控制方案，系统输出 y 稳定跟踪给定参考轨迹 y_r，系统跟踪误差在有限时间内收敛到原点附近的一个小邻域内，控制输入信号平滑，且闭环系统所有状态均有界。

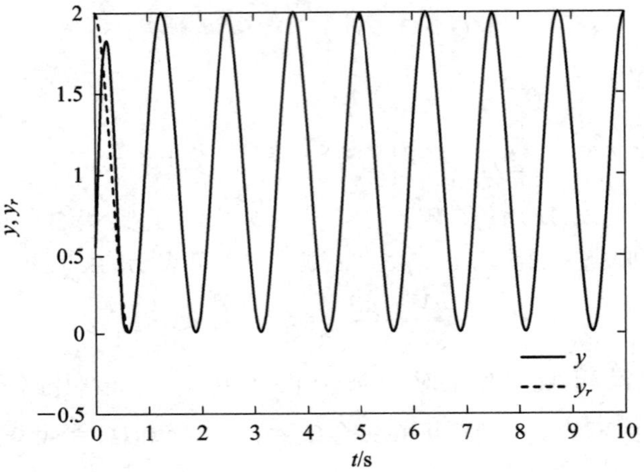

图 3.1　系统输出 y 与参考轨迹 y_r 仿真曲线

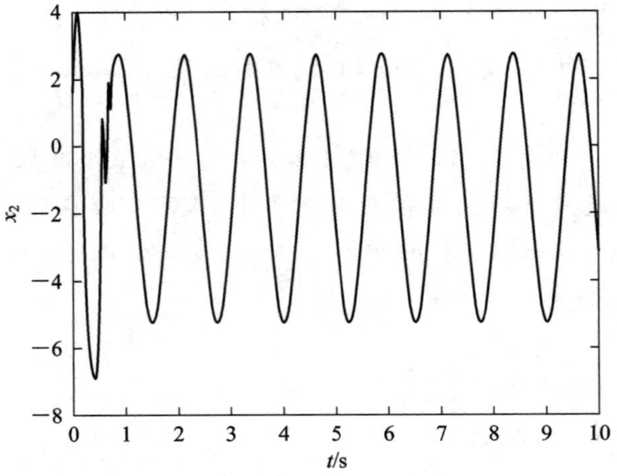

图 3.2　系统状态变量 x_2 有界轨迹

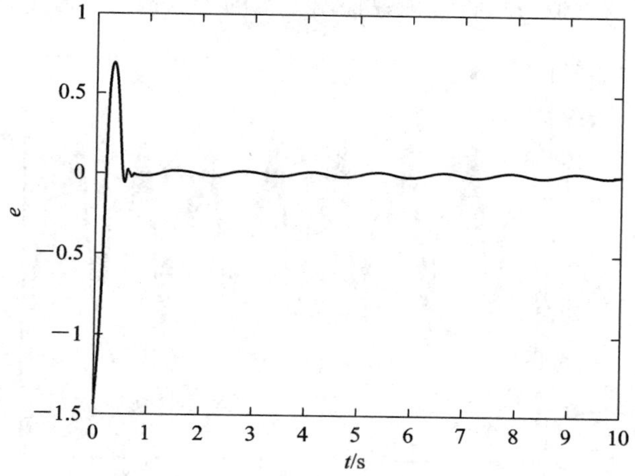

图 3.3　系统跟踪误差 e 收敛曲线

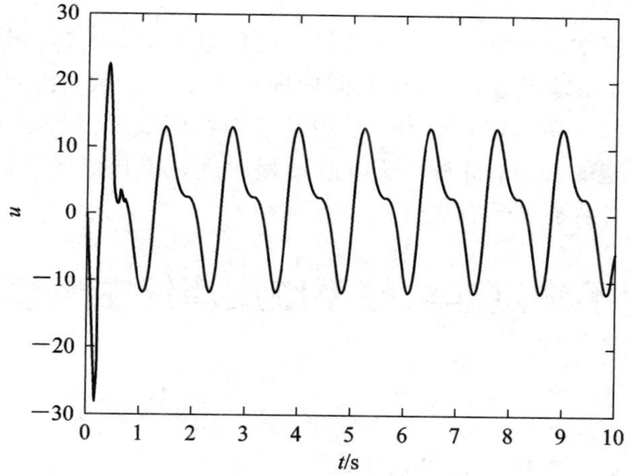

图 3.4　系统控制输入 u 有界轨迹

将采用饱和函数近似表示符号函数的控制方案和本节所提控制方案进行控制性能仿真对比，取饱和函数的边界层厚度 $\phi=0.05$，其余相应的设计参数和本节所提控制方案设计参数保持一致。

定义过渡过程时间 t_s，控制变化量 $\Delta u=u_{\max}-u_{\min}$，控制能耗 $E=\int_0^{10}|u|\mathrm{d}t$。两种方案的控制性能比较如表 3.1 所示。

表 3.1　两种方案的控制性能比较

控制器类型	t_s	Δu	E
本节设计的控制方案	0.8	45.1391	58.1231
基于饱和函数的控制方案	1.5	67.2501	78.8182

采用基于饱和函数近似表示符号函数控制方案的控制输入信号如图 3.5 所示。

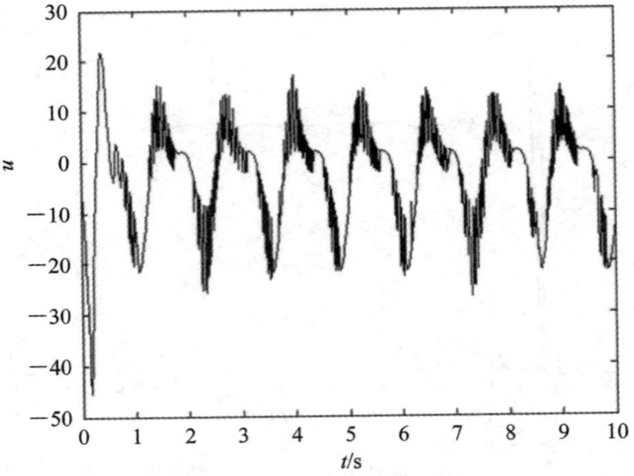

图 3.5　基于饱和函数的系统控制输入信号 u 有界轨迹仿真图

综合以上仿真分析结果可知：采用本节提出的控制方案，闭环系统对给定参考轨迹有良好的跟踪性能，系统跟踪误差在 0.8 s 时间内即达到稳态收敛，控制输入信号更加平滑，有效地削弱了控制抖振现象。相对而言，采用基于饱和函数近似表示符号函数控制方案的控制输入信号存在一定的抖振，此外，从过渡过程时间、控制变化量以及控制能耗上综合考虑，本节设计的控制系统也具有更优的控制性能。

3.3　非匹配不确定非线性系统反演终端滑模变结构控制

3.3.1　问题描述

考虑如下一类不确定严格反馈非线性系统

$$\begin{cases}\dot{x}_i=f_i(\bar{\boldsymbol{x}}_i)+p_i x_{i+1},\ i=1,\ 2,\ \cdots,\ n-1\\ \dot{x}_n=f_n(\boldsymbol{x})+gu+d(t,\boldsymbol{x})\\ y=x_1\end{cases}\tag{3.30}$$

其中，$\bar{\boldsymbol{x}}_i=[x_1,\ x_2,\ \cdots,\ x_i]^{\mathrm{T}}\in\mathbf{R}^i$，$\boldsymbol{x}=[x_1,\ x_2,\ \cdots,\ x_n]^{\mathrm{T}}\in\mathbf{R}^n$ 为系统可测状态向量，$u\in\mathbf{R}$为系统控制输入信号，$y\in\mathbf{R}$ 为系统输出信号，$f_i(\bar{\boldsymbol{x}}_i)(i=1,\ 2,\ \cdots,\ n-1)$为未知非线性光滑函数，表示系统存在未建模动态和建模误差等不确定性，为非匹配不确定项，$f_n(\boldsymbol{x})$和 $d(t,\boldsymbol{x})$为系统匹配不确定项，$f_n(\boldsymbol{x})$表示未知非线性光滑函数，$d(t,\boldsymbol{x})$表示系统未知外界干扰，p_i 为已知非零常数，$g\neq0$ 为已知控制增益常数。

假设 3.4：参考轨迹向量 $\bar{\boldsymbol{y}}_r=[y_r,\ \dot{y}_r,\ \ddot{y}_r]^{\mathrm{T}}\in\boldsymbol{\Omega}_r\subset\mathbf{R}^3$ 光滑可测，$\boldsymbol{\Omega}_r$ 为已知有界紧集，φ_0 为已知正常数，$\boldsymbol{\Omega}_r=\{y_r^2+\dot{y}_r^2+\ddot{y}_r^2\leqslant\varphi_0\mid[y_r,\ \dot{y}_r,\ \ddot{y}_r]^{\mathrm{T}}\}$。

控制目标：当满足假设 3.4 的条件时，设计控制器使得严格反馈非线性系统式(3.30)不确定，当系统存在未知非线性函数和不确定外界干扰时，闭环系统所有信号半全局一致且终结有界，同时，输出 y 能够稳定跟踪参考轨迹 y_r。

3.3.2 控制器设计与稳定性分析

1. 控制器设计

控制器设计分为 n 步，前 $n-1$ 步分别设计相应阶子系统虚拟控制律，最后第 n 步给出实际控制律。

第 1 步：定义系统的第一阶子系统误差为 $e_1=x_1-y_r$，则 e_1 的动态方程为

$$\dot{e}_1=p_1x_2+f_1(x_1)-\dot{y}_r \tag{3.31}$$

由于非线性函数 $f_1(x_1)$未知，采用 RBF 神经网络 $h_1(x_1)=\boldsymbol{W}_1^{*\mathrm{T}}\boldsymbol{\xi}_1(x_1)+\varepsilon_1$ 逼近未知非线性函数 $f_1(x_1)$，则有

$$\dot{e}_1=p_1x_2+\boldsymbol{W}_1^{*\mathrm{T}}\boldsymbol{\xi}_1(x_1)+\varepsilon_1-\dot{y}_r \tag{3.32}$$

其中，ε_1 为逼近误差，$|\varepsilon_1|\leqslant\varepsilon^*$，$\varepsilon^*$ 为未知正常数。

选取第一阶子系统的虚拟控制律

$$\beta_1=\frac{1}{p_1}(-k_1e_1-\hat{\boldsymbol{W}}_1^{\mathrm{T}}\boldsymbol{\xi}_1(x_1)+\dot{y}_r) \tag{3.33}$$

其中，$k_1>0$ 为控制器待设计参数。

$\hat{\boldsymbol{W}}_1$ 为最优权值向量 $\boldsymbol{W}_1^*$ 的自适应估计值，为避免估计值单调增加，神经网络权值向量的设计自适应律为

$$\dot{\hat{\boldsymbol{W}}}_1=e_1\boldsymbol{\Gamma}_1\boldsymbol{\xi}_1(x_1)-\sigma_1\boldsymbol{\Gamma}_1\hat{\boldsymbol{W}}_1 \tag{3.34}$$

其中，$\sigma_1>0$ 为待设计参数，$\boldsymbol{\Gamma}_1=\boldsymbol{\Gamma}_1^{\mathrm{T}}>0$ 为待设计增益矩阵，$\tilde{\boldsymbol{W}}_1=\boldsymbol{W}_1^*-\hat{\boldsymbol{W}}_1$ 为估计误差。

针对传统反演控制由于对期望虚拟控制反复求导而产生的计算复杂性问题，为避免下一步对期望虚拟控制求导，采用动态面控制设计思想，引入一阶低通滤波器对虚拟控制律进行滤波，以降低控制器复杂性。滤波器动态方程为

$$\tau_1\dot{\alpha}_1+\alpha_1=\beta_1,\ \alpha_1(0)=\beta_1(0) \tag{3.35}$$

其中，τ_1 为滤波器时间常数。

定义第一阶子系统的边界层误差为

$$\omega_1=\alpha_1-\beta_1 \tag{3.36}$$

由式(3.35)和式(3.36)可得 $\dot{\alpha}_1=-\omega_1/\tau_1$。

第 i 步：定义系统的第 $2\leqslant i\leqslant n-1$ 阶子系统误差为 $e_i=x_i-\alpha_{i-1}$，则 e_i 的动态方程为

$$\dot{e}_i=p_ix_{i+1}+f_i(\bar{\boldsymbol{x}}_i)-\dot{\alpha}_{i-1} \tag{3.37}$$

其中，α_{i-1}为第 $i-1$ 阶子系统虚拟控制 β_{i-1}通过一阶滤波器后的输出，则有

$$\dot{\alpha}_{i-1}=-\frac{\alpha_{i-1}-\beta_{i-1}}{\tau_{i-1}}=-\frac{\omega_{i-1}}{\tau_{i-1}} \tag{3.38}$$

其中，τ_{i-1}为第 $i-1$ 个滤波器时间常数。

将式(3.38)代入式(3.37)得

$$\dot{e}_i=p_ix_{i+1}+f_i(\bar{\boldsymbol{x}}_i)+\frac{\omega_{i-1}}{\tau_{i-1}} \tag{3.39}$$

由于非线性函数 $f_i(\bar{\boldsymbol{x}}_i)$未知，通过采用 RBF 神经网络 $h_i(\bar{\boldsymbol{x}}_i)=\boldsymbol{W}_i^{*\mathrm{T}}\boldsymbol{\xi}_i(\bar{\boldsymbol{x}}_i)+\varepsilon_i$ 逼近

未知非线性函数 $f_i(\bar{\boldsymbol{x}}_i)$，则有

$$\dot{e}_i = p_i x_{i+1} + \boldsymbol{W}_i^{*\mathrm{T}} \boldsymbol{\xi}_i(\bar{\boldsymbol{x}}_i) + \varepsilon_i + \frac{\omega_{i-1}}{\tau_{i-1}} \tag{3.40}$$

其中，ε_i 为逼近误差，$|\varepsilon_i| \leqslant \varepsilon^*$，$\varepsilon^*$ 为未知正常数。

选取第 i 阶子系统的虚拟控制律

$$\beta_i = \frac{1}{p_i}\left(-k_i e_i - \hat{\boldsymbol{W}}_i^{\mathrm{T}} \boldsymbol{\xi}_i(\bar{\boldsymbol{x}}_i) - \frac{\omega_{i-1}}{\tau_{i-1}}\right) \tag{3.41}$$

其中，k_i 为控制器待设计参数且 $k_i > 0$。

$\hat{\boldsymbol{W}}_i$ 为最优权值向量 $\boldsymbol{W}_i^*$ 的自适应估计值，参考式(3.34)，自适应律取为

$$\dot{\hat{\boldsymbol{W}}}_i = e_i \boldsymbol{\Gamma}_i \boldsymbol{\xi}_i(\bar{\boldsymbol{x}}_i) - \sigma_i \boldsymbol{\Gamma}_i \hat{\boldsymbol{W}}_i \tag{3.42}$$

其中，$\sigma_i > 0$ 为待设计参数，$\boldsymbol{\Gamma}_i = \boldsymbol{\Gamma}_i^{\mathrm{T}} > 0$ 为待设计增益矩阵，$\tilde{\boldsymbol{W}}_i = \boldsymbol{W}_i^* - \hat{\boldsymbol{W}}_i$ 为估计误差。

第 n 步：定义系统的第 n 阶子系统误差为 $e_n = x_n - \alpha_{n-1}$，则 e_n 的导数为

$$\dot{e}_n = f_n(\boldsymbol{x}) + gu + d(t,\boldsymbol{x}) - \dot{\alpha}_{n-1} \tag{3.43}$$

$$\dot{e}_n = f_n(\boldsymbol{x}) + gu + d(t,\boldsymbol{x}) + \frac{\omega_{n-1}}{\tau_{n-1}} \tag{3.44}$$

其中，$\omega_{n-1} = \alpha_{n-1} - \beta_{n-1}$，$\tau_{n-1}$ 为第 $n-1$ 个滤波器时间常数。

由于非线性函数 $F(\boldsymbol{x},t) = f_n(\boldsymbol{x}) + d(t,\boldsymbol{x})$ 未知，采用 RBF 神经网络 $h_n(\boldsymbol{x}) = \boldsymbol{W}_n^{*\mathrm{T}} \boldsymbol{\xi}_n(\boldsymbol{x}) + \varepsilon_n$ 逼近未知非线性函数 $F(\boldsymbol{x},t)$，则有

$$\dot{e}_n = \boldsymbol{W}_n^{*\mathrm{T}} \boldsymbol{\xi}_n(\boldsymbol{x},t) + \varepsilon_n + gu + d(t,\boldsymbol{x}) + \frac{\omega_{n-1}}{\tau_{n-1}} \tag{3.45}$$

其中，ε_n 为逼近误差，$|\varepsilon_n| \leqslant \varepsilon^*$，$\varepsilon^*$ 为未知正常数。

滑模控制的基本思想是，设计一个不连续的高频切换控制使得系统状态保持在选定的滑模面上，其动态性能主要依赖于预先设计的滑模面。而传统的线性滑模面不会在有限时间内收敛至零，为有效提高稳态跟踪精度和系统收敛速度，使系统误差能在一定时间内快速收敛，本节采用快速终端滑模控制方法设计控制律。选取滑模面

$$s = \dot{\sigma} + a\sigma + b\sigma^{\rho_1/\rho_2}, \quad \sigma = \int_0^t e_n(\tau)\mathrm{d}\tau \tag{3.46}$$

其中，a、b 为待设计参数且 $a>0$，$b>0$，ρ_1 和 ρ_2 为正奇数，且 $1/2 < \rho_1/\rho_2 < 1$。

如果在 $t = t_r$ 时刻，滑模面 $s(t)$ 收敛到零，则由式(3.46)可知，σ 将在时刻 $t = t_s$ 收敛到 0，此时有

$$t_s = t_r + \frac{\rho_2}{a(\rho_2 - \rho_1)} \ln\left[\frac{a\sigma(t_r)^{(\rho_2-\rho_1)/\rho_2} + b}{b}\right] \tag{3.47}$$

可以通过调整 ρ_1、ρ_2、a、b 的值调整 σ 的收敛时刻 t_s。

设计最终控制律为

$$u = -g^{-1}\left[a e_n + b\frac{\rho_1}{\rho_2}\left(\int_0^t e_n(\tau)\mathrm{d}\tau\right)^{(\rho_1-\rho_2)/\rho_2} e_n + k_n s + k_{n+1} s^{\rho_3/\rho_4} + \hat{\boldsymbol{W}}_n^{\mathrm{T}} \boldsymbol{\xi}_n(\boldsymbol{x},t) + \frac{\omega_{n-1}}{\tau_{n-1}}\right] \tag{3.48}$$

其中，ρ_3 和 ρ_4 为正奇数，且 $1/2 < \rho_3/\rho_4 < 1$；$k_n > 0$，$k_{n+1} > 0$ 为待设计参数；$\hat{\boldsymbol{W}}_n$ 为 $\boldsymbol{W}_n^*$ 的

自适应估计值，自适应律取为

$$\dot{\hat{\boldsymbol{W}}}_n = s\boldsymbol{\Gamma}_n\boldsymbol{\xi}_n(\boldsymbol{x},t) - \sigma_n\boldsymbol{\Gamma}_n\hat{\boldsymbol{W}}_n \tag{3.49}$$

其中，σ_n 为待设计参数且 $\sigma_n>0$，$\boldsymbol{\Gamma}_n=\boldsymbol{\Gamma}_n^{\mathrm{T}}>0$ 为待设计增益矩阵，估计误差为 $\tilde{\boldsymbol{W}}_n=\boldsymbol{W}_n^*-\hat{\boldsymbol{W}}_n$。

2. 稳定性分析

定理 3.2：考虑满足假设条件 3.4 的一类含有非匹配未知非线性函数和外界干扰的不确定严格反馈非线性系统式(3.30)，对于任意的有界初始状态，在采用式(3.48)控制律和相应自适应律构成的自适应反演终端滑模控制策略时，闭环系统所有信号均为半全局一致且终结有界，同时，可以通过改变设计参数，使得系统跟踪误差 e_1 收敛到原点附近半径任意小的一个邻域内。

证明：对于闭环系统式(3.30)，选取 Lyapunov 函数

$$V = V_{n-1} + V_s \tag{3.50}$$

$$V_{n-1} = \sum_{i=1}^{n-1}\left(\frac{1}{2}e_i^2 + \frac{1}{2}\omega_i^2 + \frac{1}{2}\tilde{\boldsymbol{W}}_i^{\mathrm{T}}\boldsymbol{\Gamma}_i^{-1}\tilde{\boldsymbol{W}}_i\right) \tag{3.51}$$

$$V_s = \frac{1}{2}s^2 + \frac{1}{2}\tilde{\boldsymbol{W}}_n^{\mathrm{T}}\boldsymbol{\Gamma}_n^{-1}\tilde{\boldsymbol{W}}_n \tag{3.52}$$

对 V_{n-1} 求导，可得

$$\dot{V}_{n-1} = \sum_{i=1}^{n-1}(e_i\dot{e}_i + \omega_i\dot{\omega}_i - \tilde{\boldsymbol{W}}_i^{\mathrm{T}}\boldsymbol{\Gamma}_i^{-1}\dot{\hat{\boldsymbol{W}}}_i) \tag{3.53}$$

第 $i+1$ 阶子系统误差为

$$e_{i+1} = x_{i+1} - \alpha_i = x_{i+1} - \omega_i - \beta_i \tag{3.54}$$

将式(3.54)和式(3.40)代入式(3.39)，可得

$$\begin{aligned}\dot{e}_i &= p_i(e_{i+1}+\omega_i+\beta_i) + f_i(\bar{\boldsymbol{x}}_i) + \frac{\omega_i}{\tau_i}\\ &= p_ie_{i+1} + p_i\omega_i - k_ie_i - \hat{\boldsymbol{W}}_i^{\mathrm{T}}\boldsymbol{\xi}_i(\bar{\boldsymbol{x}}_i) - \frac{\omega_{i-1}}{\tau_{i-1}} + \boldsymbol{W}_i^{*\mathrm{T}}\boldsymbol{\xi}_i(\bar{\boldsymbol{x}}_i) + \varepsilon_i + \frac{\omega_{i-1}}{\tau_{i-1}}\\ &= p_ie_{i+1} + p_i\omega_i - k_ie_i + \tilde{\boldsymbol{W}}_i^{\mathrm{T}}\boldsymbol{\xi}_i(\bar{\boldsymbol{x}}_i) + \varepsilon_i\end{aligned} \tag{3.55}$$

将式(3.55)与式(3.42)代入式(3.53)，可得

$$\begin{aligned}\dot{V}_{n-1} &= \sum_{i=1}^{n-1}[-k_ie_i^2 + p_ie_ie_{i+1} + p_ie_i\omega_i + \tilde{\boldsymbol{W}}_i^{\mathrm{T}}\boldsymbol{\Gamma}_i^{-1}(\boldsymbol{\Gamma}_ie_i\boldsymbol{\xi}_i(\bar{\boldsymbol{x}}_i) - \dot{\hat{\boldsymbol{W}}}_i) + e_i\varepsilon_i + \omega_i\dot{\omega}_i]\\ &= \sum_{i=1}^{n-1}[-k_ie_i^2 + p_ie_ie_{i+1} + p_ie_i\omega_i + \sigma_i\tilde{\boldsymbol{W}}_i^{\mathrm{T}}\hat{\boldsymbol{W}}_i + e_i\varepsilon_i + \omega_i\dot{\omega}_i]\end{aligned} \tag{3.56}$$

对 ω_1 求导，可得

$$\begin{aligned}\dot{\omega}_1 &= \dot{\alpha}_1 - \dot{\beta}_1\\ &= -\frac{\omega_1}{\tau_1} + \frac{1}{p_1}[k_1\dot{e}_1 + \dot{\hat{\boldsymbol{W}}}_1^{\mathrm{T}}\boldsymbol{\xi}_1(x_1) + \hat{\boldsymbol{W}}_1^{\mathrm{T}}\dot{\boldsymbol{\xi}}_1(x_1) - \ddot{y}_r]\\ &= -\frac{\omega_1}{\tau_1} + \phi_1(e_1,\ e_2,\ \omega_1,\ \hat{\boldsymbol{W}}_1,\ y_r,\ \dot{y}_r,\ \ddot{y}_r)\end{aligned} \tag{3.57}$$

其中，$\phi_1(e_1,\ e_2,\ \omega_1,\ \hat{\boldsymbol{W}}_1,\ y_r,\ \dot{y}_r,\ \ddot{y}_r)$ 为连续函数。

类似地，可知

$$\dot{\omega}_i = -\frac{\omega_i}{\tau_i} + \phi_i(e_1, \cdots, e_{i+1}, \omega_i, \hat{\boldsymbol{W}}_1, \cdots, \hat{\boldsymbol{W}}_i, y_r, \dot{y}_r, \ddot{y}_r) \tag{3.58}$$

其中，$\phi_i(e_1,\ \cdots,\ e_{i+1},\ \omega_i,\ \hat{\boldsymbol{W}}_1,\ \cdots,\ \hat{\boldsymbol{W}}_i,\ y_r,\ \dot{y}_r,\ \ddot{y}_r)$为连续函数，简记为$\phi_i(\cdot)$。

由引理 2.2 及假设 3.4 可知，连续函数$\phi_i(\cdot)$在对应紧集上有界，即$|\phi_i(\cdot)| < \phi_i$。

将式(3.58)代入式(3.56)，可得

$$\begin{aligned}\dot{V}_{n-1} &= \sum_{i=1}^{n-1}[-k_i e_i^2 + p_i e_i e_{i+1} + p_i e_i \omega_i + \tilde{\boldsymbol{W}}_i^{\mathrm{T}} \boldsymbol{\Gamma}_i^{-1}(\boldsymbol{\Gamma}_i e_i \boldsymbol{\xi}_i(\bar{\boldsymbol{x}}_i) - \dot{\hat{\boldsymbol{W}}}_i) + e_i \varepsilon_i + \omega_i \dot{\omega}_i] \\ &= \sum_{i=1}^{n-1}[-k_i e_i^2 - \frac{\omega_i^2}{\tau_i} + p_i e_i e_{i+1} + p_i e_i \omega_i + e_i \varepsilon_i + \omega_i \phi_i(\cdot) - \sigma_i \tilde{\boldsymbol{W}}_i^{\mathrm{T}} \tilde{\boldsymbol{W}}_i + \sigma_i \tilde{\boldsymbol{W}}_i^{\mathrm{T}} \boldsymbol{W}_i^*]\end{aligned} \tag{3.59}$$

根据 Young 不等式可得

$$p_i e_i e_{i+1} \leqslant p_i^2 e_i^2 + \frac{1}{4} e_{i+1}^2 \tag{3.60}$$

$$p_i e_i \omega_i \leqslant p_i^2 e_i^2 + \frac{1}{4} \omega_i^2 \tag{3.61}$$

$$e_i \varepsilon_i \leqslant e_i^2 + \frac{1}{4} \varepsilon_i^2 \tag{3.62}$$

$$\omega_i \phi_i(\cdot) \leqslant \frac{\phi_i^2}{\mu_i} \omega_i^2 + \frac{1}{4} \mu_i \tag{3.63}$$

$$\sigma_i \tilde{\boldsymbol{W}}_i^{\mathrm{T}} \boldsymbol{W}_i^* \leqslant \frac{1}{2} \sigma_i \tilde{\boldsymbol{W}}_i^{\mathrm{T}} \tilde{\boldsymbol{W}}_i + \frac{1}{2} \sigma_i \tilde{\boldsymbol{W}}_i^{*\mathrm{T}} \tilde{\boldsymbol{W}}_i^* \tag{3.64}$$

将式(3.60)～式(3.64)代入式(3.59)，可得

$$\begin{aligned}\dot{V}_{n-1} = &\sum_{i=1}^{n-1}\left[(-k_i + 2p_i^2 + 1)e_i^2 + \frac{1}{4} e_{i+1}^2 + \left(-\frac{1}{\tau_i} + \frac{\varphi_i^2}{\mu_i} + \frac{1}{4}\right)\omega_i^2 + \frac{1}{4}\varepsilon_i^2 + \frac{1}{4}\mu_i\right] + \\ &\sum_{i=1}^{n-1}\left(-\frac{1}{2}\sigma_i \tilde{\boldsymbol{W}}_i^{\mathrm{T}} \tilde{\boldsymbol{W}}_i + \frac{1}{2}\sigma_i \tilde{\boldsymbol{W}}_i^{*\mathrm{T}} \tilde{\boldsymbol{W}}_i^*\right)\end{aligned} \tag{3.65}$$

对 s 求导，可得

$$\begin{aligned}\dot{s} &= \dot{e}_n + a e_n + b \frac{\rho_1}{\rho_2}\left(\int_0^t e_n(\tau)\mathrm{d}\tau\right)^{(\rho_1-\rho_2)/\rho_2} e_n \\ &= F_n(\bar{\boldsymbol{x}}_n, t) + g u + \frac{\omega_{n-1}}{\tau_{n-1}} + a e_n + b \frac{\rho_1}{\rho_2}\left(\int_0^t e_n(\tau)\mathrm{d}\tau\right)^{(\rho_1-\rho_2)/\rho_2} e_n\end{aligned} \tag{3.66}$$

将式(3.44)与控制律式(3.48)代入式(3.66)得

$$\begin{aligned}\dot{s} = &F_n(\boldsymbol{x}, t) - \hat{\boldsymbol{W}}_n^{\mathrm{T}} \boldsymbol{\xi}_n(\boldsymbol{x}, t) - a e_n - b \frac{\rho_1}{\rho_2}\left(\int_0^t e_n(\tau)\mathrm{d}\tau\right)^{(\rho_1-\rho_2)/\rho_2} e_n - \\ &k_n s - k_{n+1} s^{\rho_3/\rho_4} - \frac{\omega_n}{\tau_n} + \frac{\omega_n}{\tau_n} + a e_n + b \frac{\rho_1}{\rho_2}\left(\int_0^t e_n(\tau)\mathrm{d}\tau\right)^{(\rho_1-\rho_2)/\rho_2} e_n \\ = &\tilde{\boldsymbol{W}}_n^{\mathrm{T}} \boldsymbol{\xi}_n(\boldsymbol{x}, t) + \varepsilon_n - k_n s - k_{n+1} s^{\rho_3/\rho_4}\end{aligned} \tag{3.67}$$

对 V_s 求导，可得

$$\dot{V}_s = s\dot{s} - \widetilde{\boldsymbol{W}}_n^{\mathrm{T}} \boldsymbol{\Gamma}_n^{-1} \dot{\hat{\boldsymbol{W}}}_n \tag{3.68}$$

将式(3.67)代入式(3.68)，可得

$$\begin{aligned}\dot{V}_s &= s\widetilde{\boldsymbol{W}}_n^{\mathrm{T}} \boldsymbol{\xi}_n(\boldsymbol{x},t) + s\varepsilon_n - k_n s^2 - k_{n+1} s^{(\rho_3+\rho_4)/\rho_4} - \widetilde{\boldsymbol{W}}_n^{\mathrm{T}} \boldsymbol{\Gamma}_n^{-1} \dot{\hat{\boldsymbol{W}}}_n \\ &\leqslant \widetilde{\boldsymbol{W}}_n^{\mathrm{T}} \boldsymbol{\Gamma}_n^{-1} [s\boldsymbol{\Gamma}_n \boldsymbol{\xi}_n(\boldsymbol{x},t) - \dot{\hat{\boldsymbol{W}}}_n] + s\varepsilon_n - k_n s^2 - k_{n+1} s^{(\rho_3+\rho_4)/\rho_4}\end{aligned} \tag{3.69}$$

将自适应律式(3.49)代入式(3.69)，可得

$$\dot{V}_s \leqslant -\sigma_n \widetilde{\boldsymbol{W}}_n^{\mathrm{T}} \widetilde{\boldsymbol{W}}_n + \sigma_n \widetilde{\boldsymbol{W}}_n^{\mathrm{T}} \boldsymbol{W}_n^* + s\varepsilon_n - k_n s^2 - k_{n+1} s^{(\rho_3+\rho_4)/\rho_4} \tag{3.70}$$

根据 Young 不等式可知

$$\sigma_n \widetilde{\boldsymbol{W}}_n^{\mathrm{T}} \boldsymbol{W}_n^* \leqslant \frac{1}{2}\sigma_n \widetilde{\boldsymbol{W}}_n^{\mathrm{T}} \widetilde{\boldsymbol{W}}_n + \frac{1}{2}\sigma_n \boldsymbol{W}_n^{*\mathrm{T}} \boldsymbol{W}_n^* \tag{3.71}$$

$$s\varepsilon_n \leqslant s^2 + \frac{1}{4}\varepsilon_n^2 \tag{3.72}$$

将式(3.71)和式(3.72)代入式(3.70)可得

$$\dot{V}_s \leqslant -\sigma_n \widetilde{\boldsymbol{W}}_n^{\mathrm{T}} \widetilde{\boldsymbol{W}}_n + \sigma_n \widetilde{\boldsymbol{W}}_n^{\mathrm{T}} \boldsymbol{W}_n^* - (k_n - 1)s^2 - k_{n+1} s^{(\rho_3+\rho_4)/\rho_4} + \frac{1}{4}\varepsilon_n^2 \tag{3.73}$$

由式(3.65)与式(3.73)可知

$$\begin{aligned}\dot{V} \leqslant & \sum_{i=1}^{n-1}\left[(-k_i + 2p_i^2 + 1)e_i^2 + \frac{1}{4}e_{i+1}^2 + \left(-\frac{1}{\tau_i} + \frac{\varphi_i^2}{\mu_i} + \frac{1}{4}\right)\omega_i^2 + \frac{1}{4}\varepsilon_i^2 + \frac{1}{4}\mu_i\right] + \\ & \sum_{i=1}^{n-1}\left(-\frac{1}{2}\sigma_i \widetilde{\boldsymbol{W}}_i^{\mathrm{T}} \widetilde{\boldsymbol{W}}_i + \frac{1}{2}\sigma_i \widetilde{\boldsymbol{W}}_i^{*\mathrm{T}} \widetilde{\boldsymbol{W}}_i^*\right) - (k_n - 1)s^2 - k_{n+1} s^{(\rho_3+\rho_4)/\rho_4} + \frac{1}{4}\varepsilon_n^2 \\ \leqslant & (-k_1 + 2p_1^2 + 1)e_1^2 + \sum_{i=2}^{n-1}(-k_i + 2p_i^2 + 1)e_i^2 + \sum_{i=1}^{n-1}\left(-\frac{1}{\tau_i} + \frac{\varphi_i^2}{\mu_i} + \frac{1}{4}\right)\omega_i^2 + \\ & \sum_{i=1}^{n}\frac{1}{4}\varepsilon_i^2 + \sum_{i=1}^{n}\frac{1}{4}\mu_i + \sum_{i=1}^{n-1}\left(-\frac{1}{2}\sigma_i \widetilde{\boldsymbol{W}}_i^{\mathrm{T}} \widetilde{\boldsymbol{W}}_i + \frac{1}{2}\sigma_i \widetilde{\boldsymbol{W}}_i^{*\mathrm{T}} \widetilde{\boldsymbol{W}}_i^*\right) - \\ & \left(k_n - \frac{5}{4}\right)s^2 - k_{n+1} s^{(\rho_3+\rho_4)/\rho_4}\end{aligned} \tag{3.74}$$

由于 ρ_3 和 ρ_4 为正奇数，所以 $\rho_3+\rho_4$ 为偶数，满足 $s^{(\rho_3+\rho_4)/\rho_4} \geqslant 0$。因此

$$\begin{aligned}\dot{V} \leqslant & (-k_1 + 2p_1^2 + 1)e_1^2 + \sum_{i=2}^{n-1}\left(-k_i + 2p_i^2 + \frac{5}{4}\right)e_i^2 + \sum_{i=1}^{n-1}\left(-\frac{1}{\tau_i} + \frac{\varphi_i^2}{\mu_i} + \frac{1}{4}\right)\omega_i^2 + \\ & \sum_{i=1}^{n}\frac{1}{4}\varepsilon_i^2 + \sum_{i=1}^{n}\frac{1}{4}\mu_i + \sum_{i=1}^{n-1}\left(-\frac{1}{2}\sigma_i \widetilde{\boldsymbol{W}}_i^{\mathrm{T}} \widetilde{\boldsymbol{W}}_i + \frac{1}{2}\sigma_i \widetilde{\boldsymbol{W}}_i^{*\mathrm{T}} \widetilde{\boldsymbol{W}}_i^*\right) - \left(k_n - \frac{5}{4}\right)s^2\end{aligned} \tag{3.75}$$

若设计参数满足

$$k_1 \geqslant 2p_1^2 + 1 + \frac{1}{2}r_1 \tag{3.76}$$

$$k_i \geqslant 2p_i^2 + \frac{5}{4} + \frac{1}{2}r_1,\ i=1,\ 2,\ \cdots,\ n-1 \tag{3.77}$$

$$\frac{1}{\tau_i} \geqslant \frac{\varphi_i^2}{\mu_i} + \frac{1}{4} + \frac{1}{2}r_1,\ i=1,\ 2,\ \cdots,\ n-1 \tag{3.78}$$

$$\frac{\sigma_i}{\lambda_{max}(\boldsymbol{\Gamma}_i^{-1})} \geqslant r_1,\ i=1,\ 2,\ \cdots,\ n-1 \tag{3.79}$$

$$k_n \geqslant \frac{5}{4}+\frac{1}{2}r_1 \tag{3.80}$$

其中，$r_1>0$，则有

$$\dot{V} \leqslant -r_1 V_1 + r_2 \tag{3.81}$$

其中

$$r_2=\sum_{i=1}^{n}\frac{1}{4}\varepsilon_i^2+\sum_{i=1}^{n-1}\frac{1}{4}\mu_i+\sum_{i=1}^{n}\left(\frac{1}{2}\sigma_i \boldsymbol{W}_i^{*\mathrm{T}}\boldsymbol{W}_i^*\right) \tag{3.82}$$

对不等式(3.81)两边同时乘以 $e^{r_1 t}$，并对 t 进行积分，可得

$$0 \leqslant V(t) \leqslant \left[V(0)-\frac{r_2}{r_1}\right]e^{-r_1 t}+\frac{r_2}{r_1} \leqslant V(0)+\frac{r_2}{r_1} \tag{3.83}$$

由不等式(3.83)可知，$V(t)$最终上界为 r_2/r_1。系统误差信号 e_i、ω_i 和 $\tilde{\boldsymbol{W}}_i$ 均是半全局一致且终结有界的。由系统初始状态有界，可推得闭环系统所有状态信号均有界。而且，可以通过改变设计参数的取值(譬如，增大 k_i 和 ρ_3 的值，减小 $\lambda_{\max}(\boldsymbol{\Gamma}_i^{-1})$和 τ_i 的值)，使得最终上界 r_2/r_1 任意小，即系统稳态跟踪误差满足

$$\lim_{t\to\infty}|e_1| \leqslant \sqrt{\frac{2r_2}{r_1}} \tag{3.84}$$

3.3.3 仿真算例

考虑如下三阶不确定严格反馈非线性系统：

$$\begin{cases}\dot{x}_1=f_1(x_1)+x_2\\ \dot{x}_2=f_1(\bar{\boldsymbol{x}}_2)+x_3\\ \dot{x}_3=f_3(\boldsymbol{x})+u+d(t,\boldsymbol{x})\\ y=x_1\end{cases} \tag{3.85}$$

系统中未知非线性函数设置为 $f_1(x_1)=x_1\sin x_1$，$f_2(\bar{\boldsymbol{x}}_2)=x_1^2+x_2\cos x_1$，$f_3(\boldsymbol{x})=x_1x_2x_3$，$d(t,\boldsymbol{x})=(x_1^2+x_2^2+x_3^2)\sin(t)$。系统参考轨迹 $y_r=0.5\sin(t)+0.5\sin(2t)$，初始状态为$[x_1(0),x_2(0),x_3(0)]=[0,0,0]$。

RBF 神经网络 $\hat{\boldsymbol{W}}_1^{\mathrm{T}}\boldsymbol{\xi}_1(x_1)$的高斯径向基函数中心为$\{-1,-2/3,-1/3,0,1/3,2/3,1\}$，基函数宽度为 $\eta_1=2$，取初始权值为 $\hat{\boldsymbol{W}}_1(0)=\boldsymbol{0}$。RBF 神经网络 $\hat{\boldsymbol{W}}_2^{\mathrm{T}}\boldsymbol{\xi}_2(\bar{\boldsymbol{x}}_2)$的高斯径向基函数中心为$\{-1,-1/2,0,1/2,1\}\times\{-1,-1/2,0,1/2,1\}$，基函数宽度为 $\eta_2=2$，初始权值取为 $\hat{\boldsymbol{W}}_2(0)=\boldsymbol{0}$。RBF 神经网络 $\hat{\boldsymbol{W}}_3^{\mathrm{T}}\boldsymbol{\xi}_3(\bar{\boldsymbol{x}}_3,t)$的高斯径向基函数中心为$\{-1,0,1\}\times\{-1,0,1\}\times\{-1,0,1\}\times\{-1,0,1\}\times\{-1,0,1\}$，基函数宽度为 $\eta_3=2$，初始权值取为 $\hat{\boldsymbol{W}}_3(0)=\boldsymbol{0}$。控制器参数设置为：$k_1=k_2=4$，$k_3=k_4=10$，$\tau_1=\tau_2=0.04$，$\boldsymbol{\Gamma}_1=\boldsymbol{\Gamma}_2=\boldsymbol{\Gamma}_3=\mathrm{diag}[0.5]$，$\sigma_1=\sigma_2=\sigma_3=0.1$，$\rho_1=5$，$\rho_2=7$，$\rho_3=3$，$\rho_4=5$，$a=1$，$b=0.01$。

仿真结果如图 3.6～图 3.9 所示。图 3.6 为系统输出 y 和参考轨迹 y_r 的仿真曲线。可

以看出，当存在不确定条件时，系统输出仍能实现对参考轨迹的精确稳定跟踪。图 3.7 为系统状态变量 x_2 和 x_3 有界轨迹。图 3.8 为系统控制输入 u 有界轨迹。图 3.9 为神经网络权值范数 $\|\hat{\boldsymbol{W}}_1\|$、$\|\hat{\boldsymbol{W}}_2\|$ 和 $\|\hat{\boldsymbol{W}}_3\|$ 有界轨迹。可以看出，闭环系统所有状态有界。

如果在反演控制设计最后一步采用线性滑模控制方案，选取滑模面 $s=2e_1+4e_2+e_3$，趋近律为 $\dot{s}=-10s-60\text{sgn}(s)$，其余设计参数与上述自适应反演快速终端滑模控制方案一致，则自适应反演线性滑模控制跟踪轨迹如图 3.10 所示，自适应反演线性滑模控制系统控制输入如图 3.11 所示。对比分析可知，相比于线性滑模控制，快速终端滑模控制方法具有更快的收敛速度和更小的跟踪误差；对比控制增益取值可知，快速终端滑模能在保证控制效果的前提下降低控制增益取值，削弱控制信号的高频抖振。

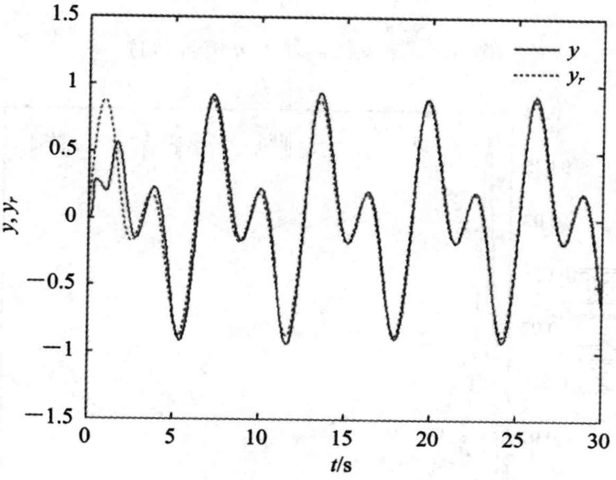

图 3.6 系统输出 y 与参考轨迹 y_r 的仿真曲线

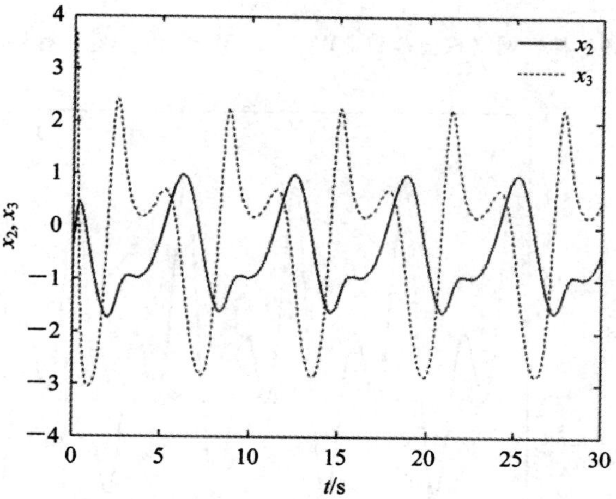

图 3.7 系统状态变量 x_2 和 x_3 有界轨迹

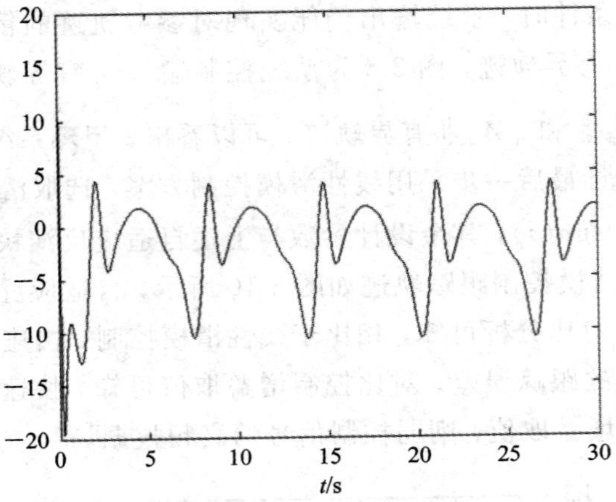

图 3.8 系统控制输入 u 有界轨迹

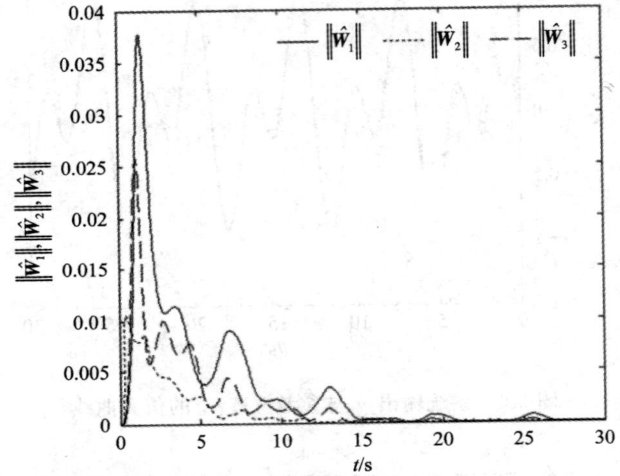

图 3.9 神经网络权值范数 $\|\hat{W}_1\|$，$\|\hat{W}_2\|$ 和 $\|\hat{W}_3\|$ 有界轨迹

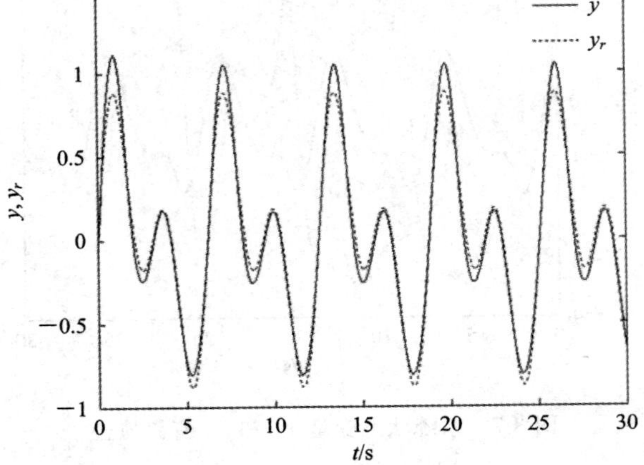

图 3.10 自适应反演线性滑模控制跟踪轨迹

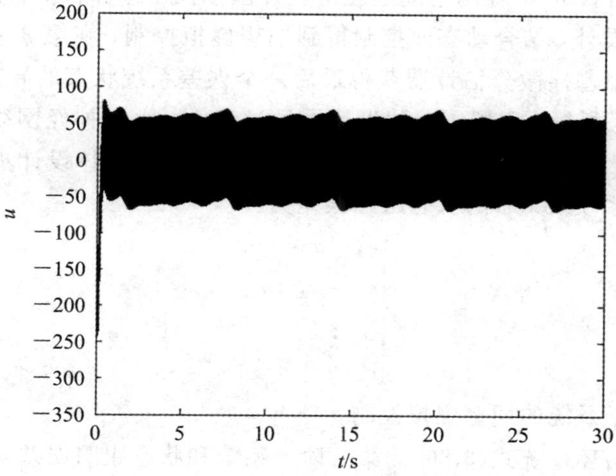

图 3.11　自适应反演线性滑模控制输入 u

3.4　非匹配不确定非线性系统反演高阶终端滑模变结构控制

3.4.1　问题描述

考虑如下一类不确定非线性系统：

$$\begin{cases}\dot{x}_i=x_{i+1}+f_i(\bar{\boldsymbol{x}}_i),\ i=1,\ 2,\ \cdots,\ n-1\\ \dot{x}_n=f(\boldsymbol{x})+gu+d(t)\\ y=x_1\end{cases}\tag{3.86}$$

其中，$\bar{\boldsymbol{x}}_i=[x_1,x_2,\cdots,x_i]^{\mathrm{T}}\in\mathbf{R}^i$，$\boldsymbol{x}=[x_1,x_2,\cdots,x_n]^{\mathrm{T}}\in\mathbf{R}^n$ 为可测状态向量，$u\in\mathbf{R}$ 和 $y\in\mathbf{R}$分别为系统控制输入和输出，$f_i(\bar{\boldsymbol{x}}_i)$，$i=1,\ 2,\ \cdots,\ n-1$ 为未知非线性函数，$f(\boldsymbol{x})$ 为已知非线性函数，$g\neq0$ 为已知常数，$d(t)$为外界干扰。

假设 3.5：外界干扰 $d(t)$及其导数 $\dot{d}(t)$均有界，且满足$|\dot{d}(t)|\leqslant\delta_1$，$\delta_1$ 为已知正常数。

假设 3.6：参考轨迹向量 $\bar{\boldsymbol{y}}_r=[y_r,\ \dot{y}_r,\ \ddot{y}_r]^{\mathrm{T}}\in\boldsymbol{\Omega}_r\subset\mathbf{R}^3$ 光滑可测，$\boldsymbol{\Omega}_r$ 为已知有界紧集，φ_0 为已知正常数，$\boldsymbol{\Omega}_r=\{y_r^2+\dot{y}_r^2+\ddot{y}_r^2\leqslant\varphi_0\,|\,[y_r,\ \dot{y}_r,\ \ddot{y}_r]^{\mathrm{T}}\}$。

控制目标：针对不确定非线性系统式(3.86)，在满足假设 3.5 和假设 3.6 的条件下，设计自适应神经网络反演高阶终端滑模控制律和权值自适应律，使得系统输出 y 能够稳定跟踪给定参考轨迹 y_r，同时保证闭环系统所有信号是半全局一致且终结有界的。

3.4.2　控制器设计与稳定性分析

1. 控制器设计

自适应神经网络反演高阶终端滑模控制器的设计包含 n 步：在前 $n-1$ 步，根据反演控制设计思想，采用 RBF 神经网络逼近理论设计虚拟控制律和权值自适应律，并将一阶低通滤波器融入反演设计，结合动态面控制得到期望虚拟控制；在第 n 步，采用特殊的非奇异终端滑模，并利用鲁棒微分估计器获得最后一个误差系统状态的导数，设计高阶滑模控制律，削弱控制信号抖振。在控制器的设计推导过程中，由于神经网络的逼近特性只在某一紧集内成立，因此得到的稳定性结论是半全局意义下的。具体设计步骤如下。

首先定义闭环系统(3.86)的状态跟踪误差为

$$\begin{cases} e_1 = x_1 - y_r \\ e_2 = x_2 - \alpha_1 \\ \quad\vdots \\ e_n = x_n - \alpha_{n-1} \end{cases} \tag{3.87}$$

其中，α_i 为第 i 阶子系统的期望虚拟控制。

第 1 步：根据闭环系统式(3.86)的第一阶子系统和状态跟踪误差 $e_1 = x_1 - y_r$，则 e_1 的动态方程为

$$\dot{e}_1 = x_2 + f_1(x_1) - \dot{y}_r \tag{3.88}$$

若非线性函数 $f_1(x_1)$ 已知，则可设计第一阶子系统的虚拟控制律为

$$\beta_1^* = x_2 = -k_1 e_1 - f_1(x_1) + \dot{y}_r$$

其中，$k_1 > 0$ 为设计参数。

因此，存在 Lyapunov 函数 $V_{e_1} = \dfrac{1}{2} e_1^2$，使得 $\dot{V}_{e_1} = -k_1 e_1^2 \leqslant 0$，则状态跟踪误差 $e_1 = 0$ 渐近稳定。

由于非线性函数 $f_1(x_1)$ 未知，采用 RBF 神经网络 $h_1(x_1) = \boldsymbol{W}_1^{*\mathrm{T}} \boldsymbol{\xi}_1(x_1) + \varepsilon_1$ 逼近未知非线性函数 $f_1(x_1)$，则有

$$\dot{e}_1 = x_2 + \boldsymbol{W}_1^{*\mathrm{T}} \boldsymbol{\xi}_1(x_1) + \varepsilon_1 - \dot{y}_r \tag{3.89}$$

其中，$|\varepsilon_1| \leqslant \varepsilon_1^*$，$\varepsilon_1^*$ 为已知正常数。

设计第一阶子系统的虚拟控制律和权值自适应律为

$$\beta_1 = -k_1 e_1 - \hat{\boldsymbol{W}}_1^{\mathrm{T}} \boldsymbol{\xi}_1(x_1) + \dot{y}_r \tag{3.90}$$

$$\dot{\hat{\boldsymbol{W}}}_1 = e_1 \boldsymbol{\Gamma}_1 \boldsymbol{\xi}_1(x_1) - \sigma_1 \boldsymbol{\Gamma}_1 \hat{\boldsymbol{W}}_1 \tag{3.91}$$

其中，$k_1 > 0$，$\sigma_1 > 0$ 为设计参数，$\boldsymbol{\Gamma}_1 = \boldsymbol{\Gamma}_1^{\mathrm{T}} > 0$ 为自适应增益矩阵。

针对传统反演控制由于对期望虚拟控制反复求导带来的计算复杂性问题，为避免下一步对期望虚拟控制求导，采用动态面控制设计思想，引入一阶低通滤波器对虚拟控制律进行滤波，以降低控制器复杂性，滤波器动态方程为

$$\tau_1 \dot{\alpha}_1 + \alpha_1 = \beta_1, \ \alpha_1(0) = \beta_1(0) \tag{3.92}$$

其中，τ_1 为滤波器时间常数。

定义第一阶子系统的边界层误差为

$$\omega_1 = \alpha_1 - \beta_1 \tag{3.93}$$

由式(3.92)和式(3.93)可得 $\dot{\alpha}_1 = -\omega_1 / \tau_1$。

对式(3.93)求导可得

$$\dot{\omega}_1=-\frac{\omega_1}{\tau_1}-\dot{\beta}_1=-\frac{\omega_1}{\tau_1}+k_1\dot{e}_1+\dot{\hat{\boldsymbol{W}}}_1^{\mathrm{T}}\boldsymbol{\xi}_1(x_1)-\ddot{y}_r \tag{3.94}$$

又由式(3.94)可得

$$\left|\dot{\omega}_1+\frac{\omega_1}{\tau_1}\right|\leqslant\varphi_1(\bar{\boldsymbol{e}}_2^{\mathrm{T}},\ \omega_1,\ \hat{\boldsymbol{W}}_1^{\mathrm{T}},\ y_r,\ \dot{y}_r,\ \ddot{y}_r) \tag{3.95}$$

其中，$\varphi_1(\bar{\boldsymbol{e}}_2^{\mathrm{T}},\ \omega_1,\ \hat{\boldsymbol{W}}_1^{\mathrm{T}},\ y_r,\ \dot{y}_r,\ \ddot{y}_r)$为连续函数，$\bar{\boldsymbol{e}}_2=[e_1,\ e_2]^{\mathrm{T}}$。

由式(3.94)和式(3.95)，并利用 Young 不等式可得

$$\omega_1\dot{\omega}_1\leqslant-\frac{\omega_1^2}{\tau_1}+|\omega_1|\varphi_1\leqslant-\frac{\omega_1^2}{\tau_1}+\omega_1^2+\frac{1}{4}\varphi_1^2 \tag{3.96}$$

定义第一阶子系统的 Lyapunov 函数为

$$V_1=\frac{1}{2}e_1^2+\frac{1}{2}\omega_1^2+\frac{1}{2}\tilde{\boldsymbol{W}}_1^{\mathrm{T}}\boldsymbol{\Gamma}_1^{-1}\tilde{\boldsymbol{W}}_1 \tag{3.97}$$

对 V_1 求导，并将不等式(3.96)代入求导结果可得

$$\begin{aligned}\dot{V}_1&=e_1\dot{e}_1+\omega_1\dot{\omega}_1+\tilde{\boldsymbol{W}}_1^{\mathrm{T}}\boldsymbol{\Gamma}_1^{-1}\dot{\hat{\boldsymbol{W}}}_1\\&=-k_1e_1^2+e_1e_2-e_1\tilde{\boldsymbol{W}}_1^{\mathrm{T}}\boldsymbol{\xi}_1(x_1)+e_1\varepsilon_1+e_1\omega_1+\omega_1\dot{\omega}_1+\tilde{\boldsymbol{W}}_1^{\mathrm{T}}\boldsymbol{\Gamma}_1^{-1}\dot{\hat{\boldsymbol{W}}}_1\\&\leqslant-k_1e_1^2+e_1e_2+e_1\varepsilon_1+|e_1||\omega_1|-\frac{\omega_1^2}{\tau_1}+\omega_1^2+\frac{1}{4}\varphi_1^2-\tilde{\boldsymbol{W}}_1^{\mathrm{T}}\boldsymbol{\Gamma}_1^{-1}[e_1\boldsymbol{\Gamma}_1\boldsymbol{\xi}_1(x_1)-\dot{\hat{\boldsymbol{W}}}_1]\end{aligned} \tag{3.98}$$

利用 Young 不等式$|e_1||\omega_1|\leqslant e_1^2+\frac{1}{4}\omega_1^2$ 可得

$$\dot{V}_1\leqslant-(k_1-1)e_1^2+e_1e_2+e_1\varepsilon_1-\frac{\omega_1^2}{\tau_1}+\frac{5}{4}\omega_1^2+\frac{1}{4}\varphi_1^2-\tilde{\boldsymbol{W}}_1^{\mathrm{T}}\boldsymbol{\Gamma}_1^{-1}[e_1\boldsymbol{\Gamma}_1\boldsymbol{\xi}_1(x_1)-\dot{\hat{\boldsymbol{W}}}_1] \tag{3.99}$$

令 $k_1=k_{10}+k_{11}$，$k_{10}-1>0$，$k_{11}>0$，并将权值自适应律式(3.91)代入式(3.99)，则有

$$\dot{V}_1\leqslant-(k_{10}-1)e_1^2+e_1e_2-k_{11}e_1^2+e_1\varepsilon_1-\frac{\omega_1^2}{\tau_1}+\frac{5}{4}\omega_1^2+\frac{1}{4}\varphi_1^2-\sigma_1\tilde{\boldsymbol{W}}_1^{\mathrm{T}}\hat{\boldsymbol{W}}_1 \tag{3.100}$$

配平方可得如下不等式

$$-\sigma_1\tilde{\boldsymbol{W}}_1^{\mathrm{T}}\hat{\boldsymbol{W}}_1\leqslant\frac{\sigma_1}{2}\|\boldsymbol{W}_1^*\|^2-\frac{\sigma_1}{2}\|\tilde{\boldsymbol{W}}_1\|^2 \tag{3.101}$$

$$-k_{11}e_1^2+e_1\varepsilon_1\leqslant-k_{11}e_1^2+e_1|\varepsilon_1|\leqslant\frac{\varepsilon_1^2}{4k_{11}}\leqslant\frac{\varepsilon_1^{*2}}{4k_{11}} \tag{3.102}$$

选取 $k_1^*=k_{10}-1$，并将式(3.101)和式(3.102)代入式(3.100)，则有

$$\dot{V}_1\leqslant-k_1^*e_1^2+e_1e_2-\frac{\omega_1^2}{\tau_1}+\frac{5}{4}\omega_1^2+\frac{1}{4}\varphi_1^2+\frac{\sigma_1}{2}\|\boldsymbol{W}_1^*\|^2-\frac{\sigma_1}{2}\|\tilde{\boldsymbol{W}}_1\|^2+\frac{\varepsilon_1^{*2}}{4k_{11}} \tag{4.103}$$

第 2 步：由闭环系统式(3.86)的第二阶子系统和状态跟踪误差 $e_2=x_2-\alpha_1$，可得 e_2 的动态方程为

$$\dot{e}_2=x_3+f_2(\bar{\boldsymbol{x}}_2)+\frac{\omega_1}{\tau_1} \tag{3.104}$$

由于非线性函数 $f_2(\bar{\boldsymbol{x}}_2)$未知，采用 RBF 神经网络 $h_2(\bar{\boldsymbol{x}}_2)=\boldsymbol{W}_2^{*\mathrm{T}}\boldsymbol{\xi}_2(\bar{\boldsymbol{x}}_2)+\varepsilon_2$ 逼近未知

非线性函数 $f_2(\bar{x}_2)$，则有

$$\dot{e}_2=x_3+\boldsymbol{W}_2^{*\mathrm{T}}\boldsymbol{\xi}_2(\bar{\boldsymbol{x}}_2)+\varepsilon_2+\frac{\omega_1}{\tau_1} \tag{3.105}$$

其中，$|\varepsilon_2|\leqslant\varepsilon_2^*$，$\varepsilon_2^*$ 为已知正常数。

设计第二阶子系统的虚拟控制律和权值自适应律为

$$\beta_2=-e_1-k_2e_2-\hat{\boldsymbol{W}}_2^{\mathrm{T}}\boldsymbol{\xi}_2(\bar{\boldsymbol{x}}_2)-\frac{\omega_1}{\tau_1} \tag{3.106}$$

$$\dot{\hat{\boldsymbol{W}}}_2=e_2\boldsymbol{\Gamma}_2\boldsymbol{\xi}_2(\bar{\boldsymbol{x}}_2)-\sigma_2\boldsymbol{\Gamma}_2\hat{\boldsymbol{W}}_2 \tag{3.107}$$

其中，k_2、σ_2 为设计参数且 $k_2>0$，$\sigma_2>0$，$\boldsymbol{\Gamma}_2=\boldsymbol{\Gamma}_2^{\mathrm{T}}>0$ 为自适应增益矩阵。

对 β_2 进行滤波，滤波器动态方程为 $\tau_2\dot{\alpha}_2+\alpha_2=\beta_2$，$\alpha_2(0)=\beta_2(0)$，得到期望虚拟控制 α_2，定义第二阶子系统的边界层误差为

$$\omega_2=\alpha_2-\beta_2 \tag{3.108}$$

则可得 $\dot{\alpha}_2=-\omega_2/\tau_2$。

对式(3.108)求导可得

$$\dot{\omega}_2=-\frac{\omega_2}{\tau_2}-\dot{\beta}_2=-\frac{\omega_2}{\tau_2}+\dot{e}_1+k_2\dot{e}_2+\dot{\hat{\boldsymbol{W}}}_2^{\mathrm{T}}\boldsymbol{\xi}_2(\bar{\boldsymbol{x}}_2)+\frac{\dot{\omega}_1}{\tau_1} \tag{3.109}$$

又由式(3.109)可得

$$\left|\dot{\omega}_2+\frac{\omega_2}{\tau_2}\right|\leqslant\varphi_2(\bar{\boldsymbol{e}}_3^{\mathrm{T}},\bar{\boldsymbol{\omega}}_2^{\mathrm{T}},\bar{\hat{\boldsymbol{W}}}_2^{\mathrm{T}},y_r,\dot{y}_r,\ddot{y}_r) \tag{3.110}$$

其中，$\varphi_2(\bar{\boldsymbol{e}}_3^{\mathrm{T}},\bar{\boldsymbol{\omega}}_2^{\mathrm{T}},\bar{\hat{\boldsymbol{W}}}_2^{\mathrm{T}},y_r,\dot{y}_r,\ddot{y}_r)$ 为连续函数，$\bar{\boldsymbol{e}}_3=[e_1,e_2,e_3]^{\mathrm{T}}$，$\bar{\boldsymbol{\omega}}_2=[\omega_1,\omega_2]^{\mathrm{T}}$，$\bar{\hat{\boldsymbol{W}}}_2=[\hat{\boldsymbol{W}}_1^{\mathrm{T}},\hat{\boldsymbol{W}}_2^{\mathrm{T}}]^{\mathrm{T}}$。

由式(3.109)和式(3.110)，并利用 Young 不等式可得

$$\omega_2\dot{\omega}_2\leqslant-\frac{\omega_2^2}{\tau_2}+|\omega_2|\varphi_2\leqslant-\frac{\omega_2^2}{\tau_2}+\omega_2^2+\frac{1}{4}\varphi_2^2 \tag{3.111}$$

定义第二阶子系统的 Lyapunov 函数为

$$V_2=V_1+\frac{1}{2}e_2^2+\frac{1}{2}\omega_2^2+\frac{1}{2}\tilde{\boldsymbol{W}}_2^{\mathrm{T}}\boldsymbol{\Gamma}_2^{-1}\tilde{\boldsymbol{W}}_2 \tag{3.112}$$

对 V_2 求导，并将不等式(3.111)代入求导结果可得

$$\begin{aligned}\dot{V}_2&=\dot{V}_1+e_2\dot{e}_2+\omega_2\dot{\omega}_2+\tilde{\boldsymbol{W}}_2^{\mathrm{T}}\boldsymbol{\Gamma}_2^{-1}\dot{\hat{\boldsymbol{W}}}_2\\&=\dot{V}_1-e_1e_2-k_2e_2^2+e_2e_3-e_2\tilde{\boldsymbol{W}}_2^{\mathrm{T}}\boldsymbol{\xi}_2(\bar{\boldsymbol{x}}_2)+e_2\varepsilon_2+e_2\omega_2+\omega_2\dot{\omega}_2+\tilde{\boldsymbol{W}}_2^{\mathrm{T}}\boldsymbol{\Gamma}_2^{-1}\dot{\hat{\boldsymbol{W}}}_2\\&\leqslant\dot{V}_1-e_1e_2-k_2e_2^2+e_2e_3+e_2\varepsilon_2+|e_2||\omega_2|-\\&\quad\frac{\omega_2^2}{\tau_2}+\omega_2^2+\frac{1}{4}\varphi_2^2-\tilde{\boldsymbol{W}}_2^{\mathrm{T}}\boldsymbol{\Gamma}_2^{-1}[e_2\boldsymbol{\Gamma}_2\boldsymbol{\xi}_2(\bar{\boldsymbol{x}}_2)-\dot{\hat{\boldsymbol{W}}}_2]\end{aligned} \tag{3.113}$$

利用 Young 不等式 $|e_2||\omega_2|\leqslant e_2^2+\frac{1}{4}\omega_2^2$ 可得

$$\dot{V}_2\leqslant\dot{V}_1-e_1e_2-(k_2-1)e_2^2+e_2e_3+e_2\varepsilon_2-\frac{\omega_2^2}{\tau_2}+\frac{5}{4}\omega_2^2+\frac{1}{4}\varphi_2^2-\tilde{\boldsymbol{W}}_2^{\mathrm{T}}\boldsymbol{\Gamma}_2^{-1}[e_2\boldsymbol{\Gamma}_2\boldsymbol{\xi}_2(\bar{\boldsymbol{x}}_2)-\dot{\hat{\boldsymbol{W}}}_2] \tag{3.114}$$

令 $k_2=k_{20}+k_{21}$，$k_{20}-1>0$，$k_{21}>0$，并将权值自适应律式(3.107)代入式(3.114)，则有

$$\dot{V}_2\leqslant\dot{V}_1-e_1e_2-(k_{20}-1)e_2^2+e_2e_3-k_{21}e_2^2+e_2\varepsilon_2-\frac{\omega_2^2}{\tau_2}+\frac{5}{4}\omega_2^2+\frac{1}{4}\varphi_2^2-\sigma_2\tilde{\boldsymbol{W}}_2^{\mathrm{T}}\hat{\boldsymbol{W}}_2 \tag{3.115}$$

与第 1 步设计相似，配平方可得不等式 $-\sigma_2\tilde{\boldsymbol{W}}_2^{\mathrm{T}}\hat{\boldsymbol{W}}_2\leqslant\frac{\sigma_2}{2}\|\boldsymbol{W}_2^*\|^2-\frac{\sigma_2}{2}\|\tilde{\boldsymbol{W}}_2\|^2$ 和 $-k_{21}e_2^2+e_2\varepsilon_2\leqslant-k_{21}e_2^2+e_2|\varepsilon_2|\leqslant\frac{\varepsilon_2^2}{4k_{21}}\leqslant\frac{\varepsilon_2^{*2}}{4k_{21}}$，并注意到式(3.103)，则有

$$\dot{V}_2\leqslant-\sum_{i=1}^{2}k_i^*e_i^2+\sum_{i=1}^{2}\left(\frac{5}{4}\omega_i^2-\frac{\omega_i^2}{\tau_i}+\frac{1}{4}\varphi_i^2\right)+\sum_{i=1}^{2}\left(\frac{\sigma_i}{2}\|\boldsymbol{W}_i^*\|^2-\frac{\sigma_i}{2}\|\tilde{\boldsymbol{W}}_i\|^2+\frac{\varepsilon_i^{*2}}{4k_{i1}}\right)+e_2e_3 \tag{3.116}$$

其中，$k_2^*=k_{20}-1$。

第 i 步：对于 $3\leqslant i\leqslant n-1$，由闭环系统式(3.86)的第 i 阶子系统和状态跟踪误差 $e_i=x_i-\alpha_{i-1}$，则 e_i 的动态方程为

$$\dot{e}_i=x_{i+1}+f_i(\bar{\boldsymbol{x}}_i)+\frac{\omega_{i-1}}{\tau_{i-1}} \tag{3.117}$$

由于非线性函数 $f_i(\bar{\boldsymbol{x}}_i)$ 未知，采用 RBF 神经网络 $h_i(\bar{\boldsymbol{x}}_i)=\boldsymbol{W}_i^{*\mathrm{T}}\boldsymbol{\xi}_i(\bar{\boldsymbol{x}}_i)+\varepsilon_i$ 逼近未知非线性函数 $f_i(\bar{\boldsymbol{x}}_i)$，则有

$$\dot{e}_i=x_{i+1}+\boldsymbol{W}_i^{*\mathrm{T}}\boldsymbol{\xi}_i(\bar{\boldsymbol{x}}_i)+\varepsilon_i+\frac{\omega_{i-1}}{\tau_{i-1}} \tag{3.118}$$

其中，$|\varepsilon_i|\leqslant\varepsilon_i^*$，$\varepsilon_i^*$ 为已知正常数。

设计第 i 阶子系统的虚拟控制律和权值自适应律为

$$\beta_i=-e_{i-1}-k_ie_i-\hat{\boldsymbol{W}}_i^{\mathrm{T}}\boldsymbol{\xi}_i(\bar{\boldsymbol{x}}_i)-\frac{\omega_{i-1}}{\tau_{i-1}} \tag{3.119}$$

$$\dot{\hat{\boldsymbol{W}}}_i=e_i\boldsymbol{\Gamma}_i\boldsymbol{\xi}_i(\bar{\boldsymbol{x}}_i)-\sigma_i\boldsymbol{\Gamma}_i\hat{\boldsymbol{W}}_i \tag{3.120}$$

其中，k_i、k_{i0}、k_{i1}、σ_i 为设计参数且 $k_i=k_{i0}+k_{i1}$，$k_{i0}-1>0$，$k_{i1}>0$，$\sigma_i>0$，$\boldsymbol{\Gamma}_i=\boldsymbol{\Gamma}_i^{\mathrm{T}}>0$ 为自适应增益矩阵。

对 β_i 进行滤波，滤波器动态方程为 $\tau_i\dot{\alpha}_i+\alpha_i=\beta_i$，$\alpha_i(0)=\beta_i(0)$，得到期望虚拟控制 α_i，定义第 i 阶子系统的边界层误差为

$$\omega_i=\alpha_i-\beta_i \tag{3.121}$$

则可得 $\dot{\alpha}_i=-\omega_i/\tau_i$。

对式(3.121)求导可得

$$\dot{\omega}_i=-\frac{\omega_i}{\tau_i}-\dot{\beta}_i=-\frac{\omega_i}{\tau_i}+\dot{e}_{i-1}+k_i\dot{e}_i+\dot{\hat{\boldsymbol{W}}}_i^{\mathrm{T}}\boldsymbol{\xi}_i(\bar{\boldsymbol{x}}_i)+\frac{\dot{\omega}_{i-1}}{\tau_{i-1}} \tag{3.122}$$

又由式(3.122)可得

$$\left|\dot{\omega}_i+\frac{\omega_i}{\tau_i}\right|\leqslant\varphi_i(\bar{\boldsymbol{e}}_{i+1}^{\mathrm{T}},\bar{\boldsymbol{\omega}}_i^{\mathrm{T}},\bar{\hat{\boldsymbol{W}}}_i^{\mathrm{T}},y_r,\dot{y}_r,\ddot{y}_r) \tag{3.123}$$

其中，$\varphi_i(\bar{\boldsymbol{e}}_{i+1}^{\mathrm{T}},\bar{\boldsymbol{\omega}}_i^{\mathrm{T}},\bar{\hat{\boldsymbol{W}}}_i^{\mathrm{T}},y_r,\dot{y}_r,\ddot{y}_r)$ 为连续函数，$\bar{\boldsymbol{e}}_{i+1}=[e_1,e_2,e_3,\cdots,e_{i+1}]^{\mathrm{T}}$，$\bar{\boldsymbol{\omega}}_i=[\omega_1,\omega_2,\cdots,\omega_i]^{\mathrm{T}}$，$\bar{\hat{\boldsymbol{W}}}_i=[\hat{\boldsymbol{W}}_1^{\mathrm{T}},\hat{\boldsymbol{W}}_2^{\mathrm{T}},\cdots,\hat{\boldsymbol{W}}_i^{\mathrm{T}}]^{\mathrm{T}}$。

由式(3.122)和式(3.123)，并利用 Young 不等式可得

$$\omega_i\dot{\omega}_i \leqslant -\frac{\omega_i^2}{\tau_i} + |\omega_i|\varphi_i \leqslant -\frac{\omega_i^2}{\tau_i} + \omega_i^2 + \frac{1}{4}\varphi_i^2 \tag{3.124}$$

定义第 i 阶子系统的 Lyapunov 函数为

$$V_i = V_{i-1} + \frac{1}{2}e_i^2 + \frac{1}{2}\omega_i^2 + \frac{1}{2}\tilde{\boldsymbol{W}}_i^{\mathrm{T}}\boldsymbol{\Gamma}_i^{-1}\tilde{\boldsymbol{W}}_i \tag{3.125}$$

对 V_i 求导，并将虚拟控制律式(3.119)和权值自适应律式(3.120)代入，以下推导过程类似于第 2 步的计算方法和步骤，则有

$$\dot{V}_i \leqslant -\sum_{j=1}^{i} k_j^* e_j^2 + \sum_{j=1}^{i}\left(\frac{5}{4}\omega_j^2 - \frac{\omega_j^2}{\tau_j} + \frac{1}{4}\varphi_j^2\right) + \sum_{j=1}^{i}\left(\frac{\sigma_j}{2}\|\boldsymbol{W}_j^*\|^2 - \frac{\sigma_j}{2}\|\tilde{\boldsymbol{W}}_j\|^2 + \frac{\varepsilon_j^{*2}}{4k_{j1}}\right) + e_i e_{i+1} \tag{3.126}$$

当 $i=n-1$ 时，则有

$$\dot{V}_{n-1} \leqslant -\sum_{i=1}^{n-1} k_i^* e_i^2 + \sum_{i=1}^{n-1}\left(\frac{5}{4}\omega_i^2 - \frac{\omega_i^2}{\tau_i} + \frac{1}{4}\varphi_i^2\right) + \sum_{i=1}^{n-1}\left(\frac{\sigma_i}{2}\|\boldsymbol{W}_i^*\|^2 - \frac{\sigma_i}{2}\|\tilde{\boldsymbol{W}}_i\|^2 + \frac{\varepsilon_i^{*2}}{4k_{i1}}\right) + e_{n-1}e_n \tag{3.127}$$

定义如下紧集：

$$\boldsymbol{\Omega}_i = \{V_i \leqslant r \mid [\bar{\boldsymbol{e}}_{i+1}^{\mathrm{T}}, \bar{\boldsymbol{\omega}}_i^{\mathrm{T}}, \bar{\hat{\boldsymbol{W}}}_i^{\mathrm{T}}]^{\mathrm{T}}\} \subset \mathbf{R}^{q_i}$$

其中，r 为正常数，$q_i=4i-1$，$i=1, 2, \cdots, n-1$，V_1 和 V_i 如式(3.97)和式(3.125)所示。由上易知 $\boldsymbol{\Omega}_1 \times \mathbf{R}^{q_{n-1}-q_1} \supset \cdots \supset \boldsymbol{\Omega}_{n-2} \times \mathbf{R}^{q_{n-1}-q_{n-2}} \supset \boldsymbol{\Omega}_{n-1}$。因为 $\boldsymbol{\Omega}_d \times \boldsymbol{\Omega}_i$ 为 $\mathbf{R}^{q_i}$ 上的有界紧集，所以连续函数 φ_i 在有界紧集 $\boldsymbol{\Omega}_d \times \boldsymbol{\Omega}_i$ 上存在最大值 M_i。

经过上述 $n-1$ 步设计过程，得到 $n-1$ 个期望虚拟控制 α_i，$i=1, 2, \cdots, n-1$。由式(3.127)可知，若设计控制律使得 e_n 收敛到 0，且当 $V_{n-1}=r$ 时，有 $\varphi_i^2 \leqslant M_i^2$，$i=1, 2, \cdots, n-1$，则有

$$\dot{V}_{n-1} \leqslant -\mu V_{n-1} + \varphi \tag{3.128}$$

其中，μ，φ 为正常数，定义如下：

$$\mu = \min_{1\leqslant i\leqslant n-1}\left\{2k_i^*, 2\left(\frac{1}{\tau_i} - \frac{5}{4}\right), \frac{\sigma_i}{\lambda_{\max}(\boldsymbol{\Gamma}_i^{-1})}\right\}, \quad \varphi = \sum_{i=1}^{n-1}\left(\frac{1}{4}M_i^2 + \frac{\sigma_i}{2}\|\boldsymbol{W}_i^*\|^2 + \frac{\varepsilon_i^{*2}}{4k_{i1}}\right)$$

以上分析表明，若状态跟踪误差 e_n 收敛到零，则可以保证 e_1，e_2，…，e_{n-1} 构成的子系统稳定。

第 n 步：为了使状态跟踪误差 e_n 在有限时间内收敛到零，从而提高系统的收敛速度和稳态跟踪精度，设计如下非奇异终端滑模面

$$s = e_n + \gamma \dot{e}_n^{p/q} \tag{3.129}$$

其中，$\gamma>0$，p 和 q 为正奇数，且 $1<p/q<2$。

假设在 t_r 时刻，s 收敛到 0，即 $s(t)=0$，$t\geqslant t_r$，则由式(3.129)可知，e_n 和 $\dot{e}_n$ 将在有限时间内收敛到零，收敛时刻为

$$t_s = t_r + \gamma^{\frac{q}{p}}\frac{p}{p-q}|e_n(t_r)|^{\frac{p-q}{p}} \tag{3.130}$$

当 $t\geqslant t_s$ 时，系统将保持在二阶滑动模态($e_n=\dot{e}_n=0$)。由式(3.130)可知，选择参数 p、q、γ 可调节 e_n 的收敛速度。

式(3.129)中用到 e_n 的一阶导数 $\dot{e}_n$，而 $\dot{e}_n$ 无法直接测量。因此，可采用二阶滑模控制中的超螺旋算法设计鲁棒微分估计器[166]，以获取 e_n 的微分估计值$\dot{\hat{e}}_n$，即

$$\begin{cases}\dot{\tilde{\omega}}_0(t)=\tilde{\omega}_1(t)-\lambda_0\ |\tilde{\omega}_0(t)-e_n(t)|^{1/2}\operatorname{sgn}(\tilde{\omega}_0(t)-e_n(t))\\ \dot{\tilde{\omega}}_1(t)=-\lambda_1\operatorname{sgn}(\tilde{\omega}_0(t)-e_n(t))\\ \dot{\hat{e}}_n(t)=\tilde{\omega}_1(t)\end{cases}\tag{3.131}$$

其中，λ_0、λ_1 为设计参数。

2. 稳定性分析

在此基础上，结合非奇异终端滑模和高阶滑模控制方法，设计最终的控制律，并给出如下所示的主要结论。

定理 3.3：在假设 3.5 和假设 3.6 的条件下，考虑一类具有未知非线性函数的非匹配不确定非线性系统式(3.86)，设计非奇异终端滑模面式(3.129)，并设计如下控制律：

$$u=u_1+u_2\tag{3.132}$$

$$u_1=-g^{-1}\left(f(\boldsymbol{x})+\frac{\omega_{n-1}}{\tau_{n-1}}\right)\tag{3.133}$$

$$u_2=-g^{-1}\int_0^t\left[\left(\frac{q}{\gamma p}\right)\dot{e}_n^{2-p/q}+(\rho_1+\rho_2)\operatorname{sgn}(s)+\rho_3 s\right]\mathrm{d}\tau\tag{3.134}$$

其中，ρ_1、ρ_2、ρ_3 为设计参数且 $\rho_1\geqslant\delta_1$，$\rho_2>0$，$\rho_3>0$。

则闭环系统式(3.86)的状态跟踪误差 e_n 将在有限时间内收敛到 0，状态跟踪误差 e_1，e_2，…，e_{n-1}和状态 x_1，x_2，…，x_{n-1}，x_n 均为半全局一致且终结有界，并且对于任意给定的 $\rho>0$，选择适当的设计参数，跟踪误差 $e=y-y_r$ 最终收敛到$\lim\limits_{t\to\infty}|e|\leqslant\rho$。

证明：对于第 n 阶误差子系统，定义 Lyapunov 函数为

$$V_s=\frac{1}{2}s^2\tag{3.135}$$

则整个系统的 Lyapunov 函数为

$$V=V_{n-1}+V_s=\sum_{i=1}^{n-1}\left(\frac{1}{2}e_i^2+\frac{1}{2}\omega_i^2+\frac{1}{2}\widetilde{\boldsymbol{W}}_i^{\mathrm{T}}\boldsymbol{\Gamma}_i^{-1}\widetilde{\boldsymbol{W}}_i\right)+\frac{1}{2}s^2\tag{3.136}$$

对 V_s 按时间 t 求导可得

$$\dot{V}_s=s\dot{s}=s\gamma\frac{p}{q}\dot{e}_n^{p/q-1}\left(\ddot{e}_n+\frac{q}{\gamma p}\dot{e}_n^{2-p/q}\right)\tag{3.137}$$

由闭环系统式(3.86)的第 n 阶子系统和状态跟踪误差 $e_n=x_n-\alpha_{n-1}$，对 e_n 按时间 t 求导可得

$$\dot{e}_n=f(\boldsymbol{x})+gu(t)+d(t)+\frac{\omega_{n-1}}{\tau_{n-1}}\tag{3.138}$$

将控制律式(3.132)和式(3.133)代入式(3.138)可得

$$\dot{e}_n=gu_2(t)+d(t)\tag{3.139}$$

对 e_n 按时间 t 再求一次导数可得

$$\ddot{e}_n=g\dot{u}_2(t)+\dot{d}(t)\tag{3.140}$$

将控制律式(3.134)代入式(3.140)可得

$$\ddot{e}_n=\dot{d}(t)-(\rho_1+\rho_2)\operatorname{sgn}(s)-\rho_3 s-\frac{q}{\gamma p}\dot{e}_n^{2-p/q} \tag{3.141}$$

将式(3.141)代入式(3.137)可得

$$\begin{aligned}\dot{V}_s&=s\gamma\frac{p}{q}\dot{e}_n^{p/q-1}[\dot{d}(t)-(\rho_1+\rho_2)\operatorname{sgn}(s)-\rho_3 s]\\&\leqslant-\gamma\frac{p}{q}\dot{e}_n^{p/q-1}(\rho_2|s|+\rho_3 s^2)\end{aligned} \tag{3.142}$$

可见，当 $s\neq 0$ 时，由于 p 和 q 为正奇数，且 $1<p/q<2$，满足 $\dot{e}_n^{p/q-1}\geqslant 0$，故 $\dot{V}_s\leqslant 0$。当且仅当 $\dot{e}_n=0$ 时，$\dot{V}_s=0$。Feng 等[127]已经证明，($\dot{e}_n=0$，$e_n\neq 0$)并不是一个稳定的状态，系统不会一直保持在状态($\dot{e}_n=0$，$e_n\neq 0$)，即 $\dot{V}_s=0$ 不可能一直保持。因此，系统将在有限时间内到达非奇异终端滑模面 $s=0$，且状态跟踪误差 e_n 也将在有限时间内收敛。

在 e_n 收敛到 0 且 $V_{n-1}(0)=r$ 的初始条件下，选取适当的设计参数，使得 $\mu\geqslant\varphi/r$，则 $\dot{V}_{n-1}(t)\leqslant 0$，因此，当 $V_{n-1}(0)\leqslant r$ 时，$V_{n-1}(t)\leqslant r$，$t\geqslant 0$，对式(3.128)两边同乘以 $\mathrm{e}^{\mu t}$，并同时对 t 进行积分，则有

$$V_{n-1}(t)\leqslant\left[V_{n-1}(0)-\frac{\varphi}{\mu}\right]\mathrm{e}^{-\mu t}+\frac{\varphi}{\mu}\leqslant V_{n-1}(0)+\frac{\varphi}{\mu} \tag{3.143}$$

由式(3.143)可知，前 $n-1$ 阶子系统的状态 e_i 和 $\widetilde{\boldsymbol{W}}_i$ 半全局一致且终结有界，从而 $\hat{\boldsymbol{W}}_i$ 亦有界。由系统状态跟踪误差 $e_1=x_1-y_r$ 和 y_r 有界。可知状态 x_1 有界。根据式(3.90)可知虚拟控制律 β_1 为有界信号 e_1 和 $\hat{\boldsymbol{W}}_1$ 的函数，则 α_1 及 $\dot{\alpha}_1$ 亦有界。又由式 $e_2=x_2-\alpha_1$ 有界，可知状态 x_2 有界，以此类推，闭环系统所有状态均有界。

根据式(3.136)可得

$$\sum_{i=1}^{n-1}e_i^2\leqslant 2\left[V_{n-1}(0)-\frac{\varphi}{\mu}\right]\mathrm{e}^{-\mu t}+2\frac{\varphi}{\mu} \tag{3.144}$$

注意到 k_i、σ_i、$\boldsymbol{\Gamma}_i$、p、q 和 γ 为给定的设计参数，$\boldsymbol{W}_i^*$、ε_i^* 和 τ_i 为常数，因此，对于给定的 $\rho>\sqrt{2\varphi/\mu}>0$，可以通过选择适当的设计参数使得对于所有的 $t\geqslant t_0+T$ 和正常数 T，存在跟踪误差 $e=y-y_r=x_1-y_r=e_1$，满足 $\lim\limits_{t\to\infty}|e|\leqslant\rho$。

3.4.3 仿真算例

考虑如下不确定非线性系统：

$$\begin{cases}\dot{x}_1=x_2+x_1\sin(x_1)\\\dot{x}_2=x_3+x_2\mathrm{e}^{-0.5x_1}\\\dot{x}_3=x_1x_2x_3+u+10\sin(2t)\\y=x_1\end{cases} \tag{3.145}$$

径向基函数 $\boldsymbol{\xi}_1^{\mathrm{T}}(x_1)$ 和 $\boldsymbol{\xi}_2^{\mathrm{T}}(\bar{\boldsymbol{x}}_2)$ 的中心和宽度的选择极大地影响着自适应神经网络控制器的性能，已知均匀分布在 $\mathbf{R}^n$ 维空间的规则网格上的高斯径向基函数能够充分逼近紧集

上的光滑函数[173]。因此，仿真中选择 RBF 神经网络：神经网络 $\hat{\boldsymbol{W}}_1^{\mathrm{T}}\boldsymbol{\xi}_1(x_1)$ 包含 $l_1=7$ 个节点，中心 $\boldsymbol{\mu}_i(i=1, 2, \cdots, l_1)$ 均匀分布在 $[-4, 4]$ 内，宽度 $\eta_i=2(i=1, 2, \cdots, l_1)$；神经网络 $\hat{\boldsymbol{W}}_2^{\mathrm{T}}\boldsymbol{\xi}_2(\bar{\boldsymbol{x}}_2)$ 包含 $l_2=49$ 个节点，中心 $\boldsymbol{\mu}_i(i=1, 2, \cdots, l_2)$ 均匀分布在 $[-4, 4]\times[-4, 4]$ 内，宽度 $\eta_i=2(i=1, 2, \cdots, l_2)$。

系统参考轨迹 $y_r=0.5[\sin(t)+\sin(0.5t)]$，初始状态 $\boldsymbol{x}_0=[0.5, 0.5, 0.5]^{\mathrm{T}}$。神经网络权值的初值 $\hat{\boldsymbol{W}}_1(0)=\boldsymbol{0}$，$\hat{\boldsymbol{W}}_2(0)=\boldsymbol{0}$，滤波器时间常数 $\tau_1=\tau_2=0.04$，鲁棒微分估计器设计参数 $\lambda_0=46.23$，$\lambda_1=1045$，初值 $\bar{\omega}_0(0)=\bar{\omega}_1(0)=0$。自适应神经网络反演高阶终端滑模控制方案设计参数：$\boldsymbol{\Gamma}_1=\mathrm{diag}[0.5]$，$\boldsymbol{\Gamma}_2=\mathrm{diag}[0.5]$，$\sigma_1=\sigma_2=0.1$，$k_1=k_2=2$，$\rho_1=20$，$\rho_2=50$，$\rho_3=10$，终端滑模面设计参数：$p=5$，$q=3$，$\gamma=0.01$。仿真结果如图 3.12～图 3.13所示。图 3.12 为系统输出 y 和参考轨迹 y_r 的仿真曲线。图 3.13 为系统状态变量 x_2 和 x_3 有界轨迹。图 3.14 为神经网络权值范数 $\|\hat{\boldsymbol{W}}_1\|$ 和 $\|\hat{\boldsymbol{W}}_2\|$ 有界轨迹。图 3.15 为控制输入 u 有界轨迹。可以看出，本节提出的自适应神经网络反演高阶终端滑模控制方案可以保证系统输出 y 稳定跟踪给定参考轨迹 y_r，且闭环系统所有状态均有界。

将本节提出的自适应神经网络反演高阶终端滑模控制方案与自适应神经网络反演线性滑模控制方案进行控制性能仿真对比。自适应神经网络反演线性滑模控制方案的滑模面为 $s=2e_1+5.5e_2+e_3$，选择滑模趋近律方法，即 $\dot{s}=-ks-\rho\mathrm{sgn}(s)$，$k=10$ 为趋近指数，$\rho=60$ 为滑模开关增益，其余相应的设计参数和自适应神经网络反演高阶终端滑模控制方案设计参数保持一致。图 3.15 和图 3.16 分别为两种控制方案的控制输入 u 有界轨迹。图 3.17 为两种控制方案的状态跟踪误差 e_3 有界轨迹。由于本节提出的自适应神经网络反演高阶终端滑模控制方案采用二阶非奇异终端滑模控制方法，因此，控制输入信号平滑，状态跟踪误差 e_3 能够在较短时间内收敛到 0，而自适应神经网络反演线性滑模控制方案的控制输入信号存在高频抖振，状态跟踪误差 e_3 只能渐近收敛到原点附近的一个邻域内。

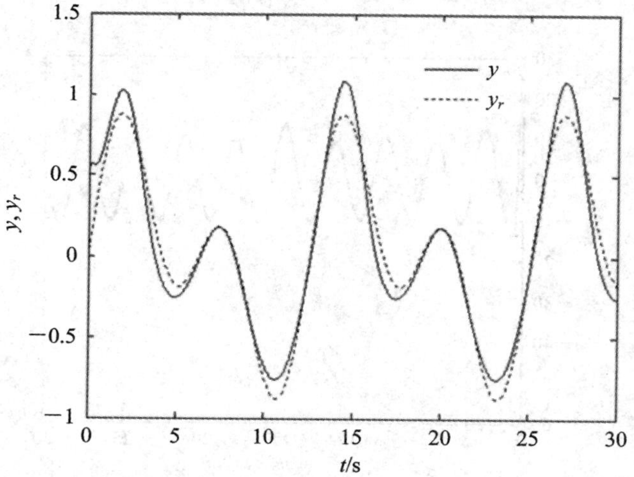

图 3.12　系统输出 y 和参考轨迹 y_r 仿真曲线

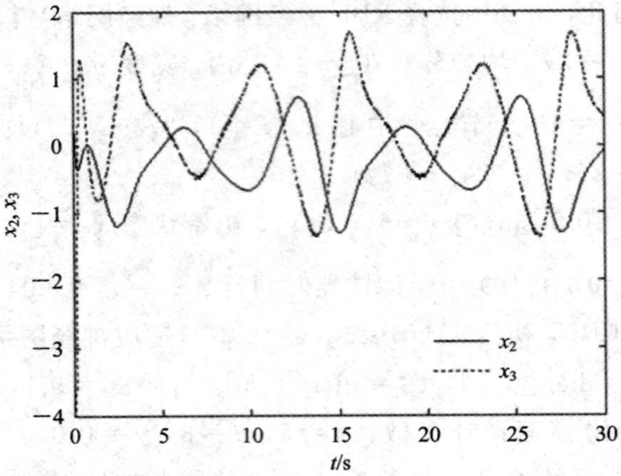

图 3.13　状态变量 x_2 和 x_3 有界轨迹

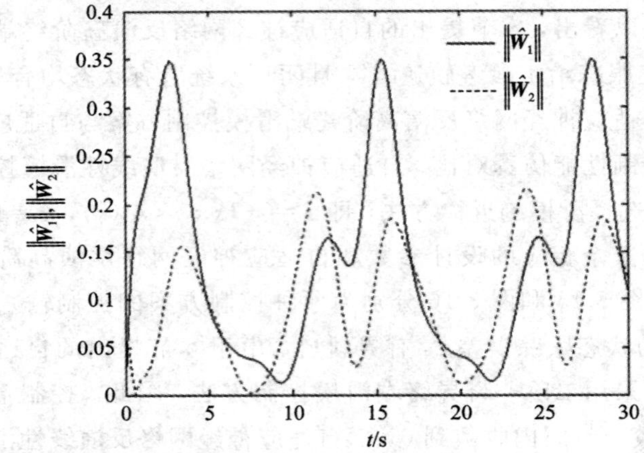

图 3.14　神经网络权值范数 $\|\hat{\boldsymbol{W}}_1\|$ 和 $\|\hat{\boldsymbol{W}}_2\|$ 有界轨迹

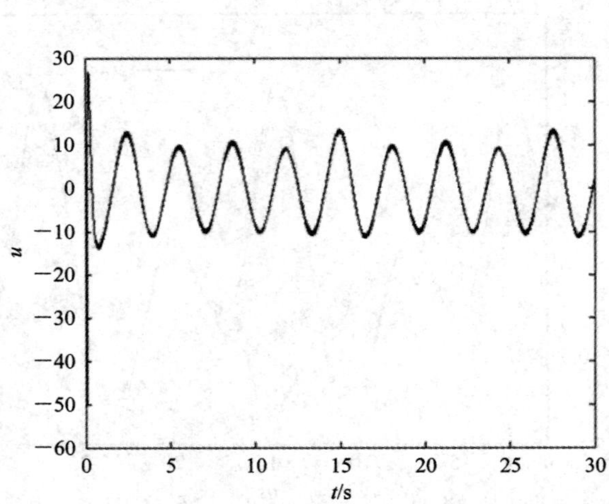

图 3.15　自适应神经网络反演高阶终端滑模控制输入 u 有界轨迹

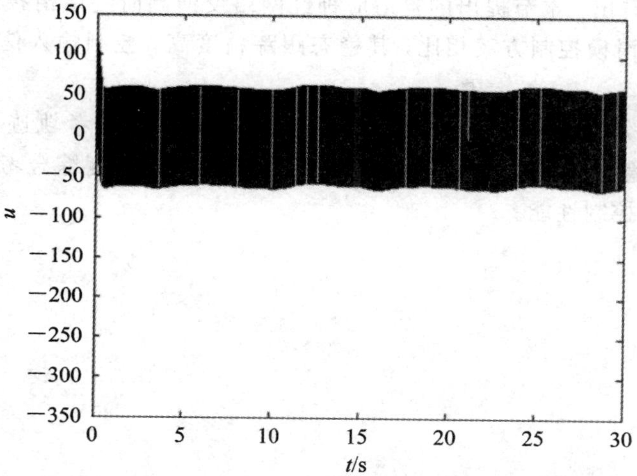

图 3.16　自适应神经网络反演线性滑模控制输入 u 有界轨迹

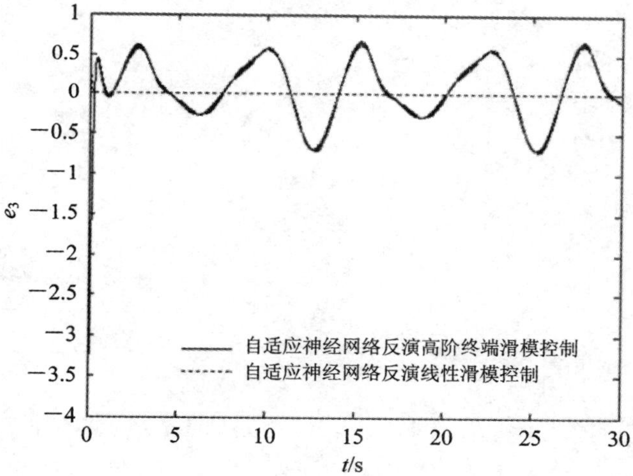

图 3.17　两种控制方案的状态跟踪误差 e_3 有界轨迹

定义稳态跟踪误差变化量 $\Delta e=e_{\max}-e_{\min}$，控制变化量 $\Delta u=u_{\max}-u_{\min}$，控制能耗 $E=\int_0^{30}|u|\mathrm{d}t$ 。两种方案的控制性能比较如表 3.2 所示。

表 3.2　两种方案的控制性能比较

控制器类型	Δe	Δu	E
自适应神经网络反演高阶终端滑模控制	0.334	65.613	198.383
自适应神经网络反演线性滑模控制	0.387	445.040	1808.790

从表 3.2 可以看出，本节提出的自适应神经网络反演高阶终端滑模控制方案与自适应神经网络反演线性滑模控制方案相比，其稳态跟踪精度高，控制输入信号变化平稳，且大大降低了控制能耗。

综合以上仿真分析结果表明：本节所提控制方案对给定参考轨迹具有良好的跟踪性能，从收敛速度、稳态跟踪精度、控制变化量以及控制能耗角度综合考虑，本节设计的控制系统具有更优的控制性能。

第 4 章　具有执行器非线性约束的自适应反演滑模变结构控制

4.1　引　言

物理器件的固有特性、机械设计和制造偏差、外部环境干扰以及安全因素的制约，使得死区、齿隙、饱和以及滞回等非线性特征不可避免地存在于机械系统、伺服系统、压电系统等实际控制系统中，影响被控系统的性能，甚至会造成系统出现发散、震荡等不稳定状态。随着信息技术、新材料技术的发展和应用以及对系统控制性能要求的不断提高，在进行控制系统的设计与分析过程中，有必要采取一定的方法消除或降低非线性特征对控制系统的影响。近年来，很多学者针对执行机构具有死区、饱和、齿隙和滞回等非线性特征的不确定系统控制问题的研究取得了丰富的成果，但也存在一定局限性，如其要求非线性模型参数信息已知或者部分已知，而模型分解的处理方法则要求非线性特征类型已知。而且，多数研究成果只是针对某一特定的非线性输入输出约束特征进行研究，而针对叠加非线性特征或特征类型不确定情况的研究成果较少。在工程实践中，执行器非线性特征往往是难以准确判断的，甚至是多种非线性的叠加。

本章针对具有执行器不确定非线性特征(结构类型和参数均不确定)且控制增益未知的非线性系统，在考虑存在未建模动态和不匹配外界干扰的情况下，基于自适应反演滑模变结构控制方法，结合动态面控制和 RBF 神经网络逼近技术，研究其鲁棒控制器的设计问题。首先，探讨了一类含有未知输入死区且控制增益完全未知的不确定非线性系统的跟踪控制问题，通过简化死区非线性模型，取消关于模型倾斜度相等和边界对称的条件，结合 Nussbaum 增益设计技术和 RBF 神经网络逼近理论取消控制增益已知条件，应用积分 Lyapunov 设计方法避免控制奇异性问题，并且通过引入神经网络逼近误差和不确定干扰上界的自适应补偿项以消除建模误差和不确定干扰的影响；其次，针对一类含有未知输入齿隙且虚拟控制系数和控制增益完全未知的不确定非线性系统，结合 Nussbaum 增益设计技术和积分 Lyapunov 设计方法，提出了一种新的简化的自适应神经网络反演滑模变结构控制方案，该方案将齿隙非线性模型等价转换为全局线性化模型，无需构造齿隙非线性逆模型，采用 RBF 神经网络逼近包含期望虚拟控制导数的复合非线性函数，解决了原有的一些反演滑模变结构控制方案由于需要对期望虚拟控制反复求导而面临的计算复杂性问题，并且通过引入神经网络逼近误差和不确定干扰上界的自适应补偿项消除建模误差和不确定干扰的影响；最后，借鉴模型分解的方法，建立了能够表示死区、齿隙、饱和、滞回等非线性特征及其叠加的非线性执行器模型，使得控制器设计过程中无需构建非线性特征的逆模型，利用自适应 RBF 神经网络逼近系统的未建模动态，利用 Nussbaum 增益设计技术解决了控制增益大小和符号均未知的问题，设计自适应律估计系统的神经网络逼近误差和不确定干扰的上界，采用多滑模反演控制，在虚拟控制律的设计过程中亦采用滑模控制，增强各子系统对神经网络逼近误差和非匹配不确定干扰的鲁棒性。

4.2 具有执行器死区非线性约束的自适应反演滑模变结构控制

4.2.1 问题描述

考虑如下一类不确定非线性系统：

$$\begin{cases}\dot{x}_i=f_i(\bar{\boldsymbol{x}}_i)+x_{i+1}+\Delta_i(t,\boldsymbol{x}),\ i=1,2,\cdots,n-1\\ \dot{x}_n=f_n(\boldsymbol{x})+g(\boldsymbol{x})\nu(t)+\Delta_n(t,\boldsymbol{x})\\ y=x_1\\ \nu(t)=\varphi(u(t))\end{cases}\tag{4.1}$$

其中，$\bar{\boldsymbol{x}}_i=[x_1,x_2,\cdots,x_i]^{\mathrm{T}}\in\mathbf{R}^i$，$\boldsymbol{x}=[x_1,x_2,\cdots,x_n]^{\mathrm{T}}\in\mathbf{R}^n$ 为可测状态向量，$y\in\mathbf{R}$ 为系统输出，$f_i(\bar{\boldsymbol{x}}_i)$，$i=1,2,\cdots,n$ 为未知光滑非线性函数，控制增益 $g(\boldsymbol{x})$为未知光滑可导非线性函数，$\Delta_i(t,\boldsymbol{x})$，$i=1,2,\cdots,n$ 为系统外界不确定干扰，$u\in\mathbf{R}$ 为待设计的控制量，$\varphi(\cdot)$表示死区非线性，$\nu\in\mathbf{R}$ 为待设计的控制量经死区非线性环节后作用于系统的控制输入。

输入为 u，输出为 ν 的死区非线性模型描述为[167]

$$\nu(t)=\varphi(u(t))=\begin{cases}\varphi_r(t)(u(t)-u_r),\ u(t)>u_r\\ 0,\qquad -u_l\leqslant u(t)\leqslant u_r\\ \varphi_l(t)(u(t)+u_l),\ u(t)<-u_l\end{cases}\tag{4.2}$$

其中，u_l 和 u_r 表示死区发生的起始点和终止点，$\varphi_r(t)$和 $\varphi_l(t)$表示死区倾斜度。

假设 4.1：死区输出 ν 不可测。

假设 4.2：死区模型参数 u_r、u_l 是未知有界非零正常量，但符号已知，不妨设 $u_r>0$，$u_l>0$。

假设 4.3：存在未知正常数 φ_{r0}、φ_{r1}、φ_{l0}和 φ_{l1}使得死区倾斜度 $\varphi_r(t)$和 $\varphi_l(t)$满足

$$0<\varphi_{r0}\leqslant\varphi_r(t)\leqslant\varphi_{r1},\ u(t)>u_r;\ 0<\varphi_{l0}\leqslant\varphi_l(t)\leqslant\varphi_{l1},\ u(t)<-u_l$$

令

$$\boldsymbol{\eta}(t)=[\eta_r(t),\eta_l(t)]^{\mathrm{T}},\ \boldsymbol{\kappa}(t)=[\varphi_r(t),\varphi_l(t)]^{\mathrm{T}}\tag{4.3}$$

其中

$$\eta_r(t)=\begin{cases}1,\ u(t)\geqslant -u_l\\ 0,\ u(t)<-u_l\end{cases},\quad \eta_l(t)=\begin{cases}1,\ u(t)\leqslant u_r\\ 0,\ u(t)>u_r\end{cases}$$

进一步分析，式(4.2)可表示为

$$\nu(t)=\varphi(u(t))=\boldsymbol{\kappa}^{\mathrm{T}}(t)\boldsymbol{\eta}(t)u(t)+d_d(u(t))\tag{4.4}$$

其中，$d_d(u(t))$为建模误差，表示为

$$d_d(u(t))=\begin{cases}-\varphi_r(t)u_r, & u(t)>u_r\\ -[\varphi_r(t)+\varphi_l(t)]u(t), & -u_l\leqslant u(t)\leqslant u_r\\ \varphi_l(t)u_l, & u(t)<-u_l\end{cases}$$

由假设 4.3 可得 $|d_d(u(t))|\leqslant p_0^*=(\varphi_{r1}+\varphi_{l1})\max\{u_r, u_l\}$，$p_0^*$ 为未知正常数。

由于常数 u_r、u_l、φ_{r0}、φ_{r1}、φ_{l0} 和 φ_{l1} 未知，因此 $\boldsymbol{\eta}(t)$ 和 $\boldsymbol{\kappa}(t)$ 亦未知。不过，由式(4.3)和式(4.4)可得

$$\boldsymbol{\kappa}^{\mathrm{T}}(t)\boldsymbol{\eta}(t)=\begin{cases}\varphi_r(t), & u(t)>u_r\\ \varphi_r(t)+\varphi_l(t), & -u_l\leqslant u(t)\leqslant u_r\\ \varphi_l(t), & u(t)<-u_l\end{cases}$$

且由假设 4.3 可得 $\boldsymbol{\kappa}^{\mathrm{T}}(t)\boldsymbol{\eta}(t)\in[\min(\varphi_{r0}, \varphi_{l0}), \varphi_{r1}+\varphi_{l1}]$。

于是，系统式(4.1)可描述为

$$\begin{cases}\dot{x}_i=f_i(\bar{\boldsymbol{x}}_i)+x_{i+1}+\Delta_i(t, \boldsymbol{x}), i=1, 2, \cdots, n-1\\ \dot{x}_n=f_n(\boldsymbol{x})+g(\boldsymbol{x})\boldsymbol{\kappa}^{\mathrm{T}}(t)\boldsymbol{\eta}(t)u(t)+g(\boldsymbol{x})d_d(u(t))+\Delta_n(t, \boldsymbol{x})\\ y=x_1\end{cases}\tag{4.5}$$

假设 4.4：对于 $\forall\,\boldsymbol{x}\in\mathbf{R}^n$，光滑可导函数 $g(\boldsymbol{x})$ 及其符号均未知，但存在常数 g_0 和 g_1 使得 $0<g_0\leqslant|g(\boldsymbol{x})|\leqslant g_1$。

假设 4.5：对于 $1\leqslant i\leqslant n$，存在未知正常数 p_i^* 使得 $\forall\,(t, \boldsymbol{x})\in\mathbf{R}_+\times\mathbf{R}^n$

$$|\Delta_i(t, \boldsymbol{x})|\leqslant p_i^*\phi_i(\bar{\boldsymbol{x}}_i)$$

其中，$\phi_i(\bar{\boldsymbol{x}}_i)$ 是已知非负光滑函数。

假设 4.6：参考轨迹 y_r 及其一阶导数 $\dot{y}_r$ 存在且有界。

控制目标：针对不确定非线性系统式(4.1)，在满足假设 4.1～假设 4.6 的条件下，设计自适应神经网络反演滑模变结构控制律和自适应律，使得系统输出 y 能够稳定跟踪给定参考轨迹 y_r，同时保证闭环系统所有信号是半全局一致且终结有界的。

4.2.2　控制器设计与稳定性分析

1. 控制器设计

控制器设计包含 n 步：前 $n-1$ 步，根据反演控制设计思想，采用 RBF 神经网络逼近理论设计虚拟控制律和自适应律，并将一阶低通滤波器融入反演设计，结合动态面控制得到期望虚拟控制；第 n 步，结合滑模变结构控制和积分 Lyapunov 设计方法得到整个系统的控制律和自适应律。在控制器设计推导过程中，由于神经网络的逼近特性只在某一紧集内成立，因此得到的稳定性结论是半全局意义下的。具体设计步骤如下。

首先定义闭环系统式(4.5)的状态跟踪误差为

$$\begin{cases}e_1=x_1-y_r\\ e_2=x_2-\alpha_1\\ \quad\vdots\\ e_n=x_n-\alpha_{n-1}\end{cases}\tag{4.6}$$

其中，α_i 为第 i 阶子系统的期望虚拟控制。

第 1 步：由闭环系统式(4.5)的第一阶子系统和状态跟踪误差 $e_1=x_1-y_r$，则 e_1 的动态方程为

$$\dot{e}_1=f_1(x_1)+x_2+\Delta_1(t, \boldsymbol{x})-\dot{y}_r\tag{4.7}$$

若非线性函数 $f_1(x_1)$ 已知且 $\Delta_1(t, \boldsymbol{x})=0$，则可设计第一阶子系统的虚拟控制律为

$$\beta_1^* = x_2 = -k_1 e_1 - f_1(x_1) + \dot{y}_r$$

其中，k_1 为设计参数且 $k_1>0$。

因此，存在 Lyapunov 函数 $V_{e_1}=\dfrac{1}{2}e_1^2$，使得 $\dot{V}_{e_1}=-k_1 e_1^2\leqslant 0$，则状态跟踪误差 $e_1=0$ 渐近稳定。

由于非线性函数 $f_1(x_1)$ 未知，采用 RBF 神经网络 $h_1(x_1)=\boldsymbol{W}_1^{*\mathrm{T}}\boldsymbol{\xi}_1(x_1)+\varepsilon_1$ 逼近未知非线性函数 $f_1(x_1)$，则有

$$\dot{e}_1=\boldsymbol{W}_1^{*\mathrm{T}}\boldsymbol{\xi}_1(x_1)+\varepsilon_1+x_2+\Delta_1(t, \boldsymbol{x})-\dot{y}_r \tag{4.8}$$

其中，$|\varepsilon_1|\leqslant\varepsilon_1^*$，$\varepsilon_1^*$ 为未知正常数。

由假设 4.5 可得

$$\begin{aligned} e_1\dot{e}_1 &= e_1[\boldsymbol{W}_1^{*\mathrm{T}}\boldsymbol{\xi}_1(x_1)+\varepsilon_1+x_2+\Delta_1(t, \boldsymbol{x})-\dot{y}_r] \\ &\leqslant e_1[\boldsymbol{W}_1^{*\mathrm{T}}\boldsymbol{\xi}_1(x_1)+x_2-\dot{y}_r]+|e_1|\varepsilon_1^*+|e_1|p_1^*\phi_1(x_1) \\ &\leqslant e_1[\boldsymbol{W}_1^{*\mathrm{T}}\boldsymbol{\xi}_1(x_1)+x_2-\dot{y}_r]+|e_1|\delta_1^*\bar{\phi}_1(x_1) \end{aligned} \tag{4.9}$$

其中，$\delta_1^*=\max\{\varepsilon_1^*, p_1^*\}$ 为未知正常数，$\bar{\phi}_1(x_1)=1+\phi_1(x_1)$ 为已知光滑函数。

设计第一阶子系统的虚拟控制律和自适应律为

$$\beta_1=-k_1e_1-\hat{\boldsymbol{W}}_1^{\mathrm{T}}\boldsymbol{\xi}_1(x_1)-\hat{\delta}_1\bar{\phi}_1(x_1)\frac{1-\exp(-\upsilon_1\hat{\delta}_1\bar{\phi}_1(x_1)e_1)}{1+\exp(-\upsilon_1\hat{\delta}_1\bar{\phi}_1(x_1)e_1)}+\dot{y}_r \tag{4.10}$$

$$\begin{cases} \dot{\hat{\boldsymbol{W}}}_1=e_1\boldsymbol{\Gamma}_1\boldsymbol{\xi}_1(x_1)-\sigma_{10}\boldsymbol{\Gamma}_1\hat{\boldsymbol{W}}_1 \\ \dot{\hat{\delta}}_1=|e_1|\gamma_1\bar{\phi}_1(x_1)-\sigma_{11}\gamma_1\hat{\delta}_1 \end{cases} \tag{4.11}$$

其中，k_1、υ_1、σ_{10}、σ_{11} 为设计参数，且 $k_1>0$，$\upsilon_1>0$，$\sigma_{10}>0$，$\sigma_{11}>0$，$\boldsymbol{\Gamma}_1=\boldsymbol{\Gamma}_1^{\mathrm{T}}>0$ 为自适应增益矩阵，$\gamma_1>0$ 为自适应增益系数。

针对传统反演控制对期望虚拟控制反复求导带来的计算复杂性问题，为避免下一步对期望虚拟控制求导，采用动态面控制设计思想，引入一阶低通滤波器对虚拟控制进行滤波，以降低控制器复杂性，滤波器动态方程为

$$\tau_1\dot{\alpha}_1+\alpha_1=\beta_1,\ \alpha_1(0)=\beta_1(0) \tag{4.12}$$

其中，τ_1 为滤波器时间常数。

定义第一阶子系统的边界层误差为

$$\omega_1=\alpha_1-\beta_1 \tag{4.13}$$

由式(4.12)和式(4.13)可得 $\dot{\alpha}_1=-\omega_1/\tau_1$。

第 i 步：对于 $2\leqslant i\leqslant n-1$，由闭环系统式(4.5)的第 i 阶子系统和状态跟踪误差 $e_i=x_i-\alpha_{i-1}$，可得 e_i 的动态方程为

$$\dot{e}_i=f_i(\bar{\boldsymbol{x}}_i)+x_{i+1}+\Delta_i(t, \boldsymbol{x})+\frac{\omega_{i-1}}{\tau_{i-1}} \tag{4.14}$$

由于非线性函数 $f_i(\bar{\boldsymbol{x}}_i)$ 未知，采用 RBF 神经网络 $h_i(\bar{\boldsymbol{x}}_i)=\boldsymbol{W}_i^{*\mathrm{T}}\boldsymbol{\xi}_i(\bar{\boldsymbol{x}}_i)+\varepsilon_i$ 逼近未知非线性函数 $f_i(\bar{\boldsymbol{x}}_i)$，则有

$$\dot{e}_i = \boldsymbol{W}_i^{*\mathrm{T}}\boldsymbol{\xi}_i(\bar{\boldsymbol{x}}_i) + \varepsilon_i + x_{i+1} + \Delta_i(t, \boldsymbol{x}) + \frac{\omega_{i-1}}{\tau_{i-1}} \tag{4.15}$$

其中，$|\varepsilon_i| \leqslant \varepsilon_i^*$，$\varepsilon_i^*$ 为未知正常数。

由假设 4.5 可得

$$\begin{aligned} e_i\dot{e}_i &= e_i\left[\boldsymbol{W}_i^{*\mathrm{T}}\boldsymbol{\xi}_i(\bar{\boldsymbol{x}}_i) + \varepsilon_i + x_{i+1} + \Delta_i(t, \boldsymbol{x}) + \frac{\omega_{i-1}}{\tau_{i-1}}\right] \\ &\leqslant e_i\left[\boldsymbol{W}_i^{*\mathrm{T}}\boldsymbol{\xi}_i(\bar{\boldsymbol{x}}_i) + x_{i+1} + \frac{\omega_{i-1}}{\tau_{i-1}}\right] + |e_i|\varepsilon_i^* + |e_i|p_i^*\phi_i(\bar{\boldsymbol{x}}_i) \\ &\leqslant e_i\left[\boldsymbol{W}_i^{*\mathrm{T}}\boldsymbol{\xi}_i(\bar{\boldsymbol{x}}_i) + x_{i+1} + \frac{\omega_{i-1}}{\tau_{i-1}}\right] + |e_i|\delta_i^*\bar{\phi}_i(\bar{\boldsymbol{x}}_i) \end{aligned} \tag{4.16}$$

其中，$\delta_i^* = \max\{\varepsilon_i^*, p_i^*\}$为未知正常数，$\bar{\phi}_i(\bar{\boldsymbol{x}}_i) = 1 + \phi_i(\bar{\boldsymbol{x}}_i)$为已知光滑函数。

设计第 i 阶子系统的虚拟控制律和自适应律为

$$\beta_i = -e_{i-1} - k_i e_i - \hat{\boldsymbol{W}}_i^{\mathrm{T}}\boldsymbol{\xi}_i(\bar{\boldsymbol{x}}_i) - \hat{\delta}_i\bar{\phi}_i(\bar{\boldsymbol{x}}_i)\frac{1-\exp(-\upsilon_i\hat{\delta}_i\bar{\phi}_i(\bar{\boldsymbol{x}}_i)e_i)}{1+\exp(-\upsilon_i\hat{\delta}_i\bar{\phi}_i(\bar{\boldsymbol{x}}_i)e_i)} - \frac{\omega_{i-1}}{\tau_{i-1}} \tag{4.17}$$

$$\begin{cases} \dot{\hat{\boldsymbol{W}}}_i = e_i\boldsymbol{\Gamma}_i\boldsymbol{\xi}_i(\bar{\boldsymbol{x}}_i) - \sigma_{i0}\boldsymbol{\Gamma}_i\hat{\boldsymbol{W}}_i \\ \dot{\hat{\delta}}_i = |e_i|\gamma_i\bar{\phi}_i(\bar{\boldsymbol{x}}_i) - \sigma_{i1}\gamma_i\hat{\delta}_i \end{cases} \tag{4.18}$$

其中，k_i、υ_i、σ_{i0}、$\sigma_{i1}>0$ 为设计参数，且 $k_i>0$，$\upsilon_i>0$，$\sigma_{i0}>0$，$\sigma_{i1}>0$，$\boldsymbol{\Gamma}_i=\boldsymbol{\Gamma}_i^{\mathrm{T}}>0$ 为自适应增益矩阵，$\gamma_i>0$ 为自适应增益系数。

对 β_i 进行滤波，滤波器动态方程为 $\tau_i\dot{\alpha}_i + \alpha_i = \beta_i$，$\alpha_i(0)=\beta_i(0)$，得到期望虚拟控制 α_i，定义第 i 阶子系统的边界层误差为

$$\omega_i = \alpha_i - \beta_i \tag{4.19}$$

则可得 $\dot{\alpha}_i = -\omega_i/\tau_i$。

经过上述 $n-1$ 步设计过程，得到 $n-1$ 个期望虚拟控制 $\alpha_i(i=1, 2, \cdots, n-1)$，最后一步结合滑模变结构控制和积分 Lyapunov 方法设计最终的控制律 u，以抑制未知死区非线性对系统性能的影响和提高系统的鲁棒性。

第 n 步：根据闭环系统式(4.5)的第 n 阶子系统和状态跟踪误差 $e_n = x_n - \alpha_{n-1}$，则 e_n 的动态方程为

$$\dot{e}_n = f_n(\boldsymbol{x}) + g(\boldsymbol{x})\boldsymbol{\kappa}^{\mathrm{T}}(t)\boldsymbol{\eta}(t)u(t) + g(\boldsymbol{x})d_d(u(t)) + \Delta_n(t, \boldsymbol{x}) + \frac{\omega_{n-1}}{\tau_{n-1}} \tag{4.20}$$

定义滑模面

$$s = c_1e_1 + c_2e_2 + \cdots + c_{n-1}e_{n-1} + e_n \tag{4.21}$$

其中，c_1，c_2，…，c_{n-1}为设计参数，使得多项式 $p^{n-1} + c_{n-1}p^{n-2} + \cdots + c_2p + c_1$ 为 Hurwitz 稳定，p 为 Laplace 算子。

对 s 求导可得

$$\dot{s} = f_n(\boldsymbol{x}) + g(\boldsymbol{x})\boldsymbol{\kappa}^{\mathrm{T}}(t)\boldsymbol{\eta}(t)u(t) + g(\boldsymbol{x})d_d(u(t)) + \Delta_n(t, \boldsymbol{x}) + \psi \tag{4.22}$$

其中，$\psi = \sum_{i=1}^{n-1} c_i\dot{e}_i + \frac{\omega_{n-1}}{\tau_{n-1}}$。

由积分 Lyapunov 设计方法[168]，选择如下的积分型 Lyapunov 函数

$$V_s=\int_0^s \frac{\sigma}{|g(\bar{\boldsymbol{x}}_{n-1},\sigma+\psi_1)|}\mathrm{d}\sigma \tag{4.23}$$

其中，$\psi_1=\alpha_{n-1}-\sum_{i=1}^{n-1}c_ie_i$ 。

由积分中值定理可得

$$V_s=\frac{\lambda_s s^2}{|g(\bar{\boldsymbol{x}}_{n-1},\lambda_s s+\psi_1)|},\ \lambda_s\in(0,1)$$

由假设 4.4，即 $0<g_0\leqslant|g(\boldsymbol{x})|$，可知 $V_s>0$。

对 V_s 沿着式(4.22)求导，并由 $\frac{\partial|g^{-1}(\bar{\boldsymbol{x}}_{n-1},\sigma+\psi_1)|}{\partial\psi_1}=\frac{\partial g^{-1}(\bar{\boldsymbol{x}}_{n-1},\sigma+\psi_1)|}{\partial\sigma}$ 可得

$$\begin{aligned}\dot{V}_s&=\frac{\partial V_s}{\partial s}\dot{s}+\frac{\partial V_s}{\partial\bar{\boldsymbol{x}}_{n-1}}\dot{\bar{\boldsymbol{x}}}_{n-1}+\frac{\partial V_s}{\partial\psi_1}\dot{\psi}_1\\&=\frac{s}{|g(\boldsymbol{x})|}\dot{s}+\int_0^s\sigma\frac{\partial|g^{-1}(\bar{\boldsymbol{x}}_{n-1},\sigma+\psi_1)|}{\partial\bar{\boldsymbol{x}}_{n-1}}\dot{\bar{\boldsymbol{x}}}_{n-1}\mathrm{d}\sigma+\int_0^s\sigma\frac{\partial|g^{-1}(\bar{\boldsymbol{x}}_{n-1},\sigma+\psi_1)|}{\partial\psi_1}\dot{\psi}_1\mathrm{d}\sigma\\&=\frac{s}{|g(\boldsymbol{x})|}[f_n(\boldsymbol{x})+g(\boldsymbol{x})\boldsymbol{\kappa}^{\mathrm{T}}(t)\boldsymbol{\eta}(t)u(t)+g(\boldsymbol{x})d_d(u(t))+\Delta_n(t,\boldsymbol{x})+\psi]+\\&\quad s^2\dot{\bar{\boldsymbol{x}}}_{n-1}^{\mathrm{T}}\int_0^1\theta\frac{\partial|g^{-1}(\bar{\boldsymbol{x}}_{n-1},\theta s+\psi_1)|}{\partial\bar{\boldsymbol{x}}_{n-1}}\mathrm{d}\theta+\frac{s}{|g(\boldsymbol{x})|}\dot{\psi}_1-\\&\quad s\dot{\psi}_1\int_0^1|g^{-1}(\bar{\boldsymbol{x}}_{n-1},\theta s+\psi_1)|\mathrm{d}\theta\end{aligned}\tag{4.24}$$

由 $\psi=-\dot{\psi}_1$，并利用假设 4.4 和假设 4.5，则有

$$\begin{aligned}\dot{V}_s&=s\Bigg[\frac{f_n(\boldsymbol{x})}{|g(\boldsymbol{x})|}+\frac{g(\boldsymbol{x})}{|g(\boldsymbol{x})|}\boldsymbol{\kappa}^{\mathrm{T}}(t)\boldsymbol{\eta}(t)u(t)+\frac{g(\boldsymbol{x})d_d(u(t))}{|g(\boldsymbol{x})|}+\frac{\Delta_n(t,\boldsymbol{x})}{|g(\boldsymbol{x})|}+\\&\quad s\dot{\bar{\boldsymbol{x}}}_{n-1}^{\mathrm{T}}\int_0^1\theta\frac{\partial|g^{-1}(\bar{\boldsymbol{x}}_{n-1},\theta s+\psi_1)|}{\partial\bar{\boldsymbol{x}}_{n-1}}\mathrm{d}\theta+\psi\int_0^1|g^{-1}(\bar{\boldsymbol{x}}_{n-1},\theta s+\psi_1)|\mathrm{d}\theta\Bigg]\\&\leqslant s\frac{g(\boldsymbol{x})}{|g(\boldsymbol{x})|}\boldsymbol{\kappa}^{\mathrm{T}}(t)\boldsymbol{\eta}(t)u(t)+sH_n(\boldsymbol{Z}_n)+|s|\left[p_0^*+\frac{p_n^*\phi_n(\boldsymbol{x})}{g_0}\right]\end{aligned}\tag{4.25}$$

其中，

$$H_n(\boldsymbol{Z}_n)=\frac{f_n(\boldsymbol{x})}{|g(\boldsymbol{x})|}+s\dot{\bar{\boldsymbol{x}}}_{n-1}^{\mathrm{T}}\int_0^1\theta\frac{\partial|g^{-1}(\bar{\boldsymbol{x}}_{n-1},\theta s+\psi_1)|}{\partial\bar{\boldsymbol{x}}_{n-1}}\mathrm{d}\theta+\psi\int_0^1|g^{-1}(\bar{\boldsymbol{x}}_{n-1},\theta s+\psi_1)|\mathrm{d}\theta,$$

$\boldsymbol{Z}_n=[\boldsymbol{x}^{\mathrm{T}},s,\psi,\psi_1]^{\mathrm{T}}\in\boldsymbol{\Omega}_{Z_n}\subset\mathbf{R}^{n+3}$，$\boldsymbol{\Omega}_{Z_n}$ 是一个紧集。

在紧集 $\boldsymbol{\Omega}_{Z_n}\subset\mathbf{R}^{n+3}$ 上，应用 RBF 神经网络 $h_n(\boldsymbol{Z}_n)=\boldsymbol{W}_n^{*\mathrm{T}}\boldsymbol{\xi}_n(\boldsymbol{Z}_n)+\varepsilon_n$ 来逼近未知非线性函数 $H_n(\boldsymbol{Z}_n)$，神经网络逼近误差 ε_n 满足 $|\varepsilon_n|\leqslant\varepsilon_n^*$，$\varepsilon_n^*$ 为未知正常数，则有

$$\begin{aligned}\dot{V}_s&\leqslant s\frac{g(\boldsymbol{x})}{|g(\boldsymbol{x})|}\boldsymbol{\kappa}^{\mathrm{T}}(t)\boldsymbol{\eta}(t)u(t)+s\boldsymbol{W}_n^{*\mathrm{T}}\boldsymbol{\xi}_n(\boldsymbol{Z}_n)+|s|\left[\varepsilon_n^*+p_0^*+\frac{p_n^*\phi_n(\boldsymbol{x})}{g_0}\right]\\&\leqslant s\frac{g(\boldsymbol{x})}{|g(\boldsymbol{x})|}\boldsymbol{\kappa}^{\mathrm{T}}(t)\boldsymbol{\eta}(t)u(t)+s\boldsymbol{W}_n^{*\mathrm{T}}\boldsymbol{\xi}_n(\boldsymbol{Z}_n)+|s|\delta_n^*\bar{\phi}_n(\boldsymbol{x})\end{aligned}\tag{4.26}$$

其中，$\delta_n^*=\max\{\varepsilon_n^*+p_0^*,\ p_n^*/g_0\}$ 为未知正常数，$\bar{\phi}_n(\boldsymbol{x})=1+\phi_n(\boldsymbol{x})$ 为已知光滑函数。

设计实际控制律和自适应律为

$$u=N(\zeta)\left[k_n s+\hat{\boldsymbol{W}}_n^{\mathrm{T}}\boldsymbol{\xi}_n(\boldsymbol{Z}_n)+\hat{\delta}_n\bar{\phi}_n(\boldsymbol{x})\frac{1-\exp(-\upsilon_n\hat{\delta}_n\bar{\phi}_n(\boldsymbol{x})s)}{1+\exp(-\upsilon_n\hat{\delta}_n\bar{\phi}_n(\boldsymbol{x})s)}\right] \tag{4.27}$$

$$\dot{\zeta}=k_n s^2+s\hat{\boldsymbol{W}}_n^{\mathrm{T}}\boldsymbol{\xi}_n(\boldsymbol{Z}_n)+s\hat{\delta}_n\bar{\phi}_n(\boldsymbol{x})\frac{1-\exp(-\upsilon_n\hat{\delta}_n\bar{\phi}_n(\boldsymbol{x})s)}{1+\exp(-\upsilon_n\hat{\delta}_n\bar{\phi}_n(\boldsymbol{x})s)} \tag{4.28}$$

$$\begin{cases}\dot{\hat{\boldsymbol{W}}}_n=s\boldsymbol{\Gamma}_n\boldsymbol{\xi}_n(\boldsymbol{Z}_n)-\sigma_{n0}\boldsymbol{\Gamma}_n\hat{\boldsymbol{W}}_n\\ \dot{\hat{\delta}}_n=|s|\gamma_n\bar{\phi}_n(\boldsymbol{x})-\sigma_{n1}\gamma_n\hat{\delta}_n\end{cases} \tag{4.29}$$

其中，k_n、υ_n、σ_{n0}、$\sigma_{n1}>0$ 为设计参数，且 $k_n>0$，$\upsilon_n>0$，$\sigma_{n0}>0$，$\sigma_{n1}>0$，$\boldsymbol{\Gamma}_n=\boldsymbol{\Gamma}_n^{\mathrm{T}}>0$ 为自适应增益矩阵，$\gamma_n>0$ 为自适应增益系数。

2. 稳定性分析

定理 4.1：在假设 4.1～假设 4.6 的条件下，考虑一类含有未知输入死区且控制增益完全未知的不确定非线性系统式(4.1)，对于给定的有界初始条件，设计自适应神经网络反演滑模变结构控制律式(4.27)和自适应律式(4.11)、式(4.18)、式(4.28)和式(4.29)，使得闭环系统所有信号半全局一致且终结有界，并且任意给定 $\rho>0$，选择适当的设计参数，跟踪误差 $e=y-y_r$ 最终收敛到 $\lim\limits_{t\to\infty}|e|\leqslant\rho$。

证明：定义闭环系统，(4.1)的 Lyapunov 函数为

$$V=V_s+\frac{1}{2}\sum_{i=1}^{n-1}(e_i^2+\omega_i^2)+\frac{1}{2}\sum_{i=1}^{n}(\tilde{\boldsymbol{W}}_i^{\mathrm{T}}\boldsymbol{\Gamma}_i^{-1}\tilde{\boldsymbol{W}}_i+\gamma_i^{-1}\tilde{\delta}_i^2) \tag{4.30}$$

对 V 按时间 t 求导可得

$$\dot{V}=\dot{V}_s+\sum_{i=1}^{n-1}(e_i\dot{e}_i+\omega_i\dot{\omega}_i)+\sum_{i=1}^{n}(\tilde{\boldsymbol{W}}_i^{\mathrm{T}}\boldsymbol{\Gamma}_i^{-1}\dot{\hat{\boldsymbol{W}}}_i+\gamma_i^{-1}\tilde{\delta}_i\dot{\hat{\delta}}_i) \tag{4.31}$$

由 $\omega_i=\alpha_i-\beta_i$ 可得

$$\dot{\omega}_i=-\frac{\omega_i}{\tau_i}-\dot{\beta}_i \tag{4.32}$$

由引理 2.2 可知存在 $\mathcal{K}_\infty$ 类函数 κ_{i1} 和 κ_{i2} 使得

$$\kappa_{i1}\leqslant|\dot{\beta}_i|^2\leqslant\kappa_{i2} \tag{4.33}$$

注意到 $x_{i+1}=e_{i+1}+\beta_i+\omega_i$，将式(4.9)、式(4.16)和虚拟控制律式(4.10)、式(4.17)，自适应律式(4.11)、(4.18)及式(4.26)、式(4.32)、式(4.33)代入式(4.31)，则有

$$\begin{aligned}\dot{V}\leqslant&\sum_{i=1}^{n-1}\left[-k_i^*|e_i|^2+\left(\frac{1}{4}-\frac{1}{\tau_i}-\frac{\kappa_{i2}}{2\eta_i}\right)|\omega_i|^2+\frac{\eta_i}{2}\right]-\sum_{i=1}^{n-1}(\sigma_{i0}\tilde{\boldsymbol{W}}_i^{\mathrm{T}}\hat{\boldsymbol{W}}_i+\sigma_{i1}\tilde{\delta}_i\hat{\delta}_i)+\\&\sum_{i=1}^{n-1}\left[|e_i|\hat{\delta}_i\bar{\phi}_i(\bar{\boldsymbol{x}}_i)-e_i\hat{\delta}_i\bar{\phi}_i(\bar{\boldsymbol{x}}_i)\frac{1-\exp(-\upsilon_i\hat{\delta}_i\bar{\phi}_i(\bar{\boldsymbol{x}}_i)e_i)}{1+\exp(-\upsilon_i\hat{\delta}_i\bar{\phi}_i(\bar{\boldsymbol{x}}_i)e_i)}\right]+s\frac{g(\boldsymbol{x})}{|g(\boldsymbol{x})|}\boldsymbol{\kappa}^{\mathrm{T}}(t)\boldsymbol{\eta}(t)u(t)+\\&s\boldsymbol{W}_n^{*\mathrm{T}}\boldsymbol{\xi}_n(\boldsymbol{Z}_n)+|s|\delta_n^*\bar{\phi}_n(\boldsymbol{x})+\tilde{\boldsymbol{W}}_n^{\mathrm{T}}\boldsymbol{\Gamma}_n^{-1}\dot{\hat{\boldsymbol{W}}}_n+\gamma_n^{-1}\tilde{\delta}_n\dot{\hat{\delta}}_n\end{aligned} \tag{4.34}$$

将控制律式(4.27)代入式(4.34)，并在其右边同时加减 $\dot{\zeta}$，可得

$$\begin{aligned}\dot{V}\leqslant&\sum_{i=1}^{n-1}\left[-k_i^*\ |e_i|^2+\left(\frac{1}{4}-\frac{1}{\tau_i}-\frac{\kappa_{i2}}{2\eta_i}\right)|\omega_i|^2+\frac{\eta_i}{2}\right]-\sum_{i=1}^{n-1}(\sigma_{i0}\widetilde{\boldsymbol{W}}_i^{\mathrm{T}}\hat{\boldsymbol{W}}_i+\sigma_{i1}\widetilde{\delta}_i\hat{\delta}_i)+\\&\sum_{i=1}^{n-1}\left[|e_i|\hat{\delta}_i\bar{\phi}_i(\bar{\boldsymbol{x}}_i)-e_i\hat{\delta}_i\bar{\phi}_i(\bar{\boldsymbol{x}}_i)\frac{1-\exp(-\upsilon_i\hat{\delta}_i\bar{\phi}_i(\bar{\boldsymbol{x}}_i)e_i)}{1+\exp(-\upsilon_i\hat{\delta}_i\bar{\phi}_i(\bar{\boldsymbol{x}}_i)e_i)}\right]+\\&\frac{g(\boldsymbol{x})}{|g(\boldsymbol{x})|}\boldsymbol{\kappa}^{\mathrm{T}}(t)\boldsymbol{\eta}(t)N(\zeta)\dot{\zeta}+\dot{\zeta}-k_ns^2-\widetilde{\boldsymbol{W}}_n^{\mathrm{T}}\boldsymbol{\Gamma}_n^{-1}[s\boldsymbol{\Gamma}_n\boldsymbol{\xi}_n(\boldsymbol{Z}_n)-\dot{\hat{\boldsymbol{W}}}_n]-\\&\gamma_n^{-1}\widetilde{\delta}_n[|s|\gamma_n\bar{\phi}_n(\boldsymbol{x})-\dot{\hat{\delta}}_n]+|s|\hat{\delta}_n\bar{\phi}_n(\boldsymbol{x})-\\&s\hat{\delta}_n\bar{\phi}_n(\boldsymbol{x})\frac{1-\exp(-\upsilon_n\hat{\delta}_n\bar{\phi}_n(\boldsymbol{x})s)}{1+\exp(-\upsilon_n\hat{\delta}_n\bar{\phi}_n(\boldsymbol{x})s)}\end{aligned}\tag{4.35}$$

将自适应律式(4.29)代入式(4.35)，并由界化不等式

$$|e_i|\hat{\delta}_i\bar{\phi}_i(\bar{\boldsymbol{x}}_i)-e_i\hat{\delta}_i\bar{\phi}_i(\bar{\boldsymbol{x}}_i)\frac{1-\exp(-\upsilon_i\hat{\delta}_i\bar{\phi}_i(\bar{\boldsymbol{x}}_i)e_i)}{1+\exp(-\upsilon_i\hat{\delta}_i\bar{\phi}_i(\bar{\boldsymbol{x}}_i)e_i)}\leqslant\frac{1}{\upsilon_i}$$

和

$$|s|\hat{\delta}_n\bar{\phi}_n(\boldsymbol{x})-s\hat{\delta}_n\bar{\phi}_n(\boldsymbol{x})\frac{1-\exp(-\upsilon_n\hat{\delta}_n\bar{\phi}_n(\boldsymbol{x})s)}{1+\exp(-\upsilon_n\hat{\delta}_n\bar{\phi}_n(\boldsymbol{x})s)}\leqslant\frac{1}{\upsilon_n}$$

可得

$$\begin{aligned}\dot{V}\leqslant&\sum_{i=1}^{n-1}\left[-k_i^*\ |e_i|^2+\left(\frac{1}{4}-\frac{1}{\tau_i}-\frac{\kappa_{i2}}{2\eta_i}\right)|\omega_i|^2+\frac{\eta_i}{2}\right]-k_ns^2-\\&\sum_{i=1}^{n}\left(\sigma_{i0}\widetilde{\boldsymbol{W}}_i^{\mathrm{T}}\hat{\boldsymbol{W}}_i+\sigma_{i1}\widetilde{\delta}_i\hat{\delta}_i-\frac{1}{\upsilon_i}\right)+\frac{g(\boldsymbol{x})}{|g(\boldsymbol{x})|}\boldsymbol{\kappa}^{\mathrm{T}}(t)\boldsymbol{\eta}(t)N(\zeta)\dot{\zeta}+\dot{\zeta}\end{aligned}\tag{4.36}$$

配平方可得如下不等式

$$-\sigma_{i0}\widetilde{\boldsymbol{W}}_i^{\mathrm{T}}\hat{\boldsymbol{W}}_i\leqslant\frac{\sigma_{i0}}{2}\|\boldsymbol{W}_i^*\|^2-\frac{\sigma_{i0}}{2}\|\widetilde{\boldsymbol{W}}_i\|^2\tag{4.37}$$

$$-\sigma_{i1}\widetilde{\delta}_i\hat{\delta}_i\leqslant\frac{\sigma_{i1}}{2}\|\delta_i^*\|^2-\frac{\sigma_{i1}}{2}\|\widetilde{\delta}_i\|^2\tag{4.38}$$

将不等式(4.37)和不等式(4.38)代入式(4.36)可得

$$\dot{V}(t)\leqslant-\mu V(t)+\varphi+\frac{g(\boldsymbol{x})}{|g(\boldsymbol{x})|}\boldsymbol{\kappa}^{\mathrm{T}}(t)\boldsymbol{\eta}(t)N(\zeta)\dot{\zeta}+\dot{\zeta}\tag{4.39}$$

其中

$$\mu=\min\left\{2k_i^*,\frac{k_ng_0}{\lambda_s},\frac{\sigma_{i0}}{\lambda_{\max}(\boldsymbol{\Gamma}_i^{-1})},\sigma_{i1}\gamma_i\right\},\ k_i^*=k_i-1$$

$$\varphi=\sum_{i=1}^{n}\left(\frac{\sigma_{i0}}{2}\|\boldsymbol{W}_i^*\|^2+\frac{\sigma_{i1}}{2}\|\delta_i^*\|^2+\frac{1}{\upsilon_i}+\frac{\eta_i}{2}\right),\ \eta_i=\frac{\kappa_{i2}}{2(\mu-1/\tau_i+1/4)}$$

式(4.39)两边同乘以 $e^{\mu t}$，并同时对 t 进行积分可得

$$\begin{aligned}V(t)&\leqslant\frac{\varphi}{\mu}+\left[V(0)-\frac{\varphi}{\mu}\right]e^{-\mu t}+e^{-\mu t}\int_0^t\left[\frac{g(\boldsymbol{x})}{|g(\boldsymbol{x})|}\boldsymbol{\kappa}^{\mathrm{T}}(\tau)\boldsymbol{\eta}(\tau)N(\zeta)+1\right]\dot{\zeta}e^{\mu\tau}d\tau\\&\leqslant\frac{\varphi}{\mu}+V(0)+e^{-\mu t}\int_0^t\left[\frac{g(\boldsymbol{x})}{|g(\boldsymbol{x})|}\boldsymbol{\kappa}^{\mathrm{T}}(\tau)\boldsymbol{\eta}(\tau)N(\zeta)+1\right]\dot{\zeta}e^{\mu\tau}d\tau\end{aligned}\tag{4.40}$$

由假设 4.3 可知 $\boldsymbol{\kappa}^{\mathrm{T}}(t)\boldsymbol{\eta}(t)\in[\min\{\varphi_{r0},\varphi_{l0}\},\varphi_{r1}+\varphi_{l1}]$，则由引理 2.4 可知 $V(t)$，$\zeta(t)$及 $\int_0^t\left(\frac{g(\boldsymbol{x})}{|g(\boldsymbol{x})|}\right)\boldsymbol{\kappa}^{\mathrm{T}}(\tau)\boldsymbol{\eta}(\tau)N(\zeta)\dot{\zeta}\mathrm{d}\tau$ 在区间$[0,t_f)$上有界。

由此，令

$$\int_0^t\left|\left(\frac{g(\boldsymbol{x})}{|g(\boldsymbol{x})|}\right)\boldsymbol{\kappa}^{\mathrm{T}}(\tau)\boldsymbol{\eta}(\tau)N(\zeta)+1\right|\dot{\zeta}\mathrm{e}^{-\mu(t-\tau)}\mathrm{d}\tau\leqslant c_\zeta \tag{4.41}$$

则由式(4.40)和式(4.41)可得

$$V(t)\leqslant\frac{\varphi}{\mu}+V(0)+c_\zeta \tag{4.42}$$

由 $V(t)$有界和式(4.30)可得，信号 e_i、$\widetilde{\boldsymbol{W}}_i$、$\widetilde{\delta}_i$、$s$ 半全局一致且终结有界，从而 $\hat{\boldsymbol{W}}_i$、$\hat{\delta}_i$ 亦有界。由状态跟踪误差 $e_1=x_1-y_r$ 和 y_r 有界；可知状态 x_1 有界；根据式(4.10)可知虚拟控制律 β_1 为有界信号 e_1、$\hat{\boldsymbol{W}}_1$、$\hat{\delta}_1$ 的函数，则 α_1 及 $\dot{\alpha}_1$ 有界；又根据式 $e_2=x_2-\alpha_1$ 有界，可知状态 x_2 有界；以此类推，闭环系统所有状态均有界。

由式(4.30)、式(4.40)的第一个不等式和式(4.41)可得

$$\frac{1}{2}\sum_{i=1}^{n-1}e_i^2\leqslant\frac{\varphi}{\mu}+\left[V(0)-\frac{\varphi}{\mu}\right]\mathrm{e}^{-\mu t}+c_\zeta \tag{4.43}$$

注意到 k_i、υ_i、c_i、σ_{i0}、σ_{i1}、$\boldsymbol{\Gamma}_i$ 和 γ_i 为给定的设计参数，$\boldsymbol{W}_i^*$ 为常数向量，δ_i^*、τ_i、κ_{i2}、g_0 和 λ_s 为常数，因此，对于任意给定的 $\rho>\sqrt{2(\varphi/\mu+c_\zeta)}>0$，可以通过选择适当的设计参数，使得所有 $t\geqslant t_0+T$ 和正常数 T，跟踪误差 $e=y-y_r=x_1-y_r=e_1$ 满足$\lim\limits_{t\to\infty}|e|\leqslant\rho$。

4.2.3　仿真算例

考虑如下不确定非线性系统：

$$\begin{cases}\dot{x}_1=0.1x_1^2+x_2+0.7x_1^2\sin(1.5t)\\ \dot{x}_2=0.2\mathrm{e}^{-x_2}+x_1\sin(x_2)+x_3+0.5(x_1^2+x_2^2)\sin^3(t)\\ \dot{x}_3=x_1x_2x_3+[1+0.1\sin(0.5x_1x_2x_3)]\nu+0.2(x_1^2+x_2^2+x_3^2)\cos^3(t)\\ y=x_1\end{cases} \tag{4.44}$$

实际死区模型描述为

$$\nu=\varphi(u)=\begin{cases}(1-0.3\sin(u))(u-0.5), & u>0.5\\ 0, & -0.25\leqslant u\leqslant 0.5\\ (0.8-0.2\cos(u))(u+0.25), & u<-0.25\end{cases} \tag{4.45}$$

仿真中选择 RBF 神经网络：神经网络 $\hat{\boldsymbol{W}}_1^{\mathrm{T}}\boldsymbol{\xi}_1(x_1)$，其包含 $l_1=3$ 个节点，中心 $\boldsymbol{\mu}_i(i=1,2,\cdots,l_1)$均匀分布在$[-4,4]$区间内，宽度 $\eta_i=2(i=1,2,\cdots l_1)$；神经网络 $\hat{\boldsymbol{W}}_2^{\mathrm{T}}\boldsymbol{\xi}_2(\bar{x}_2)$包含 $l_2=9$ 个节点，中心 $\boldsymbol{\mu}_i(i=1,2,\cdots,l_2)$均匀分布在$[-4,4]\times[-4,4]$区间内，宽度 $\eta_i=2(i=1,2,\cdots,l_2)$；神经网络$\hat{\boldsymbol{W}}_3^{\mathrm{T}}\boldsymbol{\xi}_3(\boldsymbol{Z}_3)$包含 $l_3=729$ 个节点，中心 $\boldsymbol{\mu}_i(i=1,2,\cdots,l_3)$均匀分布在$[-4,4]\times[-4,4]\times[-4,4]\times[-4,4]\times[-6,6]\times[-6,6]$区间内，宽度 $\eta_i=2(i=1,2,\cdots,l_3)$。

系统参考轨迹 $y_r=0.5[\sin(t)+\sin(0.5t)]$，初始状态 $\boldsymbol{x}_0=[0.5,0,0]^{\mathrm{T}}$，已知非线性

函数 $\phi_1(x_1)=x_1^2$，$\phi_2(x_1, x_2)=x_1^2+x_2^2$，$\phi_3(x_1, x_2, x_3)=x_1^2+x_2^2+x_3^2$，神经网络权值初值 $\hat{\boldsymbol{W}}_1(0)=\mathbf{0}$，$\hat{\boldsymbol{W}}_2(0)=\mathbf{0}$，$\hat{\boldsymbol{W}}_3(0)=\mathbf{0}$，自适应参数初值 $\hat{\delta}_1(0)=\hat{\delta}_2(0)=\hat{\delta}_3(0)=0$，$\zeta_1(0)=\zeta_2(0)=\zeta_3(0)=0$，滤波器时间常数 $\tau_1=\tau_2=0.04$，Nussbaum 函数 $N(\zeta)=\mathrm{e}^{\zeta^2}\cos((\pi/2)\zeta)$。选择设计参数为：$\boldsymbol{\Gamma}_1=\mathrm{diag}[0.5]$，$\boldsymbol{\Gamma}_2=\mathrm{diag}[0.5]$，$\boldsymbol{\Gamma}_3=\mathrm{diag}[0.5]$，$\gamma_1=\gamma_2=\gamma_3=0.5$，$\sigma_{10}=\sigma_{11}=\sigma_{20}=\sigma_{21}=\sigma_{30}=\sigma_{31}=0.2$，$k_1=1.5$，$k_2=1.5$，$k_3=2$，$\upsilon_1=\upsilon_2=\upsilon_3=10$，$c_1=2$，$c_2=5.5$。仿真结果如图 4.1～图 4.6 所示。图 4.1 为系统输出 y 和参考轨迹 y_r 仿真曲线。图 4.2 为系统状态变量 x_2 和 x_3 有界轨迹。图 4.3 为系统控制输入 u 有界轨迹。图 4.4 为神经网络权值范数 $\|\hat{\boldsymbol{W}}_1\|$，$\|\hat{\boldsymbol{W}}_2\|$ 和 $\|\hat{\boldsymbol{W}}_3\|$ 有界轨迹。图 4.5 为自适应参数 $\hat{\delta}_1$，$\hat{\delta}_2$ 和 $\hat{\delta}_3$ 有界轨迹。图 4.6 为自适应参数 ζ 和 Nussbaum 增益 $N(\zeta)$有界轨迹。可以看出，采用本节提出的控制方案，系统输出 y 稳定跟踪给定参考轨迹 y_r，且闭环系统所有状态均有界。

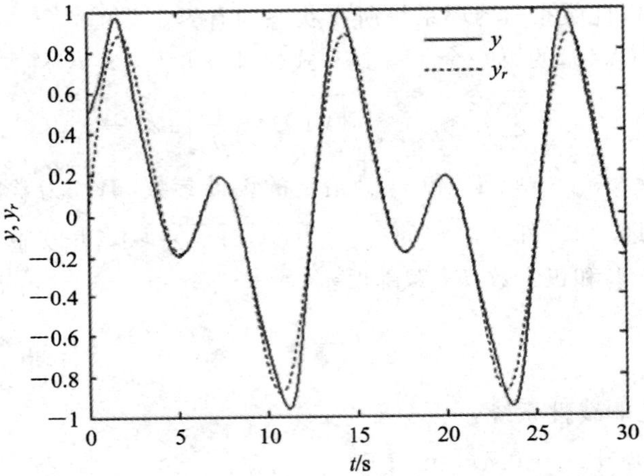

图 4.1　系统输出 y 和参考轨迹 y_r 仿真曲线

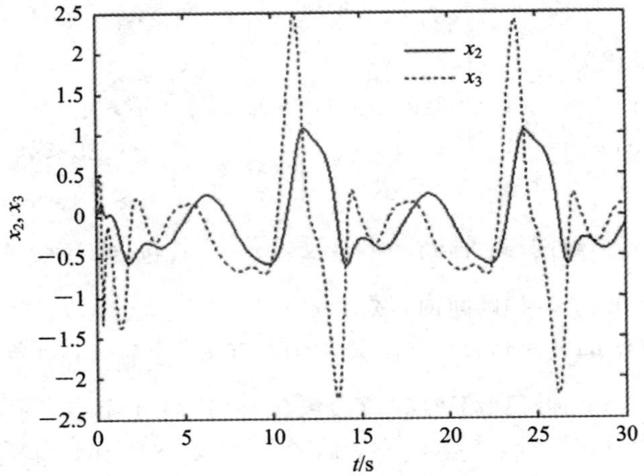

图 4.2　系统状态变量 x_2 和 x_3 有界轨迹

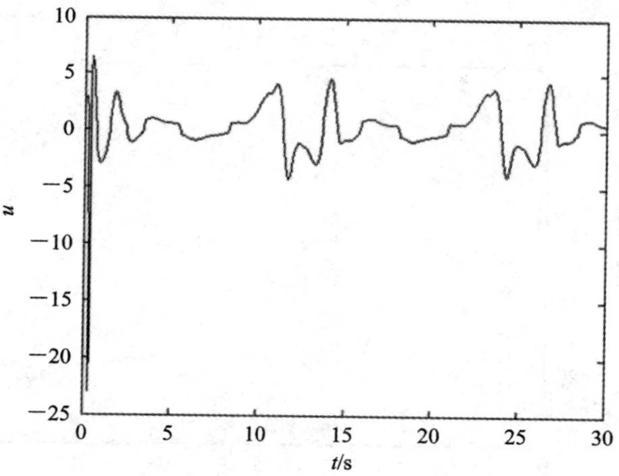

图 4.3　系统控制输入 u 有界轨迹

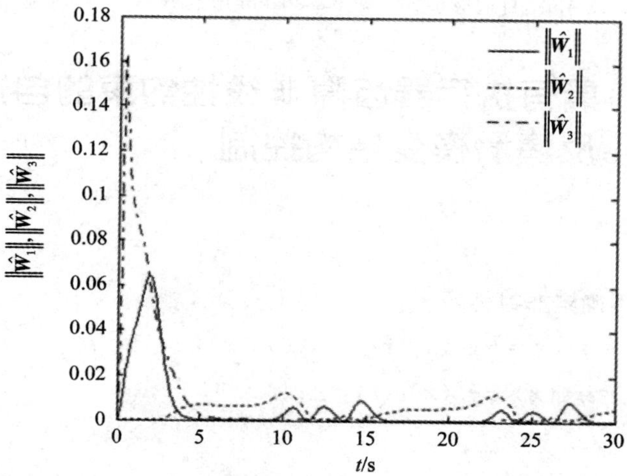

图 4.4　神经网络权值范数 $\|\hat{\boldsymbol{W}}_1\|$，$\|\hat{\boldsymbol{W}}_2\|$ 和 $\|\hat{\boldsymbol{W}}_3\|$ 有界轨迹

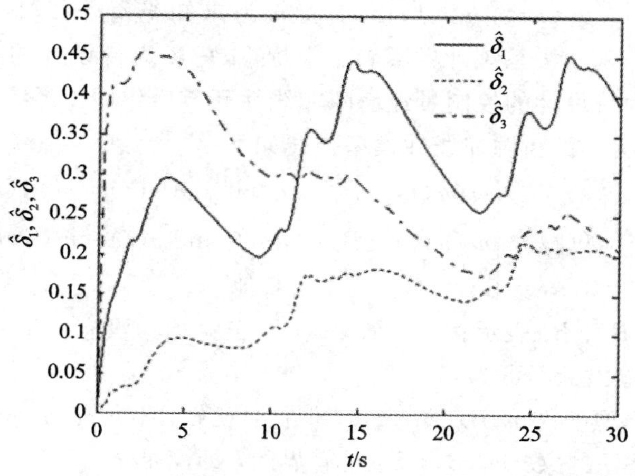

图 4.5　自适应参数 $\hat{\delta}_1$、$\hat{\delta}_2$ 和 $\hat{\delta}_3$ 有界轨迹

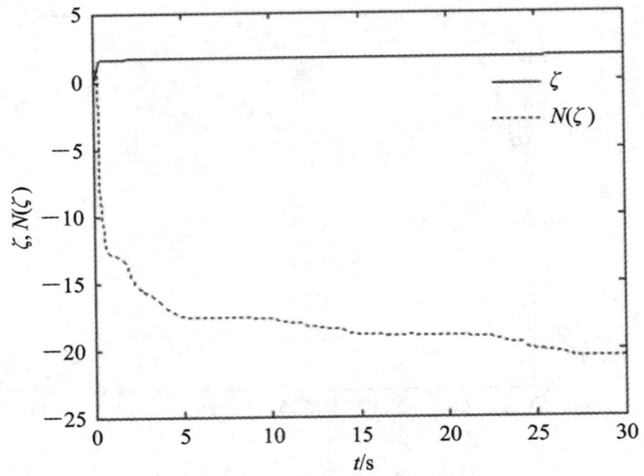

图 4.6 自适应参数 ζ 和 Nussbaum 增益 $N(\zeta)$有界轨迹

4.3 具有执行器齿隙非线性约束的自适应反演滑模变结构控制

4.3.1 问题描述

考虑如下一类不确定非线性系统：

$$\begin{cases}\dot{x}_i=f_i(\bar{\boldsymbol{x}}_i)+g_i(\bar{\boldsymbol{x}}_i)\boldsymbol{x}_{i+1}+\Delta_i(t,\ \boldsymbol{x}),\ i=1,\ 2,\ \cdots,\ n-1\\ \dot{x}_n=f_n(\boldsymbol{x})+g_n(\boldsymbol{x})\nu(t)+\Delta_n(t,\ \boldsymbol{x})\\ y=x_1\\ \nu(t)=B(u(t))\end{cases}\tag{4.46}$$

其中，$\bar{\boldsymbol{x}}_i=[x_1,\ x_2,\ \cdots,\ x_i]^{\mathrm{T}}\in\mathbf{R}^i$，$\boldsymbol{x}=[x_1,\ x_2,\ \cdots,\ x_n]^{\mathrm{T}}\in\mathbf{R}^n$ 为可测状态向量，$y\in\mathbf{R}$ 为系统输出，$f_i(\bar{\boldsymbol{x}}_i)$、$g_i(\bar{\boldsymbol{x}}_i)$，$i=1,\ 2,\ \cdots,\ n$ 为未知光滑非线性函数且 $g_n(\boldsymbol{x})$可导，$\Delta_i(t,\ \boldsymbol{x})$，$i=1,\ 2,\ \cdots,\ n$为系统外界不确定干扰，$u\in\mathbf{R}$ 为待设计的控制量，$B(\cdot)$表示齿隙非线性，$\nu\in\mathbf{R}$ 为待设计的控制量经齿隙非线性环节后作用于系统的控制输入。

输入为 u，输出为 ν 的齿隙非线性模型描述如下[169−171]：

$$\nu(t)=B(u(t))=\begin{cases}m(u(t)-B_r),\ \dot{u}>0\ \text{and}\ \nu(t)=m(u(t)-B_r)\\ m(u(t)-B_l),\ \dot{u}<0\ \text{and}\ \nu(t)=m(u(t)-B_l)\\ \nu(t_-),\qquad\qquad \text{其他}\end{cases}\tag{4.47}$$

其中，m 表示斜率，B_r、B_l 表示相关位置，$\nu(t_-)$表示 $\nu(t)$没有发生变化。

假设 4.7：齿隙输出 ν 不可测。

假设 4.8：齿隙模型参数 m,B_r,B_l 未知，但符号已知，不妨设 $m>0$，$mB_r>0$，$mB_l<0$。

假设 4.9：齿隙模型参数 m，B_r，B_l 是有界的，即满足

$$0<m_{\min}\leqslant m\leqslant m_{\max}$$

$$0<(mBr)_{\min}\leqslant mB_r\leqslant(mB_r)_{\max}$$
$$(mB_l)\leqslant mB_l\leqslant(mB_l)_{\max}<0$$

由式(4.47)可知，齿隙非线性具有动态、非平滑等特性，为了便于控制器设计，将齿隙非线性模型等价转化为如下全局线性化模型：

$$\nu(t)=B(u(t))=mu(t)+d_b(u(t)) \tag{4.48}$$

其中，$d_b(u(t))$为建模误差，表示为

$$d_b(u(t))=\begin{cases}-mB_r, & \dot{u}>0\text{ 和 }\nu(t)=m(u(t)-B_r)\\ -mB_l, & \dot{u}<0\text{ 和 }\nu(t)=m(u(t)-B_l)\\ \nu(t_-)-mu(t), & \text{其他}\end{cases}$$

由假设 4.9 可得$|d_b(u(t))|\leqslant p_0^*=\max\{(mB_r)_{\max},-[(mB_l)_{\min}]\}$，$p_0^*$为未知正常数。

于是，系统式(4.46)可描述为

$$\begin{cases}\dot{x}_i=f_i(\bar{\boldsymbol{x}}_i)+g_i(\bar{\boldsymbol{x}}_i)x_{i+1}+\Delta_i(t,\boldsymbol{x}),\ i=1,2,\cdots,n-1\\ \dot{x}_n=f_n(\boldsymbol{x})+mg_n(\boldsymbol{x})u(t)+g_n(\boldsymbol{x})d_b(u(t))+\Delta_n(t,\boldsymbol{x})\\ y=x_1\end{cases} \tag{4.49}$$

假设 4.10：对于$1\leqslant i\leqslant n$，虚拟控制系数$g_i(\bar{\boldsymbol{x}}_i)$，$i=1,2,\cdots,n-1$和控制增益函数$g_n(\boldsymbol{x})$及其符号均未知，但存在常数$g_{i0}$和$g_{i1}$使得

$$0<g_{i0}\leqslant|g_i(\bar{\boldsymbol{x}}_i)|\leqslant g_{i1}<\infty,\ \forall\,\bar{\boldsymbol{x}}_i\in\mathbf{R}^i,\ 1\leqslant i\leqslant n$$

假设 4.11：对于$1\leqslant i\leqslant n$，存在未知正常数p_i^*使得$\forall(t,\boldsymbol{x})\in\mathbf{R}_+\times\mathbf{R}^n$，且

$$|\Delta_i(t,\boldsymbol{x})|\leqslant p_i^*\phi_i(\bar{\boldsymbol{x}}_i)$$

其中，$\phi_i(\bar{\boldsymbol{x}}_i)$是已知非负光滑函数。

定义参考轨迹向量$\bar{\boldsymbol{x}}_{r(i+1)}=[y_r,\dot{y}_r,\cdots,y_r^{(i)}]^{\mathrm{T}}$，$i=1,2,\cdots,n-1$，$y_r^{(i)}$为参考轨迹$y_r$的第$i$阶导数。

假设 4.12：参考轨迹向量$\bar{\boldsymbol{x}}_{ri}$，$i=2,3,\cdots,n$光滑可测且$\bar{\boldsymbol{x}}_{ri}\in\boldsymbol{\Omega}_{ri}\subset\mathbf{R}^i$，$\boldsymbol{\Omega}_{ri}$为已知有界紧集。

控制目标：针对不确定非线性系统式(4.46)，在满足假设 4.7～假设 4.12 的条件下，设计自适应神经网络反演滑模变结构控制律和自适应律，使得系统输出y能够稳定跟踪给定参考轨迹y_r，同时保证闭环系统所有信号是半全局一致且终结有界的。

4.3.2　控制器设计与稳定性分析

1. 控制器设计

控制器设计包含n步：前$n-1$步，基于 RBF 神经网络逼近理论，并结合反演控制与积分 Lyapunov 方法设计期望虚拟控制α_i，$i=1,2,\cdots,n-1$和自适应律；第n步，结合滑模变结构控制和积分 Lyapunov 方法得到整个系统的控制律和自适应律。在控制器设计推导过程中，由于神经网络的逼近特性只在某一紧集内成立，因此得到的稳定性结论是半全局意义下的。具体设计步骤如下。

首先定义闭环系统式(4.46)的状态跟踪误差为

$$\begin{cases} e_1 = x_1 - y_r \\ e_2 = x_2 - \alpha_1 \\ \vdots \\ e_n = x_n - \alpha_{n-1} \end{cases} \tag{4.50}$$

其中，α_i 为第 i 阶子系统的期望虚拟控制。

第 1 步：由闭环系统式(4.49)的第一阶子系统和状态跟踪误差 $e_1 = x_1 - y_r$，$e_2 = x_2 - \alpha_1$，可得 e_1 的动态方程为

$$\dot{e}_1 = f_1(x_1) + g_1(x_1)(e_2 + \alpha_1) + \Delta_1(t, \boldsymbol{x}) - \dot{y}_r \tag{4.51}$$

由积分 Lyapunov 设计方法，令 $\beta_1(x_1) = 1/|g_1(x_1)|$，选择如下的积分型 Lyapunov 函数

$$V_{e_1} = \int_0^{e_1} \sigma\beta_1(\sigma + y_r)\mathrm{d}\sigma \tag{4.52}$$

通过变量替换 $\sigma = \theta e_1$，V_{e_1} 可转化为

$$V_{e_1} = e_1^2 \int_0^1 \theta\beta_1(\theta e_1 + y_r)\mathrm{d}\theta \tag{4.53}$$

由假设 4.10 可知，$1/g_{11} \leqslant \beta_1(\theta e_1 + y_r) \leqslant 1/g_{10}$，则有

$$\frac{e_1^2}{2g_{11}} \leqslant V_{e_1} \leqslant \frac{e_1^2}{2g_{10}} \tag{4.54}$$

对 V_{e_1} 沿着式(4.51)求导可得

$$\begin{aligned} \dot{V}_{e_1} &= e_1\beta_1(x_1)\dot{e}_1 + \int_0^{e_1} \sigma \frac{\partial\beta_1(\sigma + y_r)}{\partial y_r}\dot{y}_r \mathrm{d}\sigma \\ &= e_1\beta_1(x_1)[f_1(x_1) + g_1(x_1)(e_2 + \alpha_1) + \Delta_1(t, \boldsymbol{x}) - \dot{y}_r] + \\ &\quad \dot{y}_r[\sigma\beta_1(\sigma + y_r)|_0^{e_1} - \int_0^{e_1}\beta_1(\sigma + y_r)\mathrm{d}\sigma] \\ &= e_1\beta_1(x_1)[f_1(x_1) + g_1(x_1)(e_2 + \alpha_1) + \Delta_1(t, \boldsymbol{x})] - e_1\dot{y}_r\int_0^1\beta_1(\theta e_1 + y_r)\mathrm{d}\theta \\ &= e_1\beta_1(x_1)g_1(x_1)e_2 + e_1\beta_1(x_1)g_1(x_1)\alpha_1 + e_1\beta_1(x_1)\Delta_1(t, \boldsymbol{x}) + e_1H_1(\boldsymbol{Z}_1) \end{aligned} \tag{4.55}$$

其中，$H_1(\boldsymbol{Z}_1) = \beta_1(x_1)f_1(x_1) - \dot{y}_r\int_0^1\beta_1(\theta e_1 + y_r)\mathrm{d}\theta$，$\boldsymbol{Z}_1 = [x_1, y_r, \dot{y}_r]^{\mathrm{T}} \in \boldsymbol{\Omega}_{Z_1} \subset \mathbf{R}^3$，$\boldsymbol{\Omega}_{Z_1}$ 是一个紧集。

在紧集 $\boldsymbol{\Omega}_{Z_1} \subset \mathbf{R}^3$ 上，应用 RBF 神经网络 $h_1(\boldsymbol{Z}_1) = \boldsymbol{W}_1^{*\mathrm{T}}\boldsymbol{\xi}_1(\boldsymbol{Z}_1) + \varepsilon_1$ 逼近未知非线性函数 $H_1(\boldsymbol{Z}_1)$，神经网络逼近误差 ε_1 满足 $|\varepsilon_1| \leqslant \varepsilon_1^*$，$\varepsilon_1^*$ 为未知正常数，并由假设 4.10 和假设 4.11，则有

$$\begin{aligned} \dot{V}_{e_1} &= e_1\beta_1(x_1)g_1(x_1)e_2 + e_1\beta_1(x_1)g_1(x_1)\alpha_1 + e_1\beta_1(x_1)\Delta_1(t, \boldsymbol{x}) + e_1\boldsymbol{W}_1^{*\mathrm{T}}\boldsymbol{\xi}_1(\boldsymbol{Z}_1) + e_1\varepsilon_1 \\ &\leqslant e_1\beta_1(x_1)g_1(x_1)e_2 + e_1\beta_1(x_1)g_1(x_1)\alpha_1 + e_1\boldsymbol{W}_1^{*\mathrm{T}}\boldsymbol{\xi}_1(\boldsymbol{Z}_1) + |e_1|(\varepsilon_1^* + p_1^*\phi_1(x_1)/g_{10}) \\ &\leqslant e_1\beta_1(x_1)g_1(x_1)e_2 + e_1\beta_1(x_1)g_1(x_1)\alpha_1 + e_1\boldsymbol{W}_1^{*\mathrm{T}}\boldsymbol{\xi}_1(\boldsymbol{Z}_1) + |e_1|\delta_1^*\bar{\phi}_1(x_1) \end{aligned} \tag{4.56}$$

其中，$\delta_1^* = \max\{\varepsilon_1^*, p_1^*/g_{10}\}$ 为未知正常数，$\bar{\phi}_1(x_1) = 1 + \phi_1(x_1)$ 为已知光滑函数。

定义第一阶子系统的 Lyapunov 函数为

$$V_1=V_{e_1}+\frac{1}{2}\widetilde{\boldsymbol{W}}_1^{\mathrm{T}}\boldsymbol{\Gamma}_1^{-1}\widetilde{\boldsymbol{W}}_1+\frac{1}{2\gamma_1}\widetilde{\delta}_1^2 \tag{4.57}$$

其中，$\boldsymbol{\Gamma}_1=\boldsymbol{\Gamma}_1^{\mathrm{T}}>0$ 为自适应增益矩阵，$\gamma_1>0$ 为自适应增益系数。

对 V_1 求导，并将式(4.56)代入式(4.57)可得

$$\begin{aligned}\dot{V}_1\leqslant &e_1\beta_1(x_1)g_1(x_1)e_2+e_1\beta_1(x_1)g_1(x_1)\alpha_1+e_1\boldsymbol{W}_1^{*\mathrm{T}}\boldsymbol{\xi}_1(\boldsymbol{Z}_1)+\\&|e_1|\delta_1^*\bar{\phi}_1(x_1)+\widetilde{\boldsymbol{W}}_1^{\mathrm{T}}\boldsymbol{\Gamma}_1^{-1}\dot{\hat{\boldsymbol{W}}}_1+\gamma_1^{-1}\widetilde{\delta}_1\dot{\hat{\delta}}_1\end{aligned} \tag{4.58}$$

设计第一阶子系统的期望虚拟控制和自适应律为

$$\begin{cases}\alpha_1=N(\zeta_1)\left[k_1e_1+\hat{\boldsymbol{W}}_1^{\mathrm{T}}\boldsymbol{\xi}_1(\boldsymbol{Z}_1)+\hat{\delta}_1\bar{\phi}_1(x_1)\dfrac{1-\exp(-\upsilon_1\hat{\delta}_1\bar{\phi}_1(x_1)e_1)}{1+\exp(-\upsilon_1\hat{\delta}_1\bar{\phi}_1(x_1)e_1)}\right]\\ \dot{\zeta}_1=k_1e_1^2+e_1\hat{\boldsymbol{W}}_1^{\mathrm{T}}\boldsymbol{\xi}_1(\boldsymbol{Z}_1)+e_1\hat{\delta}_1\bar{\phi}_1(x_1)\dfrac{1-\exp(-\upsilon_1\hat{\delta}_1\bar{\phi}_1(x_1)e_1)}{1+\exp(-\upsilon_1\hat{\delta}_1\bar{\phi}_1(x_1)e_1)}\\ \dot{\hat{\boldsymbol{W}}}_1=e_1\boldsymbol{\Gamma}_1\boldsymbol{\xi}_1(\boldsymbol{Z}_1)-\sigma_{10}\boldsymbol{\Gamma}_1\hat{\boldsymbol{W}}_1\\ \dot{\hat{\delta}}_1=|e_1|\gamma_1\bar{\phi}_1(x_1)-\sigma_{11}\gamma_1\hat{\delta}_1\end{cases} \tag{4.59}$$

其中，k_1、υ_1、σ_{10}、σ_{11} 为设计参数，且 $k_1>0$，$\upsilon_1>0$，$\sigma_{10}>0$，$\sigma_{11}>0$。

将期望虚拟控制 α_1 代入式(4.58)，并在其右边同时加减 $\dot{\zeta}_1$，则有

$$\begin{aligned}\dot{V}_1\leqslant &e_1\beta_1(x_1)g_1(x_1)e_2+\beta_1(x_1)g_1(x_1)N(\zeta_1)\dot{\zeta}_1+\dot{\zeta}_1-k_1e_1^2+\\&|e_1|\hat{\delta}_1\bar{\phi}_1(x_1)-e_1\hat{\delta}_1\bar{\phi}_1(x_1)\frac{1-\exp(-\upsilon_1\hat{\delta}_1\bar{\phi}_1(x_1)e_1)}{1+\exp(-\upsilon_1\hat{\delta}_1\bar{\phi}_1(x_1)e_1)}+\\&\widetilde{\boldsymbol{W}}_1^{\mathrm{T}}\boldsymbol{\Gamma}_1^{-1}[\dot{\hat{\boldsymbol{W}}}_1-e_1\boldsymbol{\Gamma}_1\boldsymbol{\xi}_1(\boldsymbol{Z}_1)]+\gamma_1^{-1}\widetilde{\delta}_1[\dot{\hat{\delta}}_1-|e_1|\gamma_1\bar{\phi}_1(x_1)]\end{aligned} \tag{4.60}$$

将自适应律 $\dot{\hat{\boldsymbol{W}}}_1$ 和 $\dot{\hat{\delta}}_1$ 代入式(4.60)，并由界化不等式

$$|e_1|\hat{\delta}_1\bar{\phi}_1(x_1)-e_1\hat{\delta}_1\bar{\phi}_1(x_1)\frac{1-\exp(-\upsilon_1\hat{\delta}_1\bar{\phi}_1(x_1)e_1)}{1+\exp(-\upsilon_1\hat{\delta}_1\bar{\phi}_1(x_1)e_1)}\leqslant\frac{1}{\upsilon_1}$$

可得

$$\dot{V}_1\leqslant e_1\beta_1(x_1)g_1(x_1)e_2+\beta_1(x_1)g_1(x_1)N(\zeta_1)\dot{\zeta}_1+\dot{\zeta}_1-k_1e_1^2+\frac{1}{\upsilon_1}-\sigma_{10}\widetilde{\boldsymbol{W}}_1^{\mathrm{T}}\hat{\boldsymbol{W}}_1-\sigma_{11}\widetilde{\delta}_1\hat{\delta}_1 \tag{4.61}$$

对上式(4.61)配平方可得如下不等式

$$-\sigma_{10}\widetilde{\boldsymbol{W}}_1^{\mathrm{T}}\hat{\boldsymbol{W}}_1\leqslant\frac{\sigma_{10}}{2}\|\boldsymbol{W}_1^*\|^2-\frac{\sigma_{10}}{2}\|\widetilde{\boldsymbol{W}}_1\|^2 \tag{4.62}$$

$$-\sigma_{11}\widetilde{\delta}_1\hat{\delta}_1\leqslant\frac{\sigma_{11}}{2}\|\delta_1^*\|^2-\frac{\sigma_{11}}{2}\|\widetilde{\delta}_1\|^2 \tag{4.63}$$

将不等式(4.62)、不等式(4.63)和 Young 不等式 $e_1\beta_1g_1e_2\leqslant\frac{1}{4}e_1^2+\beta_1^2g_1^2e_2^2=\frac{1}{4}e_1^2+e_2^2$ 代入式(4.61)，则有

$$\dot{V}_1 \leqslant e_2^2+\beta_1(x_1)g_1(x_1)N(\zeta_1)\dot{\zeta}_1+\dot{\zeta}_1-k_1^* e_1^2-\frac{\sigma_{10}}{2}\|\widetilde{\boldsymbol{W}}_1\|^2-\frac{\sigma_{11}}{2}\|\widetilde{\delta}_1\|^2+c_{10}$$

$$\leqslant -c_{11}V_1+c_{10}+e_2^2+[\beta_1(x_1)g_1(x_1)N(\zeta_1)+1]\dot{\zeta}_1 \tag{4.64}$$

其中，k_1^*、c_{10}、c_{11}为正常数，定义如下

$$k_1^*=k_1-\frac{1}{4},\ c_{10}=\frac{\sigma_{10}}{2}\|\boldsymbol{W}_1^*\|^2+\frac{\sigma_{11}}{2}\|\delta_1^*\|^2+\frac{1}{\upsilon_1}$$

$$c_{11}=\min\left\{2g_{10}k_1^*,\ \frac{\sigma_{10}}{\lambda_{\max}(\boldsymbol{\Gamma}_1^{-1})},\ \sigma_{11}\gamma_1\right\}$$

定义 $\varphi_1=c_{10}/c_{11}$，式(4.64)两边同乘以 $\mathrm{e}^{c_{11}t}$，并同时对 t 进行积分，则有

$$V_1(t)\leqslant \varphi_1+[V_1(0)-\varphi_1]\mathrm{e}^{-c_{11}t}+\mathrm{e}^{-c_{11}t}\int_0^t[(\beta_1(x_1)g_1(x_1)N(\zeta_1)+1)\mathrm{e}^{c_{11}\tau}]\dot{\zeta}_1\mathrm{d}\tau+$$
$$\mathrm{e}^{-c_{11}t}\int_0^t e_2^2\mathrm{e}^{c_{11}\tau}\mathrm{d}\tau$$
$$\leqslant \varphi_1+V_1(0)+\mathrm{e}^{-c_{11}t}\int_0^t[(\beta_1(x_1)g_1(x_1)N(\zeta_1)+1)\mathrm{e}^{c_{11}\tau}]\dot{\zeta}_1\mathrm{d}\tau+\mathrm{e}^{-c_{11}t}\int_0^t e_2^2\mathrm{e}^{c_{11}\tau}\mathrm{d}\tau \tag{4.65}$$

又由

$$\mathrm{e}^{-c_{11}t}\int_0^t e_2^2\mathrm{e}^{c_{11}\tau}\mathrm{d}\tau\leqslant \mathrm{e}^{-c_{11}t}\sup_{\tau\in[0,t]}[e_2^2(\tau)]\int_0^t\mathrm{e}^{c_{11}\tau}\mathrm{d}\tau\leqslant\frac{1}{c_{11}}\sup_{\tau\in[0,t]}[e_2^2(\tau)] \tag{4.66}$$

可知，若状态跟踪误差 e_2 有界，则式(6.20)中多余项 $\mathrm{e}^{-c_{11}t}\int_0^t e_2^2\mathrm{e}^{c_{11}\tau}\mathrm{d}\tau$ 亦有界。则由引理2.4可知，ζ_1、$V_1(t)$及$\int_0^t\beta_1(x_1)g_1(x_1)N(\zeta_1)\dot{\zeta}_1\mathrm{d}\tau$ 在区间$[0,t_f)$上有界。

第 i 步：对于 $2\leqslant i\leqslant n-1$，由闭环系统式(4.49)的第 i 阶子系统和状态跟踪误差 $e_i=x_i-\alpha_{i-1}$，$e_{i+1}=x_{i+1}-\alpha_i$，则 e_i 的动态方程为

$$\dot{e}_i=f_i(\bar{\boldsymbol{x}}_i)+g_i(\bar{\boldsymbol{x}}_i)(e_{i+1}+\alpha_i)+\Delta_i(t,\boldsymbol{x})-\dot{\alpha}_{i-1} \tag{4.67}$$

令 $\beta_i(\bar{\boldsymbol{x}}_i)=1/|g_i(\bar{\boldsymbol{x}}_i)|$，选择如下的积分型 Lyapunov 函数

$$V_{e_i}=\int_0^{e_i}\sigma\beta_i(\bar{\boldsymbol{x}}_{i-1},\sigma+\alpha_{i-1})\mathrm{d}\sigma \tag{4.68}$$

对 V_{e_i} 沿着式(4.67)求导可得

$$\dot{V}_{e_i}=\frac{\partial V_{e_i}}{\partial e_i}\dot{e}_i+\frac{\partial V_{e_i}}{\partial\bar{\boldsymbol{x}}_{i-1}}\dot{\bar{\boldsymbol{x}}}_{i-1}+\frac{\partial V_{e_i}}{\partial\alpha_{i-1}}\dot{\alpha}_{i-1}$$
$$=e_i\beta_i(\bar{\boldsymbol{x}}_i)\dot{e}_i+\int_0^{e_i}\sigma\frac{\partial\beta_i(\bar{\boldsymbol{x}}_{i-1},\sigma+\alpha_{i-1})}{\partial\bar{\boldsymbol{x}}_{i-1}}\dot{\bar{\boldsymbol{x}}}_{i-1}\mathrm{d}\sigma+\int_0^{e_i}\sigma\frac{\partial\beta_i(\bar{\boldsymbol{x}}_{i-1},\sigma+\alpha_{i-1})}{\partial\alpha_{i-1}}\dot{\alpha}_{i-1}\mathrm{d}\sigma$$
$$=e_i\beta_i(\bar{\boldsymbol{x}}_i)[f_i(\bar{\boldsymbol{x}}_i)+g_i(\bar{\boldsymbol{x}}_i)(e_{i+1}+\alpha_i)+\Delta_i(t,\boldsymbol{x})-\dot{\alpha}_{i-1}]+$$
$$e_i^2\dot{\bar{\boldsymbol{x}}}_{i-1}^{\mathrm{T}}\int_0^1\theta\frac{\partial\beta_i(\bar{\boldsymbol{x}}_{i-1},\theta e_i+\alpha_{i-1})}{\partial\bar{\boldsymbol{x}}_{i-1}}\mathrm{d}\theta+$$
$$\dot{\alpha}_{i-1}\left[\sigma\beta_i(\bar{\boldsymbol{x}}_{i-1},\sigma+\alpha_{i-1})\Big|_0^{e_i}-\int_0^{e_i}\beta_i(\bar{\boldsymbol{x}}_{i-1},\sigma+\alpha_{i-1})\mathrm{d}\sigma\right]$$
$$=e_i\beta_i(\bar{\boldsymbol{x}}_i)[f_i(\bar{\boldsymbol{x}}_i)+g_i(\bar{\boldsymbol{x}}_i)(e_{i+1}+\alpha_i)+\Delta_i(t,\boldsymbol{x})]+$$

$$e_i^2\dot{\boldsymbol{x}}_{i-1}^{\mathrm{T}}\int_0^1\theta\frac{\partial\beta_i(\bar{\boldsymbol{x}}_{i-1},\theta e_i+\alpha_{i-1})}{\partial\bar{\boldsymbol{x}}_{i-1}}\mathrm{d}\theta-e_i\dot{\alpha}_{i-1}\int_0^1\beta_i(\bar{\boldsymbol{x}}_{i-1},\theta e_i+\alpha_{i-1})\mathrm{d}\theta \tag{4.69}$$

其中，$\alpha_{i-1}=\alpha_{i-1}(\bar{\boldsymbol{x}}_{i-1}^{\mathrm{T}},\bar{\hat{\boldsymbol{W}}}_{i-1}^{\mathrm{T}},\bar{\hat{\boldsymbol{\delta}}}_{i-1}^{\mathrm{T}},\bar{\boldsymbol{x}}_{ri},\zeta_{i-1})$，$\bar{\hat{\boldsymbol{W}}}_{i-1}=[\hat{\boldsymbol{W}}_1^{\mathrm{T}},\hat{\boldsymbol{W}}_2^{T},\cdots,\hat{\boldsymbol{W}}_{i-1}^{\mathrm{T}}]^{\mathrm{T}}$，$\bar{\hat{\boldsymbol{\delta}}}_{i-1}=[\hat{\delta}_1,\hat{\delta}_2,\cdots,\hat{\delta}_{i-1}]^{\mathrm{T}}$。

期望虚拟控制 α_{i-1} 的导数为

$$\begin{aligned}\dot{\alpha}_{i-1}&=\sum_{j=1}^{i-1}\frac{\partial\alpha_{i-1}}{\partial x_j}\dot{x}_j+\bar{\omega}_{i-1}\\&=\sum_{j=1}^{i-1}\frac{\partial\alpha_{i-1}}{\partial x_j}[f_j(\bar{\boldsymbol{x}}_j)+g_j(\bar{\boldsymbol{x}}_j)x_{j+1}+\Delta_j(t,\boldsymbol{x})]+\bar{\omega}_{i-1}\end{aligned} \tag{4.70}$$

其中，$\bar{\omega}_{i-1}$是可以计算的中间变量，表示为

$$\bar{\omega}_{i-1}=\sum_{j=1}^{i-1}\frac{\partial\alpha_{i-1}}{\partial\hat{\boldsymbol{W}}_j}\dot{\hat{\boldsymbol{W}}}_j+\sum_{j=1}^{i-1}\frac{\partial\alpha_{i-1}}{\partial\hat{\delta}_j}\dot{\hat{\delta}}_j+\frac{\partial\alpha_{i-1}}{\partial\bar{\boldsymbol{x}}_{di}}\dot{\boldsymbol{x}}_{di}+\frac{\partial\alpha_{i-1}}{\partial\zeta_{i-1}}\zeta_{i-1}$$

于是，式(4.69)可转化为

$$\dot{V}_{e_i}=e_i\beta_i(\bar{\boldsymbol{x}}_i)g_i(\bar{\boldsymbol{x}}_i)e_{i+1}+e_i\beta_i(\bar{\boldsymbol{x}}_i)g_i(\bar{\boldsymbol{x}}_i)\alpha_i+e_i\beta_i(\bar{\boldsymbol{x}}_i)\Delta_i(t,\boldsymbol{x})+e_iH_i(\boldsymbol{Z}_i) \tag{4.71}$$

$$H_i(\boldsymbol{Z}_i)=\beta_i(\bar{\boldsymbol{x}}_i)f_i(\bar{\boldsymbol{x}}_i)+e_i\dot{\boldsymbol{x}}_{i-1}^{\mathrm{T}}\int_0^1\theta\frac{\partial\beta_i(\bar{\boldsymbol{x}}_{i-1},\theta e_i+\alpha_{i-1})}{\partial\bar{\boldsymbol{x}}_{i-1}}\mathrm{d}\theta-\dot{\alpha}_{i-1}\int_0^1\beta_i(\bar{\boldsymbol{x}}_{i-1},\theta e_i+\alpha_{i-1})\mathrm{d}\theta$$

$$\boldsymbol{Z}_i=\left[\bar{\boldsymbol{x}}_i^{\mathrm{T}},\alpha_{i-1},\frac{\partial\alpha_{i-1}}{\partial x_1},\cdots,\frac{\partial\alpha_{i-1}}{\partial x_{i-1}},\bar{\omega}_{i-1}\right]^{\mathrm{T}}\in\boldsymbol{\Omega}_{Z_i}\subset\mathbf{R}^{2i+1}\text{，}\boldsymbol{\Omega}_{Z_i}\text{是一个紧集。}$$

在紧集$\boldsymbol{\Omega}_{Z_i}\subset\mathbf{R}^{2i+1}$上，应用 RBF 神经网络 $h_i(\boldsymbol{Z}_i)=\boldsymbol{W}_i^{*\mathrm{T}}\boldsymbol{\xi}_i(\boldsymbol{Z}_i)+\varepsilon_i$ 逼近未知非线性函数 $H_i(\boldsymbol{Z}_i)$，神经网络逼近误差 ε_i 满足 $|\varepsilon_i|\leqslant\varepsilon_i^*$，$\varepsilon_i^*$ 为未知正常数，并由假设 4.10 和假设 4.11，有

$$\begin{aligned}\dot{V}_{e_i}&=e_i\beta_i(\bar{\boldsymbol{x}}_i)g_i(\bar{\boldsymbol{x}}_i)e_{i+1}+e_i\beta_i(\bar{\boldsymbol{x}}_i)g_i(\bar{\boldsymbol{x}}_i)\alpha_i+e_i\beta_i(\bar{\boldsymbol{x}}_i)\Delta_i(t,\boldsymbol{x})+e_i\boldsymbol{W}_i^{*\mathrm{T}}\boldsymbol{\xi}_i(\boldsymbol{Z}_i)+e_i\varepsilon_i\\&\leqslant e_i\beta_i(\bar{\boldsymbol{x}}_i)g_i(\bar{\boldsymbol{x}}_i)e_{i+1}+e_i\beta_i(\bar{\boldsymbol{x}}_i)g_i(\bar{\boldsymbol{x}}_i)\alpha_i+e_i\boldsymbol{W}_i^{*\mathrm{T}}\boldsymbol{\xi}_i(\boldsymbol{Z}_i)+|e_i|\left(\varepsilon_i^*+p_i^*\phi_i\frac{\bar{\boldsymbol{x}}_i}{g_{i0}}\right)\\&\leqslant e_i\beta_i(\bar{\boldsymbol{x}}_i)g_i(\bar{\boldsymbol{x}}_i)e_{i+1}+e_i\beta_i(\bar{\boldsymbol{x}}_i)g_i(\bar{\boldsymbol{x}}_i)\alpha_i+e_i\boldsymbol{W}_i^{*\mathrm{T}}\boldsymbol{\xi}_i(\boldsymbol{Z}_i)+|e_i|\delta_i^*\bar{\phi}_i(\bar{\boldsymbol{x}}_i)\end{aligned} \tag{4.72}$$

其中，$\delta_i^*=\max\{\varepsilon_i^*,p_i^*/g_{i0}\}$为未知正常数，$\bar{\phi}_i(\bar{\boldsymbol{x}}_i)=1+\phi_i(\bar{\boldsymbol{x}}_i)$为已知光滑函数。

定义第 i 阶子系统的 Lyapunov 函数为

$$V_i=V_{e_i}+\frac{1}{2}\tilde{\boldsymbol{W}}_i^{\mathrm{T}}\boldsymbol{\Gamma}_i^{-1}\tilde{\boldsymbol{W}}_i+\frac{1}{2\gamma_i}\tilde{\delta}_i^2 \tag{4.73}$$

其中，$\boldsymbol{\Gamma}_i=\boldsymbol{\Gamma}_i^{\mathrm{T}}>0$ 为自适应增益矩阵，$\gamma_i>0$ 为自适应增益系数。

设计第 i 阶子系统的期望虚拟控制和自适应律为

$$\begin{cases}\alpha_i=N(\zeta_i)\left[k_ie_i+\hat{\boldsymbol{W}}_i^{\mathrm{T}}\boldsymbol{\xi}_i(\boldsymbol{Z}_i)+\hat{\delta}_i\bar{\phi}_i(\bar{\boldsymbol{x}}_i)\dfrac{1-\exp(-\upsilon_i\hat{\delta}_i\bar{\phi}_i(\bar{\boldsymbol{x}}_i)e_i)}{1+\exp(-\upsilon_i\hat{\delta}_i\bar{\phi}_i(\bar{\boldsymbol{x}}_i)e_i)}\right]\\ \dot{\zeta}_i=k_ie_i^2+e_i\hat{\boldsymbol{W}}_i^{\mathrm{T}}\boldsymbol{\xi}_i(\boldsymbol{Z}_i)+e_i\hat{\delta}_i\bar{\phi}_i(\bar{\boldsymbol{x}}_i)\dfrac{1-\exp(-\upsilon_i\hat{\delta}_i\bar{\phi}_i(\bar{\boldsymbol{x}}_i)e_i)}{1+\exp(-\upsilon_i\hat{\delta}_i\bar{\phi}_i(\bar{\boldsymbol{x}}_i)e_i)}\\ \dot{\hat{\boldsymbol{W}}}_i=e_i\boldsymbol{\Gamma}_i\boldsymbol{\xi}_i(\boldsymbol{Z}_i)-\sigma_{i0}\boldsymbol{\Gamma}_i\hat{\boldsymbol{W}}_i\\ \dot{\hat{\delta}}_i=|e_i|\gamma_i\bar{\phi}_i(\bar{\boldsymbol{x}}_i)-\sigma_{i1}\gamma_i\hat{\delta}_i\end{cases} \tag{4.74}$$

其中，k_i、υ_i、σ_{i0}、σ_{i1}为设计参数，且$k_i>0$，$\upsilon_i>0$，$\sigma_{i0}>0$，$\sigma_{i1}>0$。

对V_i求导，并将式(4.72)、期望虚拟控制和自适应律式(4.74)代入，以下推导过程相似于第1步的计算方法和步骤，则有

$$V_i(t)\leqslant\varphi_i+V_i(0)+\mathrm{e}^{-c_{i1}t}\int_0^t[(\beta_i(\bar{\boldsymbol{x}}_i)g_i(\bar{\boldsymbol{x}}_i)N(\zeta_i)+1)\mathrm{e}^{c_{i1}\tau}]\dot{\zeta}_i\mathrm{d}\tau+\mathrm{e}^{-c_{i1}t}\int_0^t e_{i+1}^2\mathrm{e}^{c_{i1}\tau}\mathrm{d}\tau \tag{4.75}$$

其中，$\varphi_i=\dfrac{c_{i0}}{c_{i1}}$，$c_{i0}=\dfrac{\sigma_{i0}}{2}\|\boldsymbol{W}_i^*\|^2+\dfrac{\sigma_{i1}}{2}\|\delta_i^*\|^2+\dfrac{1}{\upsilon_i}$，$c_{i1}=\min\left\{2g_{i0}k_i^*,\ \dfrac{\sigma_{i0}}{\lambda_{\max}(\boldsymbol{\Gamma}_i^{-1})},\ \sigma_{i1}\gamma_i\right\}$，$k_i^*=k_i-\dfrac{1}{4}$为正常数。

由

$$\mathrm{e}^{-c_{i1}t}\int_0^t e_{i+1}^2\mathrm{e}^{c_{i1}\tau}\mathrm{d}\tau\leqslant\mathrm{e}^{-c_{i1}t}\sup_{\tau\in[0,\,t]}[e_{i+1}^2(\tau)]\int_0^t\mathrm{e}^{c_{i1}\tau}\mathrm{d}\tau\leqslant\frac{1}{c_{i1}}\sup_{\tau\in[0,\,t]}[e_{i+1}^2(\tau)] \tag{4.76}$$

可知，若状态跟踪误差e_{i+1}有界，则式(4.75)中多余项$\mathrm{e}^{-c_{i1}t}\int_0^t e_{i+1}^2\mathrm{e}^{c_{i1}\tau}\mathrm{d}\tau$亦有界。则由引理2.4可知，$\zeta_i$、$V_i(t)$及$\int_0^t\beta_i(\bar{\boldsymbol{x}}_i)g_i(\bar{\boldsymbol{x}}_i)N(\zeta_i)\dot{\zeta}_i\mathrm{d}\tau$在区间$[0,\,t_f)$上有界。

经过上述$n-1$步设计过程，得到$n-1$个期望虚拟控制α_i，$i=1,\,2,\,\cdots,\,n-1$，最后一步结合滑模变结构控制和积分Lyapunov方法设计最终的控制律u，以抑制未知齿隙非线性对系统性能的影响及提高系统的鲁棒性。

第n步：由闭环系统式(4.49)的第n阶子系统和状态跟踪误差$e_n=x_n-\alpha_{n-1}$，可得e_n的动态方程为

$$\dot{e}_n=f_n(\boldsymbol{x})+mg_n(\boldsymbol{x})u(t)+g_n(\boldsymbol{x})d_b(u(t))+\Delta_n(t,\,\boldsymbol{x})-\dot{\alpha}_{n-1} \tag{4.77}$$

定义滑模面

$$s=c_1e_1+c_2e_2+\cdots+c_{n-1}e_{n-1}+e_n \tag{4.78}$$

其中，c_1，c_2，$\cdots$，c_{n-1}为设计参数，使得多项式$p^{n-1}+c_{n-1}p^{n-2}+\cdots+c_2p+c_1$为Hurwitz稳定，$p$为Laplace算子。

对s求导可得

$$\dot{s}=f_n(\boldsymbol{x})+mg_n(\boldsymbol{x})u(t)+g_n(\boldsymbol{x})d_b(u(t))+\Delta_n(t,\,\boldsymbol{x})+\psi \tag{4.79}$$

其中，$\psi=\sum_{i=1}^{n-1}c_i\dot{e}_i-\dot{\alpha}_{n-1}$，期望虚拟控制$\alpha_{n-1}$导数为

$$\begin{aligned}\dot{\alpha}_{n-1}&=\sum_{j=1}^{n-1}\frac{\partial\alpha_{n-1}}{\partial x_j}\dot{x}_j+\bar{\omega}_{n-1}\\&=\sum_{j=1}^{n-1}\frac{\partial\alpha_{n-1}}{\partial x_j}[f_j(\bar{\boldsymbol{x}}_j)+g_j(\bar{\boldsymbol{x}}_j)x_{j+1}+\Delta_j(t,\,\boldsymbol{x})]+\bar{\omega}_{n-1}\end{aligned} \tag{4.80}$$

其中，$\bar{\omega}_{n-1}$是可以计算的中间变量，表示为

$$\bar{\omega}_{n-1}=\sum_{j=1}^{n-1}\frac{\partial\alpha_{n-1}}{\partial\hat{\boldsymbol{W}}_j}\dot{\hat{\boldsymbol{W}}}_j+\sum_{j=1}^{n-1}\frac{\partial\alpha_{n-1}}{\partial\hat{\delta}_j}\dot{\hat{\delta}}_j+\frac{\partial\alpha_{n-1}}{\partial\bar{\boldsymbol{x}}_{rn}}\bar{\boldsymbol{x}}_{rn}+\frac{\partial\alpha_{n-1}}{\partial\zeta_{n-1}}\dot{\zeta}_{n-1}$$

令$\beta_n(\boldsymbol{x})=1/|g_n(\boldsymbol{x})|$，选择如下的积分型Lyapunov函数

$$V_s=\int_0^s\sigma\beta_n(\bar{\boldsymbol{x}}_{n-1},\,\sigma+\psi_1)\mathrm{d}\sigma \tag{4.81}$$

其中，$\psi_1=\alpha_{n-1}-\sum_{i=1}^{n-1}c_ie_i$。

对 V_s 沿着式(4.79)求导，并由 $\frac{\partial\beta_n(\bar{\boldsymbol{x}}_{n-1},\sigma+\psi_1)}{\partial\psi_1}=\frac{\partial\beta_n(\bar{\boldsymbol{x}}_{n-1},\sigma+\psi_1)}{\partial\sigma}$ 可得

$$
\begin{aligned}
\dot{V}_s&=\frac{\partial V_s}{\partial s}\dot{s}+\frac{\partial V_s}{\partial\bar{\boldsymbol{x}}_{n-1}}\dot{\bar{\boldsymbol{x}}}_{n-1}+\frac{\partial V_s}{\partial\psi_1}\dot{\psi}_1\\
&=s\beta_n(\boldsymbol{x})\dot{s}+\int_0^s\sigma\frac{\partial\beta_n(\bar{\boldsymbol{x}}_{n-1},\sigma+\psi_1)}{\partial\bar{\boldsymbol{x}}_{n-1}}\dot{\bar{\boldsymbol{x}}}_{n-1}\mathrm{d}\sigma+\int_0^s\sigma\frac{\partial\beta_n(\bar{\boldsymbol{x}}_{n-1},\sigma+\psi_1)}{\partial\psi_1}\dot{\psi}_1\mathrm{d}\sigma\\
&=s\beta_n(\boldsymbol{x})[f_n(\boldsymbol{x})+mg_n(\boldsymbol{x})u(t)+g_n(\boldsymbol{x})d_b(u(t))+\Delta_n(t,\boldsymbol{x})+\psi]+\\
&\quad s^2\dot{\bar{\boldsymbol{x}}}_{n-1}^{\mathrm{T}}\int_0^1\theta\frac{\partial\beta_n(\bar{\boldsymbol{x}}_{n-1},\theta s+\psi_1)}{\partial\bar{\boldsymbol{x}}_{n-1}}\mathrm{d}\theta+\\
&\quad\dot{\psi}_1\left[\sigma\beta_n(\bar{\boldsymbol{x}}_{n-1},\sigma+\psi_1)\Big|_0^s-s\int_0^1\beta_n(\bar{\boldsymbol{x}}_{n-1},\theta s+\psi_1)\mathrm{d}\theta\right]\\
&=s\beta_n(\boldsymbol{x})[f_n(\boldsymbol{x})+mg_n(\boldsymbol{x})u(t)+g_n(\boldsymbol{x})d_b(u(t))+\Delta_n(t,\boldsymbol{x})+\psi]+\\
&\quad s^2\dot{\bar{\boldsymbol{x}}}_{n-1}^{\mathrm{T}}\int_0^1\theta\frac{\partial\beta_n(\bar{\boldsymbol{x}}_{n-1},\theta s+\psi_1)}{\partial\bar{\boldsymbol{x}}_{n-1}}\mathrm{d}\theta+\dot{\psi}_1s\beta_n(\boldsymbol{x})-\dot{\psi}_1s\int_0^1\beta_n(\bar{\boldsymbol{x}}_{n-1},\theta s+\psi_1)\mathrm{d}\theta
\end{aligned}
\tag{4.82}
$$

由 $\psi=-\dot{\psi}_1$ 可得

$$
\begin{aligned}
\dot{V}_s&=s\beta_n(\boldsymbol{x})[f_n(\boldsymbol{x})+mg_n(\boldsymbol{x})u(t)+g_n(\boldsymbol{x})d_b(u(t))+\Delta_n(t,\boldsymbol{x})]+\\
&\quad s^2\dot{\bar{\boldsymbol{x}}}_{n-1}^{\mathrm{T}}\int_0^1\theta\frac{\partial\beta_n(\bar{\boldsymbol{x}}_{n-1},\theta s+\psi_1)}{\partial\bar{\boldsymbol{x}}_{n-1}}\mathrm{d}\theta+s\psi\int_0^1\beta_n(\bar{\boldsymbol{x}}_{n-1},\theta s+\psi_1)\mathrm{d}\theta\\
&=sm\beta_n(\boldsymbol{x})g_n(\boldsymbol{x})u(t)+s\beta_n(\boldsymbol{x})g_n(\boldsymbol{x})d_b(u(t))+\\
&\quad s\beta_n(\boldsymbol{x})\Delta_n(t,\boldsymbol{x})+sH_n(\boldsymbol{Z}_n)
\end{aligned}
\tag{4.83}
$$

其中 $H_n(\boldsymbol{Z}_n)=\beta_n(\boldsymbol{x})f_n(\boldsymbol{x})+s\dot{\bar{\boldsymbol{x}}}_{n-1}^{\mathrm{T}}\int_0^1\theta\frac{\partial\beta_n(\bar{\boldsymbol{x}}_{n-1},\theta s+\psi_1)}{\partial\bar{\boldsymbol{x}}_{n-1}}\mathrm{d}\theta+\psi\int_0^1\beta_n(\bar{\boldsymbol{x}}_{n-1},\theta s+\psi_1)\mathrm{d}\theta$，$\boldsymbol{Z}_n=[\boldsymbol{x}^{\mathrm{T}},s,\psi,\psi_1]^{\mathrm{T}}\in\boldsymbol{\Omega}_{Z_n}\subset\mathbf{R}^{n+3}$，$\boldsymbol{\Omega}_{Z_n}$ 是一个紧集。

在紧集 $\boldsymbol{\Omega}_{Z_n}\subset\mathbf{R}^{n+3}$ 上，应用 RBF 神经网络 $h_n(\boldsymbol{Z}_n)=\boldsymbol{W}_n^{*\mathrm{T}}\boldsymbol{\xi}_n(\boldsymbol{Z}_n)+\varepsilon_n$ 逼近未知非线性函数 $H_n(\boldsymbol{Z}_n)$，神经网络逼近误差 ε_n 满足 $|\varepsilon_n|\leqslant\varepsilon_n^*$，$\varepsilon_n^*$ 为未知正常数，并由假设 4.9～假设 4.11，可得

$$
\begin{aligned}
\dot{V}_s&=sm\beta_n(\boldsymbol{x})g_n(\boldsymbol{x})u(t)+s\beta_n(\boldsymbol{x})g_n(\boldsymbol{x})d_b(u(t))+s\beta_n(\boldsymbol{x})\Delta_n(t,\boldsymbol{x})+s\boldsymbol{W}_n^{*\mathrm{T}}\boldsymbol{\xi}_n(\boldsymbol{Z}_n)+s\varepsilon_n\\
&\leqslant sm\beta_n(\boldsymbol{x})g_n(\boldsymbol{x})u(t)+s\boldsymbol{W}_n^{*\mathrm{T}}\boldsymbol{\xi}_n(\boldsymbol{Z}_n)+|s|(\varepsilon_n^*+p_0^*+p_n^*\phi_n(\boldsymbol{x})/g_{n0})\\
&\leqslant sm\beta_n(\boldsymbol{x})g_n(\boldsymbol{x})u(t)+s\boldsymbol{W}_n^{*\mathrm{T}}\boldsymbol{\xi}_n(\boldsymbol{Z}_n)+|s|\delta_n^*\bar{\phi}_n(\boldsymbol{x})
\end{aligned}
\tag{4.84}
$$

其中，$\delta_n^*=\max\{\varepsilon_n^*+p_0^*,\ p_n^*/g_{n0}\}$ 为未知正常数，$\bar{\phi}_n(\boldsymbol{x})=1+\phi_n(\boldsymbol{x})$ 为已知光滑函数。

定义第 n 阶子系统的 Lyapunov 函数为

$$
V_n=V_s+\frac{1}{2}\widetilde{\boldsymbol{W}}_n^{\mathrm{T}}\boldsymbol{\Gamma}_n^{-1}\widetilde{\boldsymbol{W}}_n+\frac{1}{2\gamma_n}\tilde{\delta}_n^2
\tag{4.85}
$$

其中，$\boldsymbol{\Gamma}_n=\boldsymbol{\Gamma}_n^{\mathrm{T}}>0$ 为自适应增益矩阵，$\gamma_n>0$ 为自适应增益系数。

对 V_n 求导，并将式(4.84)代入可得

$$\dot{V}_n \leqslant sm\beta_n(\boldsymbol{x})g_n(\boldsymbol{x})u(t)+s\boldsymbol{W}_n^{*\mathrm{T}}\boldsymbol{\xi}_n(\boldsymbol{Z}_n)+|s|\delta_n^*\bar{\phi}_n(\boldsymbol{x})+\tilde{\boldsymbol{W}}_n^{\mathrm{T}}\boldsymbol{\Gamma}_n^{-1}\dot{\hat{\boldsymbol{W}}}_n+\gamma_n^{-1}\tilde{\delta}_n\dot{\hat{\delta}}_n \tag{4.86}$$

设计实际控制律和自适应律为

$$\begin{cases} u=N(\zeta_n)\left[k_n s+\hat{\boldsymbol{W}}_n^{\mathrm{T}}\boldsymbol{\xi}_n(\boldsymbol{Z}_n)+\hat{\delta}_n\bar{\phi}_n(\boldsymbol{x})\dfrac{1-\exp(-\upsilon_n\hat{\delta}_n\bar{\phi}_n(\boldsymbol{x})s)}{1+\exp(-\upsilon_n\hat{\delta}_n\bar{\phi}_n(\boldsymbol{x})s)}\right] \\ \dot{\zeta}_n=k_n s^2+s\hat{\boldsymbol{W}}_n^{\mathrm{T}}\boldsymbol{\xi}_n(\boldsymbol{Z}_n)+s\hat{\delta}_n\bar{\phi}_n(\boldsymbol{x})\dfrac{1-\exp(-\upsilon_n\hat{\delta}_n\bar{\phi}_n(\boldsymbol{x})s)}{1+\exp(-\upsilon_n\hat{\delta}_n\bar{\phi}_n(\boldsymbol{x})s)} \\ \dot{\hat{\boldsymbol{W}}}_n=s\boldsymbol{\Gamma}_n\boldsymbol{\xi}_n(\boldsymbol{Z}_n)-\sigma_{n0}\boldsymbol{\Gamma}_n\hat{\boldsymbol{W}}_n \\ \dot{\hat{\delta}}_n=|s|\gamma_n\bar{\phi}_n(\boldsymbol{x})-\sigma_{n1}\gamma_n\hat{\delta}_n \end{cases} \tag{4.87}$$

其中，k_n、υ_n、σ_{n0}、σ_{n1}为设计参数，且 $k_n>0$，$\upsilon_n>0$，$\sigma_{n0}>0$，$\sigma_{n1}>0$。

将实际控制律 u 代入式(4.86)，并在其右边同时加减 $\dot{\zeta}_n$，则有

$$\begin{aligned} \dot{V}_n \leqslant & -k_n s^2+m\beta_n(\boldsymbol{x})g_n(\boldsymbol{x})N(\zeta_n)\dot{\zeta}_n+\dot{\zeta}_n+|s|\hat{\delta}_n\bar{\phi}_n(\boldsymbol{x})- \\ & s\hat{\delta}_n\bar{\phi}_n(\boldsymbol{x})\frac{1-\exp(-\upsilon_n\hat{\delta}_n\bar{\phi}_n(\boldsymbol{x})s)}{1+\exp(-\upsilon_n\hat{\delta}_n\bar{\phi}_n(\boldsymbol{x})s)}+\tilde{\boldsymbol{W}}_n^{\mathrm{T}}\boldsymbol{\Gamma}_n^{-1}[\dot{\hat{\boldsymbol{W}}}_n-s\boldsymbol{\Gamma}_n\boldsymbol{\xi}_n(\boldsymbol{Z}_n)]+ \\ & \gamma_n^{-1}\tilde{\delta}_n[\dot{\hat{\delta}}_n-|s|\gamma_n\bar{\phi}_n(\boldsymbol{x})] \end{aligned} \tag{4.88}$$

将自适应律$\dot{\hat{\boldsymbol{W}}}_n$ 和$\dot{\hat{\delta}}_n$ 代入式(4.88)，并由界化不等式

$$|s|\hat{\delta}_n\bar{\phi}_n(\boldsymbol{x})-s\hat{\delta}_n\bar{\phi}_n(\boldsymbol{x})\frac{1-\exp(-\upsilon_n\hat{\delta}_n\bar{\phi}_n(\boldsymbol{x})s)}{1+\exp(-\upsilon_n\hat{\delta}_n\bar{\phi}_n(\boldsymbol{x})s)}\leqslant\frac{1}{\upsilon_n}$$

可得

$$\dot{V}_n\leqslant -k_n s^2+m\beta_n(\boldsymbol{x})g_n(\boldsymbol{x})N(\zeta_n)\dot{\zeta}_n+\dot{\zeta}_n+\frac{1}{\upsilon_n}-\sigma_{n0}\tilde{\boldsymbol{W}}_n^{\mathrm{T}}\hat{\boldsymbol{W}}_n-\sigma_{n1}\tilde{\delta}_n\hat{\delta}_n \tag{4.89}$$

相似于前 i 步设计，配平方可得不等式$-\sigma_{n0}\tilde{\boldsymbol{W}}_n^{\mathrm{T}}\hat{\boldsymbol{W}}_n\leqslant\frac{\sigma_{n0}}{2}\|\boldsymbol{W}_n^*\|^2-\frac{\sigma_{n0}}{2}\|\tilde{\boldsymbol{W}}_n\|^2$ 和 $-\sigma_{n1}\tilde{\delta}_n\hat{\delta}_n\leqslant\frac{\sigma_{n1}}{2}\|\delta_n^*\|^2-\frac{\sigma_{n1}}{2}\|\tilde{\delta}_n\|^2$，并将其代入式(4.89)，则有

$$\begin{aligned} \dot{V}_n & \leqslant -k_n^* s^2+m\beta_n(\boldsymbol{x})g_n(\boldsymbol{x})N(\zeta_n)\dot{\zeta}_n+\dot{\zeta}_n-\frac{\sigma_{n0}}{2}\|\tilde{\boldsymbol{W}}_n\|^2-\frac{\sigma_{n1}}{2}\|\tilde{\delta}_n\|^2+c_{n0} \\ & \leqslant -c_{n1}V_n+c_{n0}+[m\beta_n(\boldsymbol{x})g_n(\boldsymbol{x})N(\zeta_n)+1]\dot{\zeta}_n \end{aligned} \tag{4.90}$$

其中，k_n^*、c_{n0}、c_{n1}为正常数，定义为

$$k_n^*=k_n$$

$$c_{n0}=\frac{\sigma_{n0}}{2}\|\boldsymbol{W}_n^*\|^2+\frac{\sigma_{n1}}{2}\|\delta_n^*\|^2+\frac{1}{\upsilon_n}$$

$$c_{n1}=\min\left\{2g_{n0}k_n^*,\ \frac{\sigma_{n0}}{\lambda_{\max}(\boldsymbol{\Gamma}_n^{-1})}\sigma_{n1}\gamma_n\right\}$$

定义 $\varphi_n=c_{n0}/c_{n1}$，将式(4.90)两边同乘以 $\mathrm{e}^{c_{n1}t}$，并同时对 t 进行积分，则有

$$V_n(t) \leqslant \varphi_n + [V_n(0) - \varphi_n]\mathrm{e}^{-c_{n1}t} + \mathrm{e}^{-c_{n1}t}\int_0^t [(m\beta_n(\boldsymbol{x})g_n(\boldsymbol{x})N(\zeta_n)+1)\mathrm{e}^{c_{n1}\tau}]\dot{\zeta}_n \mathrm{d}\tau$$

$$\leqslant \varphi_n + V_n(0) + \mathrm{e}^{-c_{n1}t}\int_0^t [(m\beta_n(\boldsymbol{x})g_n(\boldsymbol{x})N(\zeta_n)+1)\mathrm{e}^{c_{n1}\tau}]\dot{\zeta}_n \mathrm{d}\tau \tag{4.91}$$

由假设 4.9 可知 $m \in [m_{\min}, m_{\max}]$，此时由引理 2.4 可知，$\zeta_n$、$V_n(t)$ 及 $\int_0^t m\beta_n(\boldsymbol{x})g_n(\boldsymbol{x})N(\zeta_n)\dot{\zeta}_n \mathrm{d}\tau$ 在区间$[0, t_f)$上有界，则 s、$\hat{\boldsymbol{W}}_n$、$\hat{\delta}_n$ 在区间$[0, t_f)$上半全局一致且终结有界。由 s 有界，可知 e_i，$i=1, 2, \cdots, n$ 均有界。

由 e_n 有界，可知式(4.75)中多余项 $\mathrm{e}^{-c_{n-1,1}t}\int_0^t e_n^2 \mathrm{e}^{c_{n-1,1}\tau}\mathrm{d}\tau$ 亦有界。因此，如此向前$(n-1)$次应用引理 2.4 可知，$V_i(t)$，e_i，$\hat{\boldsymbol{W}}_i$，$\hat{\delta}_i$，$i=1, 2, \cdots, n-1$ 在区间$[0, t_f)$上均为半全局一致且终结有界。

2. 稳定性分析

定理 4.2：在假设 4.7～假设 4.12 的条件下，考虑一类含有未知输入齿隙且虚拟控制系数和控制增益完全未知的不确定非线性系统式(4.46)，对于给定的有界初始条件，设计自适应神经网络反演滑模变结构控制律和自适应律式(4.59)、式(4.74)和式(4.87)，使得闭环系统所有信号半全局一致且终结有界，并且对于任意给定的 $\rho>0$，选择适当的设计参数，跟踪误差 $e=y-y_r$ 最终收敛到 $\lim\limits_{t\to\infty}|e|\leqslant\rho$，向量 $\boldsymbol{Z}=[\boldsymbol{Z}_1^{\mathrm{T}}, \boldsymbol{Z}_2^{\mathrm{T}}, \cdots, \boldsymbol{Z}_n^{\mathrm{T}}]^{\mathrm{T}}$ 收敛到紧集 $\boldsymbol{\Omega}_Z=\boldsymbol{\Omega}_{Z_1}\cup\boldsymbol{\Omega}_{Z_2}\cup\cdots\cup\boldsymbol{\Omega}_{Z_n}$ 内：

$$\boldsymbol{\Omega}_Z=\left\{\boldsymbol{Z}\,\middle|\,|e_i|\leqslant\rho_i,\ |s|\leqslant\rho_n,\ \|\tilde{\boldsymbol{W}}_i\|^2\leqslant\frac{2C_i}{\lambda_{\min}(\boldsymbol{\Gamma}_i^{-1})},\ \|\tilde{\delta}_i\|^2\leqslant 2\gamma_i C_i,\ \bar{\boldsymbol{x}}_{ri}\in\boldsymbol{\Omega}_{ri}\right\}$$

其中，$\rho_i>0$，$C_i>0$，$i=1, 2, \cdots, n$ 依赖于初始条件且可以通过选择适当的设计参数进行调节。

证明：由式(4.91)应用引理 2.4 可知存在上界 c_{β_n} 为

$$\int_0^t |m\beta_n(\boldsymbol{x})g_n(\boldsymbol{x})N(\zeta_n)+1|\dot{\zeta}_n \mathrm{e}^{-c_{n1}(t-\tau)}\mathrm{d}\tau \leqslant c_{\beta_n} \tag{4.92}$$

由式(4.91)和式(4.92)可得

$$\frac{1}{2g_{n1}}s^2\leqslant V_n(t)\leqslant\varphi_n+c_{\beta_n}+V_n(0)=C_n \tag{4.93}$$

$$\|\tilde{\boldsymbol{W}}_n\|^2\leqslant\frac{2C_n}{\lambda_{\min}(\boldsymbol{\Gamma}_n^{-1})},\ \|\tilde{\delta}_n\|^2\leqslant 2\gamma_n C_n \tag{4.94}$$

由式(4.93)和式(4.94)可知 $V_n(t)$有界，则 s、$\hat{\boldsymbol{W}}_n$、$\hat{\delta}_n$ 有界。由 s 有界，则状态跟踪误差 e_i，$i=1, 2, \cdots, n$ 均有界，定义上界 c_{β_i} 为

$$\int_0^t |\beta_i(\bar{\boldsymbol{x}}_i)g_i(\bar{\boldsymbol{x}}_i)N(\zeta_i)+1|\dot{\zeta}_i \mathrm{e}^{-c_{i1}(t-\tau)}\mathrm{d}\tau+\int_0^t |e_{i+1}^2|\mathrm{e}^{-c_{i1}(t-\tau)}\mathrm{d}\tau\leqslant c_{\beta_i} \tag{4.95}$$

由式(4.73)、式(4.75)和式(4.95)可得

$$\frac{1}{2g_{i1}}e_i^2\leqslant V_i(t)\leqslant\varphi_i+c_{\beta_i}+V_i(0)=C_i \tag{4.96}$$

$$\|\tilde{\boldsymbol{W}}_i\|^2\leqslant\frac{2C_i}{\lambda_{\min}(\boldsymbol{\Gamma}_i^{-1})},\ \|\tilde{\delta}_i\|^2\leqslant 2\gamma_i C_i \tag{4.97}$$

由式(4.96)和式(4.97)可知 $V_i(t)$，$\hat{\boldsymbol{W}}_i$，$\hat{\delta}_i$，$i=1, 2, \cdots, n-1$ 有界。

令 $\rho_i=\sqrt{2g_{i1}(\varphi_i+c_{\beta_i}+V_i(0))}=\sqrt{2g_{i1}C_i}$，$i=1, 2, \cdots, n$，则有 $|e_i|\leqslant\rho_i$，$i=1, 2, \cdots, n-1$，$|s|\leqslant\rho_n$。

由 $e_1=x_1-y_r$ 和 y_r 有界，可知状态 x_1 有界；根据式(4.59)可知期望虚拟控制 α_1 为有界信号 e_1、$\hat{\boldsymbol{W}}_1$、$\hat{\delta}_1$ 的函数，则 α_1 及 $\dot{\alpha}_1$ 有界；又根据式 $e_2=x_2-\alpha_1$ 有界可知状态 x_2 有界；以此类推，闭环系统所有状态均有界。

由式(4.52)、式(4.65)的第一个不等式和式(4.96)可得

$$\begin{aligned} e_1^2 &\leqslant 2g_{11}\int_0^{e_1}\sigma\beta_1(\sigma+y_r)\mathrm{d}\sigma \\ &\leqslant 2g_{11}V_1(t)\leqslant 2g_{11}(\varphi_1+V_1(0)\mathrm{e}^{-c_{11}t}+c_{\beta_1}) \end{aligned} \tag{4.98}$$

注意到 k_i、υ_i、c_i、σ_{i0}、σ_{i1}、$\boldsymbol{\Gamma}_i$ 和 γ_i 为给定的设计参数，$\boldsymbol{W}_i^*$、δ_i^*、g_{i0} 和 g_{i1} 为常数，因此，对于任意给定的 $\rho>\sqrt{2g_{11}(\varphi_1+c_{\beta_1})}>0$，可以通过选择适当的设计参数使得对于所有 $t\geqslant t_0+T$ 和正常数 T，跟踪误差 $e=y-y_r=x_1-y_r=e_1$ 满足 $\lim\limits_{t\to\infty}|e|\leqslant\rho$。

4.3.3 仿真算例

考虑如下不确定非线性系统：

$$\begin{cases} \dot{x}_1=x_1\mathrm{e}^{-0.5x_1}+(1+x_1^2)x_2+0.7x_1^2\sin(1.5t) \\ \dot{x}_2=x_1x_2^2+[3+\cos(x_1x_2)]\nu+0.5(x_1^2+x_2^2)\sin^3(t) \\ y=x_1 \end{cases} \tag{4.99}$$

实际齿隙模型描述为

$$\nu=B(u)=\begin{cases} 1.2(u-0.5), & \dot{u}>0 \text{ 且 } \nu=1.2(u-0.5) \\ 1.2(u+0.8), & \dot{u}<0 \text{ 且 } \nu=1.2(u+0.8) \\ \nu(t_-), & \text{其他} \end{cases} \tag{4.100}$$

仿真中选择 RBF 神经网络：神经网络 $\hat{\boldsymbol{W}}_1^{\mathrm{T}}\boldsymbol{\xi}_1(\boldsymbol{Z}_1)$ 包含 $l_1=27$ 个节点，中心 $\boldsymbol{\mu}_i(i=1, 2, \cdots, l_1)$ 均匀分布在$[-4, 4]\times[-4, 4]\times[-4, 4]$区间内，宽度 $\eta_i=2(i=1, 2, \cdots, l_1)$；神经网络 $\hat{\boldsymbol{W}}_2^{\mathrm{T}}\boldsymbol{\xi}_2(\boldsymbol{Z}_2)$ 包含 $l_2=243$ 个节点，中心 $\boldsymbol{\mu}_i(i=1, 2, \cdots, l_2)$ 均匀分布在$[-6, 6]\times[-4, 4]\times[-4, 4]\times[-4, 4]\times[-4, 4]$区间内，宽度 $\eta_i=2(i=1, 2, \cdots, l_2)$。

系统参考轨迹 $y_r=0.5[\sin(3t)+\sin(5t)]$，初始状态 $\boldsymbol{x}_0=[0, 0]^{\mathrm{T}}$，已知非线性函数 $\phi_1(x_1)=x_1^2$，$\phi_2(x_1, x_2)=x_1^2+x_2^2$，齿隙模型参数取值范围为：$m\in[0.5, 1.8]$，$mB_r\in[0.1, 1.2]$，$mB_l\in[-1.5, -0.5]$，神经网络权值初值 $\hat{\boldsymbol{W}}_1(0)=\boldsymbol{0}$，$\hat{\boldsymbol{W}}_2(0)=\boldsymbol{0}$，自适应参数初值 $\hat{\delta}_1(0)=\hat{\delta}_2(0)=0$，$\zeta_1(0)=\zeta_2(0)=0$，Nussbaum 函数 $N(\zeta_i)=\mathrm{e}^{\zeta_i^2}\cos((\pi/2)\zeta_i)$，$i=1, 2$。选择设计参数为：$\boldsymbol{\Gamma}_1=\mathrm{diag}[0.2]$，$\boldsymbol{\Gamma}_2=\mathrm{diag}[0.2]$，$\gamma_1=\gamma_2=0.2$，$\sigma_{10}=\sigma_{11}=\sigma_{20}=\sigma_{21}=0.5$，$k_1=k_2=3$，$\upsilon_1=\upsilon_2=10$，$c_1=2.5$。仿真结果如图 4.7～图 4.13 所示。图 4.7 为系统输出 y 和参考轨迹 y_r 仿真曲线。图 4.8 为系统状态变量 x_2 有界轨迹。图 4.9 为系统控制输入 u 有界轨迹。图 4.10 为神经网络权值范数 $\|\hat{\boldsymbol{W}}_1\|$ 和 $\|\hat{\boldsymbol{W}}_2\|$ 有界轨迹。图 4.11 为自适应参数 $\hat{\delta}_1$ 和 $\hat{\delta}_2$ 有界轨迹。图 4.12 为自适应参数 ζ_1 和 Nussbaum 增益 $N(\zeta_1)$ 有界轨迹。图 4.13

为自适应参数 ζ_2 和 Nussbaum 增益 $N(\zeta_2)$ 有界轨迹。可以看出，采用本节提出的控制方案，当 $t=2$ s 后系统输出 y 稳定跟踪给定参考轨迹 y_r，且闭环系统所有状态均有界。

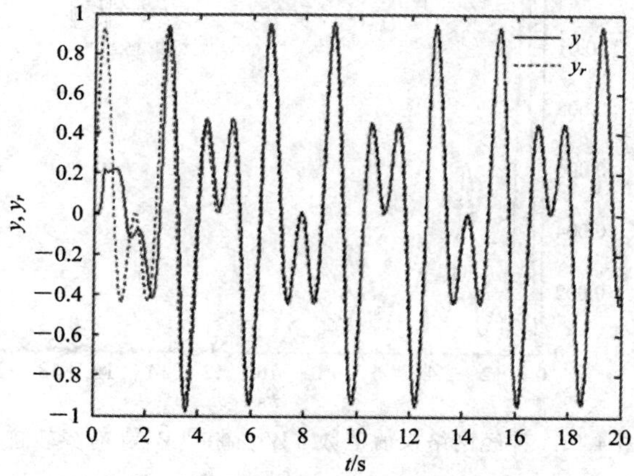

图 4.7　系统输出 y 和参考轨迹 y_r 仿真曲线

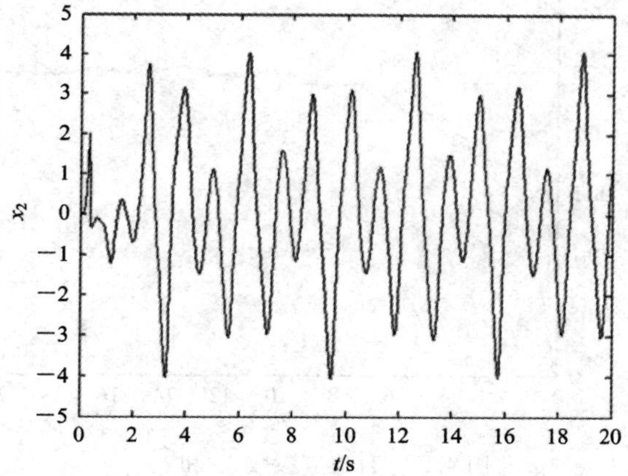

图 4.8　系统状态变量 x_2 有界轨迹

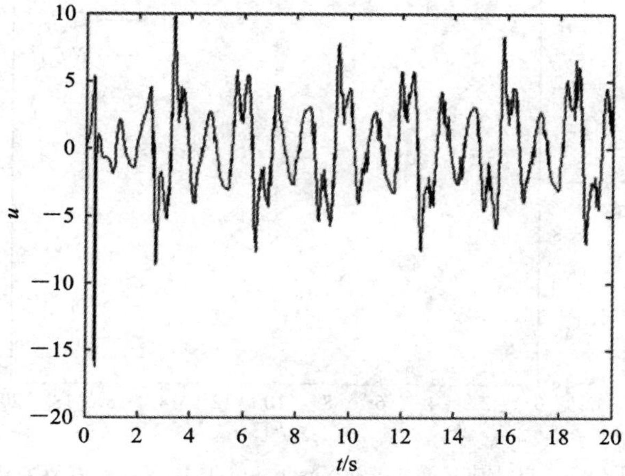

图 4.9　系统控制输入 u 有界轨迹

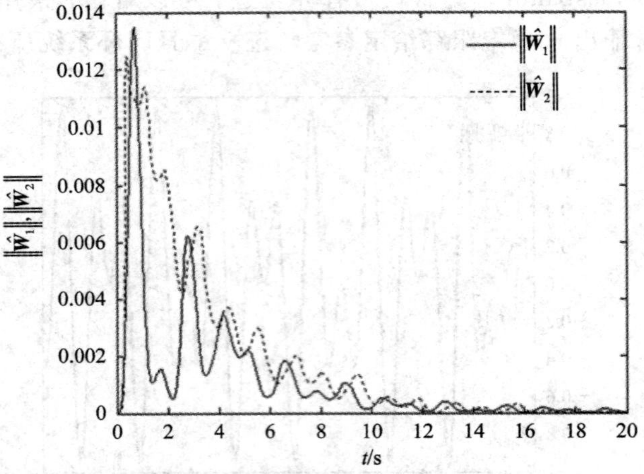

图 4.10 神经网络权值范数 $\|\hat{W}_1\|$ 和 $\|\hat{W}_2\|$ 有界轨迹

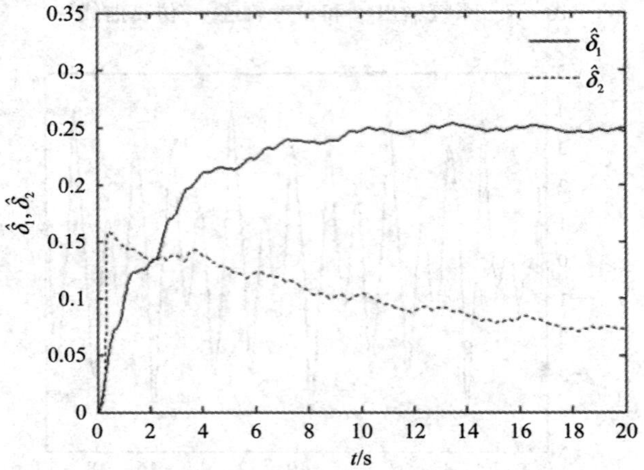

图 4.11 自适应参数 $\hat{\delta}_1$ 和 $\hat{\delta}_2$

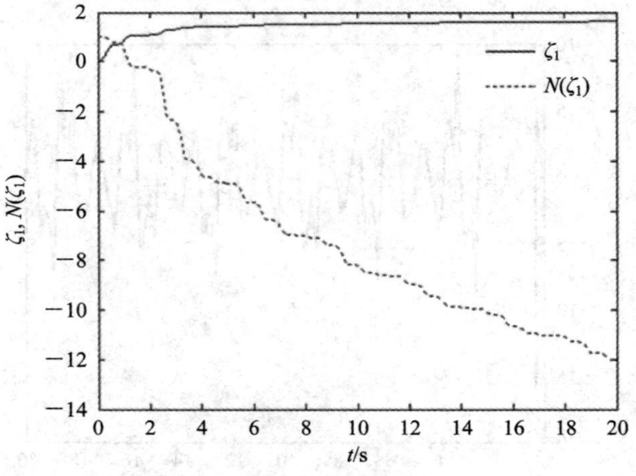

图 4.12 自适应参数 ζ_1 和 Nussbaum 增益 $N(\zeta_1)$有界轨迹

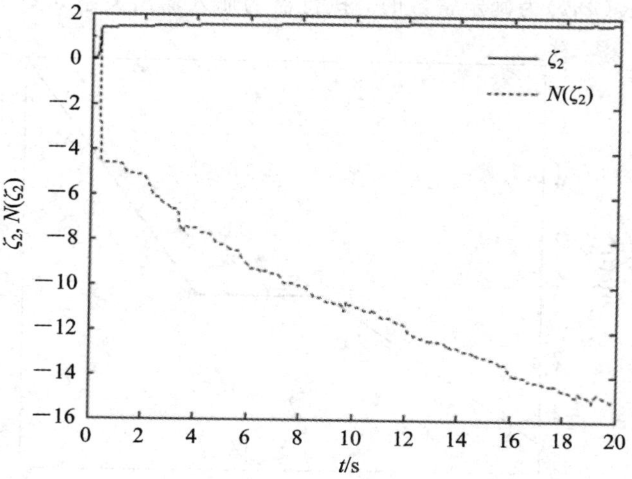

图 4.13　自适应参数 ζ_2 和 Nussbaum 增益 $N(\zeta_2)$有界轨迹

4.4　具有执行器叠加非线性约束的自适应多滑模反演控制

4.4.1　问题描述

本节借鉴模型分解的思路，建立能够描述死区、饱和、齿隙和滞回等多种非线性特征的统一执行器模型，使在此基础上设计的控制器具有鲁棒性。具有不确定非线性特征的执行器输入输出模型可以表示为

$$\nu(u(t))=\varphi(u,t)u(t)+d(t) \tag{4.101}$$

其中，$\nu(u(t))$为具有不确定非线性特征的执行器输出，$u(t)$为执行器的输入控制信号，$\varphi(u,t)$为表示非线性执行器输入输出关系的系数函数，且 $\varphi(u,t)>0$，$d(t)$为时变扰动，可以看作模型的建模误差。当系数函数 $\varphi(u,t)$和建模误差 $d(t)$取不同值时，执行器模型可以描述执行器不同类型的非线性特征，具有不确定系数函数的执行器模型便可以描述具有不确定非线性特征的执行器输入输出关系。

1. 具有死区非线性约束的执行器模型

输入为 $u(t)$、输出为 $\nu(u(t))$的具有死区非线性特征执行器模型描述为

$$\nu(u(t))=\begin{cases}\varphi_r(u,t)(u(t)-u_r), & u(t)>u_r \\ 0, & -u_l\leqslant u(t)\leqslant u_r \\ \varphi_l(u,t)(u(t)+u_l), & u(t)<-u_l\end{cases} \tag{4.102}$$

假设 4.13：存在未知正常数 φ_0 和 φ_1，使得死区倾斜度 $\varphi_r(u,t)$和 $\varphi_l(u,t)$满足

$$0<\varphi_0\leqslant\varphi_r(u,\ t),\ \varphi_l(u,t)\leqslant\varphi_1 \tag{4.103}$$

当 $\varphi_r(u,t)$ 和 $\varphi_l(u,t)$ 为确定常数时，执行器的输入输出关系如图 4.14 所示。

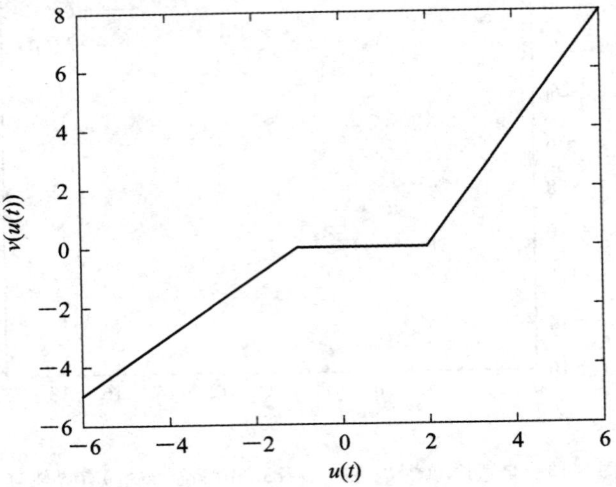

图 4.14　不对称死区非线性执行器输入输出关系

因此，若模型式(4.101)中参数取值为

$$\varphi(u,t)=\begin{cases}\varphi_r(u,t), & u(t)>u_r\\ \varphi_r(u_r), & 0\leqslant u(t)\leqslant u_r\\ \varphi_l(u_l), & -u_l\leqslant u(t)<0\\ \varphi_l(u,t), & u(t)<-u_l\end{cases}\tag{4.104}$$

$$d(t)=\begin{cases}-u_r\varphi_r(u,t), & u(t)>u_r\\ -u(t)\varphi_r(u_r), & 0\leqslant u(t)\leqslant u_r\\ -u(t)\varphi_l(u_l), & -u_l\leqslant u(t)<0\\ u_l\varphi_l(u,t), & u(t)<-u_l\end{cases}\tag{4.105}$$

其中，$\varphi_r(u_r)$ 和 $\varphi_l(u_l)$ 为有界正常量，则模型式(4.101)表示执行器具有死区非线性时的输入输出关系。

可以看出，建模误差 $d(t)$ 有界

$$|d(t)|\leqslant\max\{|u(t)\varphi_l(u_l)|,|u(t)\varphi_r(u_r)|,|u_r\varphi_1|,|u_l\varphi_1|\}\tag{4.106}$$

2. 具有齿隙非线性约束的执行器模型

输入为 $u(t)$，输出为 $\nu(u(t))$ 的具有齿隙非线性特征执行器模型描述为

$$\nu(u(t))=\begin{cases}m(u(t)-B_r), & \dot{u}>0\text{ 且 }\nu(t)=m(u(t)-B_r)\\ m(u(t)-B_l), & \dot{u}<0\text{ 且 }\nu(t)=m(u(t)-B_l)\\ \nu(t_-), & \text{其他}\end{cases}\tag{4.107}$$

输入输出关系如图 4.15 所示。

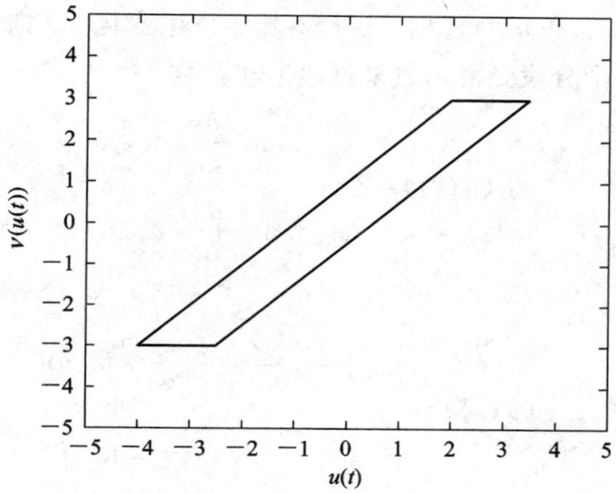

图 4.15　齿隙非线性执行器输入输出关系

由图可知，其输入输出关系具有动态且非平滑的特征，若模型式(4.101)中参数取值为

$$\varphi(u,t)=m \tag{4.108}$$

$$d(t)=\begin{cases}-mB_r, & \dot{u}>0 \text{ 且 } \nu(t)=m(u(t)-B_r)\\ -mB_l, & \dot{u}<0 \text{ 且 } \nu(t)=m(u(t)-B_l)\\ \nu(t_-)-mu(t), & \text{其他}\end{cases} \tag{4.109}$$

则模型式(4.101)表示执行器具有齿隙非线性特征时的输入输出关系。可以看出，建模误差 $d(t)$ 有界

$$|d(t)|\leqslant \max\{|B_r|, |mB_l|\} \tag{4.110}$$

3. 具有饱和非线性约束的执行器模型

输入为 $u(t)$，输出为 $\nu(u(t))$ 的具有饱和非线性特征的执行器模型描述为

$$\nu(u(t))=\mathrm{sat}(u(t)=\begin{cases}\nu_{\max}, & u\geqslant \nu_{\max}\\ u, & \nu_{\min}<u<\nu_{\max}\\ \nu_{\min}, & u\leqslant \nu_{\min}\end{cases} \tag{4.111}$$

其中，$\nu_{\max}>0$ 和 $\nu_{\min}<0$ 表示饱和非线性的未知参数。

其输入输出关系如图 4.16 所示。

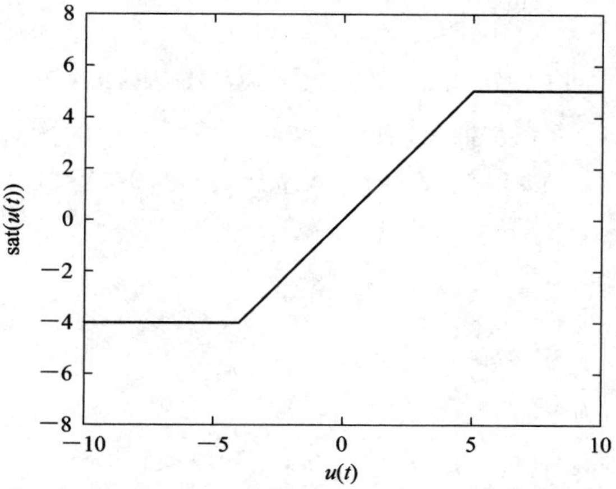

图 4.16　饱和非线性执行器输入输出关系

由图可知，当 $u=\nu_{\max}$ 和 $u=\nu_{\min}$ 时，执行器输出发生变化，且饱和函数 sat($u(t)$)为非光滑函数，引入如下的一个分段光滑函数来近似饱和函数

$$g(u(t))=\begin{cases}\nu_{\max}\tanh\dfrac{u}{\nu_{\max}}, & u\geqslant 0\\ \nu_{\min}\tanh\dfrac{u}{\nu_{\min}}, & u<0\end{cases}\tag{4.112}$$

则

$$g(u(t))=\begin{cases}\nu_{\max}\dfrac{e^{u/\nu_{\max}}-e^{-u/\nu_{\max}}}{e^{u/\nu_{\max}}+e^{-u/\nu_{\max}}}, & u\geqslant 0\\ \nu_{\min}\dfrac{e^{u/\nu_{\min}}-e^{-u/\nu_{\max}}}{e^{u/\nu_{\min}}+e^{-u/\nu_{\min}}}, & u<0\end{cases}\tag{4.113}$$

进而，式(4.111)中的饱和函数可以表示为

$$\text{sat}(u(t))=g(u(t))+d_1(t)\tag{4.114}$$

其中，$d_1(t)=\text{sat}(u(t))-g(u(t))$是一个有界函数。

$$\begin{aligned}|d_1(t)|&=|\text{sat}(u(t))-g(u(t))|\\&\leqslant\max\{\nu_{\max}(1-\tanh(1)),\quad -\nu_{\min}(1-\tanh(1))\}\end{aligned}\tag{4.115}$$

光滑饱和函数 $g(u(t))$的输入输出关系如图 4.17 所示。

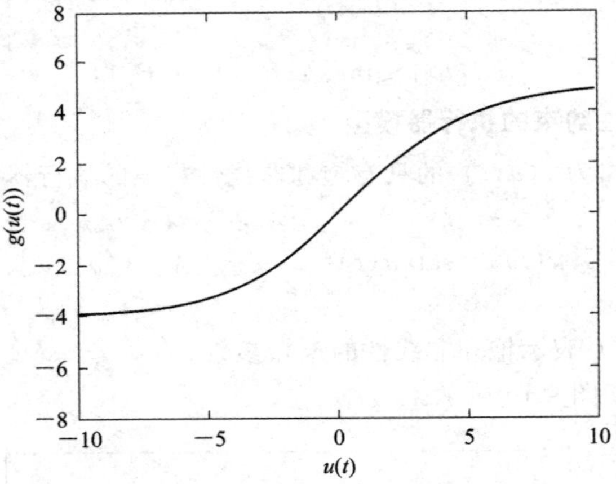

图 4.17　光滑饱和函数 $g(u(t))$输入输出关系

根据中值定理可知，存在常数 λ，使

$$g(u)=g(u_0)+g_{u_\lambda}(u-u_0),\quad 0<\lambda<1\tag{4.116}$$

其中

$$g_{u_\lambda}=\frac{\partial g(u)}{\partial u}\Big|_{u=u_\lambda}\tag{4.117}$$

$$u_\lambda=\lambda u+(1-\lambda)u_0\tag{4.118}$$

取 $u_0=0$，则式(4.116)为

$$g(u)=g_{u_\lambda}u,\quad 0<\lambda<1\tag{4.119}$$

将式(4.116)代入式(4.114)，可得

$$\mathrm{sat}(u)=g_{u_\lambda}u+d_1(t) \tag{4.120}$$

考虑到工程实际中，控制输入 $u(t)$ 不能无限增大，因此存在如下假设：

假设 4.14：若模型系数 g_{u_λ} 未知但有界，有

$$0<g_m\leqslant g_{u_\lambda}\leqslant 1 \tag{4.121}$$

其中，g_m 为正常数。

若模型式(4.101)中参数取值为

$$\varphi(u,t)=g_{u_\lambda} \tag{4.122}$$

$$d(t)=d_1(t) \tag{4.123}$$

模型式(4.101)表示执行器具有输入饱和非线性特征时的输入输出关系。

4. 具有滞回非线性约束的执行器模型

滞回非线性是一种典型的非线性特征，目前常用的滞回非线性模型主要分为两类，一类是率无关滞回模型，包括 Dual 模型、LuGre 模型、Backlash-like 模型、Prandtl-Ishlinskii 模型、Preisach 模型等；另一类是率相关滞回模型，主要包括半线性 Duhem 模型、修正 Prandtl-Ishlinskii 模型等。本节滞回非线性采用 Backlash-like(类齿隙)模型表征，其微分方程为

$$\frac{\mathrm{d}\nu}{\mathrm{d}t}=A\left|\frac{\mathrm{d}u}{\mathrm{d}t}\right|(Cu-\nu)+B\frac{\mathrm{d}u}{\mathrm{d}t} \tag{4.124}$$

其中，A、B、C 为常数，且 $C>0$，$C>B$。

式(4.124)可以解为

$$\nu=Cu+\bar{d}(u) \tag{4.125}$$

$$\bar{d}(u)=(\nu(0)-Cu(0))\mathrm{e}^{-A(u-u(0))\mathrm{sgn}(\dot{u})}+\mathrm{e}^{-Au\mathrm{sgn}(\dot{u})}\int_{u(0)}^{u}(B-C)\mathrm{e}^{A\xi\mathrm{sgn}(\dot{u})}\mathrm{d}\xi \tag{4.126}$$

其中，$\bar{d}(u)$ 有界。

其输入输出关系如图 4.18 所示。

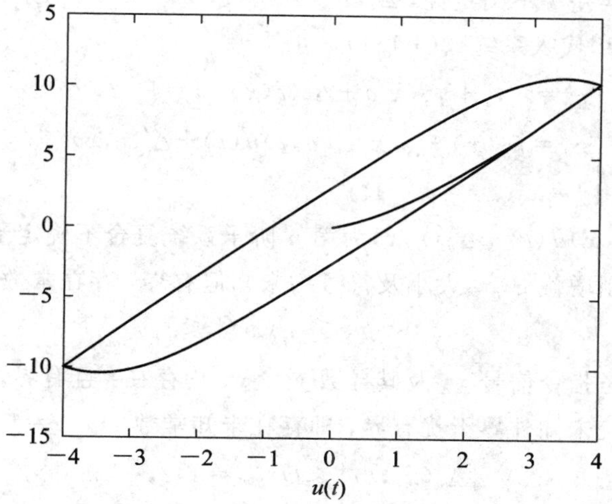

图 4.18　滞回非线性执行器输入输出关系

若模型式(4.101)中参数取值为

$$\varphi(u,t)=C \tag{4.127}$$

$$d(t)=\bar{d}(u) \tag{4.128}$$

模型式(4.101)表示执行器具有滞回非线性特征时的输入输出关系。

5. 具有叠加非线性约束的执行器模型

综上可知，当 $\varphi(u,t)$ 和 $d(t)$ 分别取不同的值时，模型式(4.101)可以表征不同的执行器非线性特征。为方便控制器设计，分析各类非线性特征的假设条件，统一模型存在如下假设。

假设 4.15：执行器输出 $\nu(u(t))$ 不可测。

假设 4.16：未知系数函数 $\varphi(u,t)$ 有界，即存在未知正常数 φ_0 和 φ_1，使得 $\varphi(u,t)$ 满足

$$0<\varphi_0\leqslant\varphi(u,t)\leqslant\varphi_1 \tag{4.129}$$

由假设 4.14 可知，$\varphi_1>1$。

假设 4.17：时变扰动 $d(t)$ 在表征不同的非线性特征时均有界，即存在未知正常数 $D_0>0$ 满足

$$|d(t)|\leqslant D_0 \tag{4.130}$$

考虑如下一类执行器具有不确定非线性特征的非线性系统

$$\begin{cases}\dot{x}_i=x_{i+1}+f_i(\bar{\boldsymbol{x}}_i)+\Delta_i(t,\boldsymbol{x}), \quad i=1, 2, \cdots, n-1\\ \dot{x}_n=f_n(\boldsymbol{x})+g(\boldsymbol{x})\nu(u(t))+\Delta_n(t,\boldsymbol{x})\\ y=x_1\end{cases} \tag{4.131}$$

其中，$\bar{\boldsymbol{x}}_i=[x_1, x_2, \cdots, x_i]^{\mathrm{T}}\in\mathbf{R}^i$ 为系统状态向量，$u(t)\in\mathbf{R}$ 为系统待设计的控制信号，$\nu(u(t))\in\mathbf{R}$ 为控制信号 $u(t)$ 经过执行器非线性环节后实际作用于系统的控制输入，$y\in\mathbf{R}$ 为系统输出信号，$f_i(\bar{\boldsymbol{x}}_i)(i=1, 2, \cdots, n)$ 和 $g(\boldsymbol{x})$ 为未知非线性光滑函数，表示系统存在未建模动态或建模误差等不确定性，$\Delta_i(t,\boldsymbol{x})(i=1, 2, \cdots, n)$ 为未知外界不确定干扰。

将模型式(4.101)代入系统式(4.131)，可得

$$\begin{cases}\dot{x}_i=x_{i+1}+f_i(\bar{\boldsymbol{x}}_i)+\Delta_i(t,\boldsymbol{x}), \ i=1, 2, \cdots, n-1\\ \dot{x}_n=f_n(\boldsymbol{x})+g(\boldsymbol{x})\varphi(u,t)u(t)+\Delta_n'(t,\boldsymbol{x})\\ y=x_1\end{cases} \tag{4.132}$$

其中，$\Delta_n'(t,\boldsymbol{x})=g(\boldsymbol{x})d(t)+\Delta_n(t,\boldsymbol{x})$ 为第 n 阶子系统复合不确定干扰。

假设 4.18：控制增益 $g(\boldsymbol{x})$ 大小及符号均未知但有界，存在常数 g_0 和 g_1 满足

$$0<g_0\leqslant|g(x)|\leqslant g_1 \tag{4.133}$$

假设 4.19：参考指令信号 y_r 及其导数 $\dot{y}_r$、$\ddot{y}_r$ 均存在，且有界。

假设 4.20：系统未知外界干扰有界，即存在未知常数 D_i，$i=1, 2, \cdots, n$，满足

$$|\Delta_i(\bar{\boldsymbol{x}}_i,t)|\leqslant D_i, \ i=1,2,\cdots,n \tag{4.134}$$

综合假设 4.17 和 4.20 可知，系统复合不确定干扰存在上界

$$|\Delta_n'(\boldsymbol{x},t)|=|g(\boldsymbol{x})d(t)+\Delta_n(\boldsymbol{x},t)|\leqslant g_1D_0+D_n\leqslant D \tag{4.135}$$

其中，$D>0$ 为未知正常数。

控制目标：设计自适应反演多滑模控制器，使执行器为具有不确定非线性特征且控制增益未知的不确定系统式(4.132)，在满足假设 4.15～假设 4.20 的条件时，闭环系统所有信号半全局一致且终结有界，且输出 y 能够稳定跟踪参考指令信号 y_r。

4.4.2　控制器设计与稳定性分析

1. 控制器设计

采用反演控制设计方法，控制器设计分为 n 步。定义闭环系统跟踪误差为

$$\begin{cases} e_1 = x_1 - y_r \\ e_i = x_i - \alpha_{i-1},\ i = 2,\cdots,n \end{cases} \tag{4.136}$$

其中，e_1 为系统跟踪误差，α_{i-1} 为第 $i-1$ 阶子系统的期望虚拟控制律。

第 1 步：由闭环系统式(4.132)的第一阶子系统和状态跟踪误差 $e_1 = x_1 - y_r$，可得 e_1 的动态方程为

$$\dot{e}_1 = f_1(x_1) + x_2 + \Delta_1(t,\boldsymbol{x}) - \dot{y}_r \tag{4.137}$$

由于非线性函数 $f_1(x_1)$ 未知，采用 RBF 神经网络 $h_1(x_1) = \boldsymbol{W}_1^{*\mathrm{T}}\boldsymbol{\xi}_1(x_1) + \varepsilon_1$ 逼近未知非线性函数 $f_1(x_1)$，则有

$$\dot{e}_1 = \boldsymbol{W}_1^{*\mathrm{T}}\boldsymbol{\xi}_1(x_1) + \varepsilon_1 + x_2 + \Delta_1(t,\boldsymbol{x}) - \dot{y}_r \tag{4.138}$$

其中，ε_1 为逼近误差，$|\varepsilon_1| \leqslant \varepsilon_1^*$，$\varepsilon_1^*$ 为未知正常数。

$\hat{\boldsymbol{W}}_1$ 为最优权值向量 $\boldsymbol{W}_1^*$ 的自适应估计值，为避免估计值单调增加，神经网络权值向量的自适应律取为

$$\dot{\hat{\boldsymbol{W}}}_1 = \boldsymbol{\Gamma}_1[e_1\boldsymbol{\xi}_1(x_1) - \sigma_{10}\hat{\boldsymbol{W}}_1] \tag{4.139}$$

其中，σ_{10} 为待设计参数且 $\sigma_{10}>0$，$\boldsymbol{\Gamma}_1 = \boldsymbol{\Gamma}_1^{\mathrm{T}} > 0$ 为待设计增益矩阵，$\tilde{\boldsymbol{W}}_1 = \boldsymbol{W}_1^* - \hat{\boldsymbol{W}}_1$ 为估计误差。

定义边界值 $D_1' = D_1 + \varepsilon_1^*$，设计自适应律对 D_1' 进行估计

$$\dot{\hat{D}}_1 = \gamma_1|e_1| - \sigma_{11}\gamma_1\hat{D}_1 \tag{4.140}$$

其中，$\sigma_{11}>0$ 为待设计参数，γ_1 为待设计自适应增益系数，估计误差为 $\tilde{D}_1 = D_1' - \hat{D}_1$。

选择切换函数 $s_1 = e_1$，设计第一阶子系统的虚拟控制律

$$\beta_1 = -k_1e_1 - \hat{\boldsymbol{W}}_1^{\mathrm{T}}\boldsymbol{\xi}_1(x_1) - \hat{D}_1\frac{1-\exp(-\upsilon_1\hat{D}_1e_1)}{1+\exp(-\upsilon_1\hat{D}_1e_1)} + \dot{y}_r \tag{4.141}$$

其中，υ_1、k_1 为待设计参数且 $\upsilon_1>0$，$k_1>0$。

针对传统反演控制对期望虚拟控制反复求导带来的计算复杂性问题，为避免下一步对期望虚拟控制求导，采用动态面控制设计思想，引入一阶低通滤波器对虚拟控制进行滤波，以降低控制器复杂性，滤波器动态方程为

$$\tau_1\dot{\alpha}_1 + \alpha_1 = \beta_1,\ \alpha_1(0) = \beta_1(0) \tag{4.142}$$

其中，τ_1 为滤波器时间常数。

定义第一阶子系统的边界层误差为

$$\omega_1=\alpha_1-\beta_1 \tag{4.143}$$

由式(4.142)和式(4.143)可得 $\dot{\alpha}_1=-\dfrac{\omega_1}{\tau_1}$。

定义 Lyapunov 函数

$$V_1=\frac{1}{2}e_1^2+\frac{1}{2}\tilde{\boldsymbol{W}}_1^{\mathrm{T}}\boldsymbol{\Gamma}_1^{-1}\tilde{\boldsymbol{W}}_1+\frac{1}{2\gamma_1}\tilde{D}_1^2+\frac{1}{2}\omega_1^2 \tag{4.144}$$

对 V_1 按时间 t 求导得

$$\dot{V}_1=e_1\dot{e}_1-\tilde{\boldsymbol{W}}_1^{\mathrm{T}}\boldsymbol{\Gamma}_1^{-1}\dot{\hat{\boldsymbol{W}}}_1-\frac{1}{\gamma_1}\tilde{D}_1\dot{\hat{D}}_1+\omega_1\dot{\omega}_1 \tag{4.145}$$

综合式(4.137)、式(4.138)、式(4.141)可知

$$\begin{aligned}\dot{e}_1&=e_2+\omega_1+\beta_1+f_1(x_1)+\Delta_1(\boldsymbol{x},t)-\dot{y}_r\\&=-k_1e_1+e_2+\omega_1+\tilde{\boldsymbol{W}}_1^{\mathrm{T}}\boldsymbol{\xi}_1(x_1)+\varepsilon_1+\Delta_1(x_1,t)-\\&\quad\hat{D}_1\frac{1-\exp(-\upsilon_1\hat{D}_1e_1)}{1+\exp(-\upsilon_1\hat{D}_1e_1)}\end{aligned} \tag{4.146}$$

对 ω_1 求导，可得

$$\dot{\omega}_1=\dot{\alpha}_1-\dot{\beta}_1=-\frac{\omega_1}{\tau_1}+\phi_1(e_1,e_2,\omega_1,\hat{\boldsymbol{W}}_1,\hat{D}_1,y_r,\dot{y}_r,\ddot{y}_r) \tag{4.147}$$

其中，$\phi_1(e_1,e_2,\omega_1,\hat{\boldsymbol{W}}_1,\hat{D}_1,y_r,\dot{y}_r,\ddot{y}_r)$为连续函数，简记为 $\varphi_1(\cdot)$。

将式(4.146)和式(4.147)代入式(4.145)，可得

$$\begin{aligned}\dot{V}_1&=e_1\dot{e}_1-\tilde{\boldsymbol{W}}_1^{\mathrm{T}}\boldsymbol{\Gamma}_1^{-1}\dot{\hat{\boldsymbol{W}}}_1-\frac{1}{\gamma_1}\tilde{D}_1\dot{\hat{D}}_1+\omega_1\dot{\omega}_1\\&\leqslant-k_1e_1^2+e_1e_2+e_1\omega_1+\tilde{\boldsymbol{W}}_1^{\mathrm{T}}\boldsymbol{\Gamma}_1^{-1}(\boldsymbol{\Gamma}_1e_1\boldsymbol{\xi}_1(x_1)-\dot{\hat{\boldsymbol{W}}}_1)+|e_1|\hat{D}_1-\\&\quad e_1\hat{D}_1\frac{1-\exp(-\upsilon_1\hat{D}_1e_1)}{1+\exp(-\upsilon_1\hat{D}_1e_1)}+\frac{1}{\gamma_1}\tilde{D}_1(\gamma_1|e_1|-\dot{\hat{D}}_1)-\frac{\omega_1^2}{\tau_1}+\omega_1\phi_1(\cdot)\end{aligned} \tag{4.148}$$

由式(4.139)、式(4.140)和界化不等式，可知

$$\dot{V}_1\leqslant-k_1e_1^2-\frac{\omega_1^2}{\tau_1}+e_1e_2+e_1\omega_1+\omega_1\phi_1(\cdot)+\sigma_{10}\tilde{\boldsymbol{W}}_1^{\mathrm{T}}\hat{\boldsymbol{W}}_1+\sigma_{11}\tilde{D}_1\hat{D}_1+\frac{1}{\upsilon_1} \tag{4.149}$$

第 i 步：第 i 阶子系统误差 e_i 的导数为

$$\dot{e}_i=f_i(\bar{\boldsymbol{x}}_i)+x_{i+1}+\Delta_i(t,\boldsymbol{x})-\dot{\alpha}_{i-1} \tag{4.150}$$

其中，α_{i-1}为第 $i-1$ 阶子系统虚拟控制 β_{i-1}通过一阶滤波器后的输出，则有

$$\dot{\alpha}_{i-1}=-\frac{\alpha_{i-1}-\beta_{i-1}}{\tau_{i-1}}=-\frac{\omega_{i-1}}{\tau_{i-1}} \tag{4.151}$$

其中，τ_{i-1}为第 $i-1$ 个滤波器时间常数。

将式(4.151)代入式(4.150)得

$$\dot{e}_i=f_i(\bar{\boldsymbol{x}}_i)+x_{i+1}+\Delta_i(t,\boldsymbol{x})+\frac{\omega_{i-1}}{\tau_{i-1}} \tag{4.152}$$

由于非线性函数 $f_i(\bar{\boldsymbol{x}}_i)$未知，采用 RBF 神经网络 $h_i(\bar{\boldsymbol{x}}_i)=\boldsymbol{W}_i^{*\mathrm{T}}\boldsymbol{\xi}_i(\bar{\boldsymbol{x}}_i)+\varepsilon_i$ 逼近未知

非线性函数$f_i(\bar{\boldsymbol{x}}_i)$，则有

$$\dot{e}_i=\boldsymbol{W}_i^{*\mathrm{T}}\boldsymbol{\xi}_i(\bar{\boldsymbol{x}}_i)+\varepsilon_i+x_{i+1}+\Delta_i(t,\boldsymbol{x})+\frac{\omega_{i-1}}{\tau_{i-1}} \tag{4.153}$$

其中，ε_i 为逼近误差，$|\varepsilon_i|\leqslant\varepsilon_i^*$，$\varepsilon_i^*$ 为未知正常数。

$\hat{\boldsymbol{W}}_i$ 为最优权值向量$\boldsymbol{W}_i^*$ 的自适应估计值，为避免估计值单调增加，神经网络权值向量的自适应律为

$$\dot{\hat{\boldsymbol{W}}}_i=\boldsymbol{\Gamma}_i(e_i\boldsymbol{\xi}_i(\bar{\boldsymbol{x}}_i)-\sigma_{i0}\hat{\boldsymbol{W}}_i) \tag{4.154}$$

其中，σ_{i0}为待设计参数且$\sigma_{i0}>0$，$\boldsymbol{\Gamma}_i$ 为待设计增益矩阵且$\boldsymbol{\Gamma}_i=\boldsymbol{\Gamma}_i^{\mathrm{T}}>0$。

定义边界值 $D_i'=D_i+\varepsilon_i^*$，设计自适应律对 D_i'进行估计

$$\dot{\hat{D}}_i=\gamma_i|e_i|-\sigma_{i1}\gamma_i\hat{D}_i \tag{4.155}$$

其中，σ_{i1}为待设计参数且$\sigma_{i1}>0$，γ_i 为待设计自适应增益系数，$\tilde{D}_i=D_i'-\hat{D}_i$ 为估计误差。

选择切换函数 $s_i=e_i$，设计第 i 阶子系统的虚拟控制律

$$\beta_i=-k_ie_i-\hat{\boldsymbol{W}}_i^{\mathrm{T}}\boldsymbol{\xi}_i(\bar{\boldsymbol{x}}_i)-\hat{D}_i\frac{1-\exp(-\upsilon_i\hat{D}_ie_i)}{1+\exp(-\upsilon_i\hat{D}_ie_i)}-\frac{\omega_{i-1}}{\tau_{i-1}} \tag{4.156}$$

其中，υ_i、k_i 为待设计参数且$\upsilon_i>0$，$k_i>0$。

对β_i 进行滤波，滤波器动态方程为 $\tau_i\dot{\alpha}_i+\alpha_i=\beta_i$，$\alpha_i(0)=\beta_i(0)$，得到期望虚拟控制$\alpha_i$，定义第二阶子系统的边界层误差为

$$\omega_i=\alpha_i-\beta_i \tag{4.157}$$

则可得 $\dot{\alpha}_i=-\omega_i/\tau_i$。

定义 Lyapunov 函数

$$V_{n-1}=\frac{1}{2}\sum_{i=1}^{n-1}e_i^2+\frac{1}{2}\sum_{i=1}^{n-1}\tilde{\boldsymbol{W}}_i^{\mathrm{T}}\boldsymbol{\Gamma}_i^{-1}\tilde{\boldsymbol{W}}_i+\frac{1}{2}\sum_{i=1}^{n-1}\frac{\tilde{D}_i^2}{\gamma_i}+\frac{1}{2}\sum_{i=1}^{n-1}\omega_i^2 \tag{4.158}$$

类似地，可知

$$V_1\leqslant\sum_{i=1}^{n-1}\left(-k_ie_i^2-\frac{\omega_i^2}{\tau_i}+e_ie_{i+1}+e_i\omega_i+\omega_i\phi_i(\cdot)+\sigma_{i0}\tilde{\boldsymbol{W}}_i^{\mathrm{T}}\hat{\boldsymbol{W}}_i+\sigma_{i1}\tilde{D}_i\hat{D}_i+\frac{1}{\upsilon_i}\right) \tag{4.159}$$

其中，$\phi_i(\cdot)$为连续函数。

第 n 步：由闭环系统式(4.132)的第 n 阶子系统和状态跟踪误差 $e_n=x_n-\alpha_{n-1}$，可得e_n 的动态方程为

$$\dot{e}_n=f_n(\boldsymbol{x})+g(\boldsymbol{x})\varphi(u,t)u(t)+\Delta_n'(t,\boldsymbol{x})+\frac{\omega_{n-1}}{\tau_{n-1}} \tag{4.160}$$

由于非线性函数 $f_n(\boldsymbol{x})$未知，采用 RBF 神经网络 $h_n(\boldsymbol{x})=\boldsymbol{W}_n^{*\mathrm{T}}\boldsymbol{\xi}_n(\boldsymbol{x})+\varepsilon_n$ 逼近未知非线性函数 $f_n(\boldsymbol{x})$，则有

$$\dot{e}_n=\boldsymbol{W}_n^{*\mathrm{T}}\boldsymbol{\xi}_n(\boldsymbol{x})+\varepsilon_n+g(\boldsymbol{x})\varphi(u,t)u(t)+\Delta_n'(t,\boldsymbol{x})+\frac{\omega_{n-1}}{\tau_{n-1}} \tag{4.161}$$

其中，ε_n 为逼近误差，$|\varepsilon_n|\leqslant\varepsilon_n^*$，$\varepsilon_n^*$ 为未知正常数。

$\hat{\boldsymbol{W}}_n$ 为最优权值向量 $\boldsymbol{W}_n^*$ 的自适应估计值，为避免估计值单调增加，神经网络权值向量的自适应律为

$$\dot{\hat{\boldsymbol{W}}}_n=\boldsymbol{\Gamma}_n(e_n\boldsymbol{\xi}_n(\boldsymbol{x})-\sigma_{n0}\hat{\boldsymbol{W}}_n) \tag{4.162}$$

其中，σ_{n0} 为待设计参数且 $\sigma_{n0}>0$，$\boldsymbol{\Gamma}_n$ 为待设计增益矩阵且 $\boldsymbol{\Gamma}_n=\boldsymbol{\Gamma}_n^{\mathrm{T}}>0$。

定义边界值 $D_n'=D+\varepsilon_n^*$，设计自适应律对 D_n'进行估计

$$\dot{\hat{D}}_n=\gamma_n|e_n|-\sigma_{n1}\gamma_n\hat{D}_n \tag{4.163}$$

其中，σ_{n1} 为待设计参数且 $\sigma_{n1}>0$，γ_n 为待设计自适应增益系数，$\tilde{D}_n=D_n'-\hat{D}_n$ 为估计误差。

定义滑模面 $s=e_n$，若 $g(\boldsymbol{x})\varphi(u,t)$已知，设计控制律为

$$u=[g(\boldsymbol{x})\varphi(u,t)]^{-1}\left[-k_ne_n-\hat{\boldsymbol{W}}_n^{\mathrm{T}}\boldsymbol{\xi}_n(\boldsymbol{x})-\hat{D}_n\frac{1-\exp(-\upsilon_n\hat{D}_ne_n)}{1+\exp(-\upsilon_n\hat{D}_ne_n)}-\frac{\omega_{n-1}}{\tau_{n-1}}\right] \tag{4.164}$$

由于控制增益 $g(x)\varphi(u,t)$的大小和方向均未知，采用 Nussbaum 增益技术设计控制律为

$$\begin{cases}u=N(\zeta)\left[k_ne_n+\hat{\boldsymbol{W}}_n^{\mathrm{T}}\boldsymbol{\xi}_n(\boldsymbol{x})+\hat{D}_n\dfrac{1-\exp(-\upsilon_n\hat{D}_ne_n)}{1+\exp(-\upsilon_n\hat{D}_ne_n)}+\dfrac{\omega_{n-1}}{\tau_{n-1}}\right]\\ \dot{\zeta}=k_ne_n^2+e_n\hat{\boldsymbol{W}}_n^{\mathrm{T}}\boldsymbol{\xi}_n(\boldsymbol{x})+e_n\hat{D}_n\dfrac{1-\exp(-\upsilon_n\hat{D}_ne_n)}{1+\exp(-\upsilon_n\hat{D}_ne_n)}+e_n\dfrac{\omega_{n-1}}{\tau_{n-1}}\end{cases} \tag{4.165}$$

其中，υ_n、k_n 为待设计参数且 $\upsilon_n>0$，$k_n>0$。

2. 稳定性分析

定理 4.3：以假设 4.15～假设 4.20 为条件，考虑一类具有不确定非线性特征且控制增益大小和符号均未知的不确定系统式(4.132)，对于任意的有界初始状态，在式(4.165)构成的自适应反演多滑模控制策略和相应自适应律的作用下，闭环系统所有信号均半全局一致且终结有界，而且可以通过改变设计参数，使得系统跟踪误差 e_1 收敛到原点附近的一个小邻域内。

证明：对于闭环系统式(4.132)，选取 Lyapunov 函数

$$V=V_{n-1}+\frac{1}{2}e_n^2+\frac{1}{2}\tilde{\boldsymbol{W}}_n^{\mathrm{T}}\boldsymbol{\Gamma}_n^{-1}\tilde{\boldsymbol{W}}_n+\frac{1}{2\gamma_n}\tilde{D}_n^2 \tag{4.166}$$

对 V 求导，可得

$$\dot{V}=\dot{V}_{n-1}+e_n\dot{e}_n-\tilde{\boldsymbol{W}}_n^{\mathrm{T}}\boldsymbol{\Gamma}_n^{-1}\dot{\hat{\boldsymbol{W}}}_n-\frac{1}{\gamma_n}\tilde{D}_n\dot{\hat{D}}_n \tag{4.167}$$

由式(4.160)可知

$$e_n\dot{e}_n=e_nf_n(\boldsymbol{x})+e_ng(\boldsymbol{x})\varphi(u,t)u(t)+e_n\Delta_n'(t,\boldsymbol{x})+e_n\frac{\omega_{n-1}}{\tau_{n-1}} \tag{4.168}$$

由控制律式(4.165)可知

$$e_nu(t)=N(\zeta)\dot{\zeta} \tag{4.169}$$

将式(4.169)代入式(4.168)，并加减 $\dot{\zeta}$ 可得

$$e_n\dot{e}_n=g(\boldsymbol{x})\varphi(u,t)N(\zeta)\dot{\zeta}+\dot{\zeta}-k_ne_n^2+e_nf_n(\boldsymbol{x})-e_n\hat{\boldsymbol{W}}_n^{\mathrm{T}}\boldsymbol{\xi}_n(\boldsymbol{x})+e_n\Delta_n'(t,\boldsymbol{x})-e_n\hat{D}_n\frac{1-\exp(-\upsilon_n\hat{D}_ne_n)}{1+\exp(-\upsilon_n\hat{D}_ne_n)} \tag{4.170}$$

将式(4.170)和自适应律式(4.162)、式(4.163)代入式(4.167)，可得

$$\dot{V}\leqslant\dot{V}_{n-1}+g(\boldsymbol{x})\varphi(u,t)N(\zeta)\dot{\zeta}+\dot{\zeta}-k_ne_n^2+|e_n|\hat{D}_n-e_n\hat{D}_n\frac{1-\exp(\upsilon_n\hat{D}_ne_n)}{1+\exp(\upsilon_n\hat{D}_ne_n)}+\sigma_{n0}\tilde{\boldsymbol{W}}_n^{\mathrm{T}}\hat{\boldsymbol{W}}_n+\sigma_{n1}\tilde{D}_n\hat{D}_n \tag{4.171}$$

根据界化不等式 $|e_n|\hat{D}_n-e_n\hat{D}_n\dfrac{1-\exp(\upsilon_n\hat{D}_ne_n)}{1+\exp(\upsilon_n\hat{D}_ne_n)}\leqslant\dfrac{1}{\upsilon_n}$，有

$$\dot{V}\leqslant\dot{V}_{n-1}+g(\boldsymbol{x})\varphi(u,t)N(\zeta)\dot{\zeta}+\dot{\zeta}-k_ne_n^2+\frac{1}{\upsilon_n}+\sigma_{n0}\tilde{\boldsymbol{W}}_n^{\mathrm{T}}\hat{\boldsymbol{W}}_n+\sigma_{n1}\tilde{D}_n\hat{D}_n \tag{4.172}$$

将式(4.159)代入式(4.172)，可得

$$\dot{V}\leqslant\sum_{i=1}^{n-1}\left(-\frac{\omega_i^2}{\tau_i}+e_ie_{i+1}+e_i\omega_i+\omega_i\phi_i(\cdot)\right)+\sum_{i=1}^{n}(-k_ie_i^2)+\sum_{i=1}^{n}\frac{1}{\upsilon_i}+\sum_{i=1}^{n}(\sigma_{i0}\tilde{\boldsymbol{W}}_i^{\mathrm{T}}\boldsymbol{W}_i^*-\sigma_{i0}\tilde{\boldsymbol{W}}_i^{\mathrm{T}}\tilde{\boldsymbol{W}}_i+\sigma_{i1}\tilde{D}_iD_i'-\sigma_{i1}\tilde{D}_i^2)+g(\boldsymbol{x})\varphi(u,t)N(\zeta)\dot{\zeta}+\dot{\zeta} \tag{4.173}$$

由引理 2.4、假设 4.19 及系统初始状态有界，可知连续函数 $\phi_i(\cdot)(i=1,2,\cdots,n-1)$ 在对应紧集上有界，$\phi_i(\cdot)\leqslant\Phi_i(i=1,2,\cdots,n-1)$。

根据 Young 不等式可得

$$e_ie_{i+1}\leqslant e_i^2+\frac{1}{4}e_{i+1}^2 \tag{4.174}$$

$$e_i\omega_i\leqslant e_i^2+\frac{1}{4}\omega_i^2 \tag{4.175}$$

$$\omega_i\phi_i(\cdot)\leqslant\frac{\Phi_i^2}{\mu_i}\omega_i^2+\frac{1}{4}\mu_i,\ \mu_i>0 \tag{4.176}$$

$$\sigma_{i0}\tilde{\boldsymbol{W}}_i^{\mathrm{T}}\boldsymbol{W}_i^*\leqslant\frac{1}{2}\sigma_{i0}\tilde{\boldsymbol{W}}_i^{\mathrm{T}}\tilde{\boldsymbol{W}}_i+\frac{1}{2}\sigma_{i0}\boldsymbol{W}_i^{*\mathrm{T}}\boldsymbol{W}_i^* \tag{4.177}$$

$$\sigma_{i1}\tilde{D}_iD_i'\leqslant\frac{1}{2}\sigma_{i1}\tilde{D}_i^2+\frac{1}{2}\sigma_{i1}\tilde{D}_i'^2 \tag{4.178}$$

将式(4.174)～式(4.178)代入式(4.173)，可得

$$\dot{V}\leqslant(-k_1+2)e_1^2+\sum_{i=2}^{n-1}\left(-k_i+\frac{9}{4}\right)e_i^2+\left(-k_n+\frac{1}{4}\right)e_n^2+\sum_{i=1}^{n}\left(-\frac{1}{\tau_i}+\frac{1}{4}+\frac{\Phi_i^2}{\mu_i}\right)\omega_i^2+\sum_{i=1}^{n}\frac{1}{4}\mu_i+\sum_{i=1}^{n}\frac{1}{\upsilon_i}-\sum_{i=1}^{n}\left(\frac{1}{2}\sigma_{i0}\tilde{\boldsymbol{W}}_i^{\mathrm{T}}\boldsymbol{W}_i+\frac{1}{2}\sigma_{i1}\tilde{D}_i^2\right)+$$

$$\sum_{i=1}^{n}\left(\frac{1}{2}\sigma_{i0}\tilde{\boldsymbol{W}}_i^{*\mathrm{T}}\tilde{\boldsymbol{W}}_i^{*}+\frac{1}{2}\sigma_{i1}D_i'^2\right)+g(\boldsymbol{x})\varphi(u,t)N(\zeta)\dot{\zeta}+\dot{\zeta} \tag{4.179}$$

取

$$r_2=\sum_{i=1}^{n}\frac{1}{4}\mu_i+\sum_{i=1}^{n}\frac{1}{\upsilon_i}+\sum_{i=1}^{n}\left(\frac{1}{2}\sigma_{i0}\tilde{\boldsymbol{W}}_i^{*\mathrm{T}}\tilde{\boldsymbol{W}}_i^{*}+\frac{1}{2}\sigma_{i1}D_i'^2\right)$$

若设计参数满足

$$k_1\geqslant 2+\frac{r_1}{2} \tag{4.180}$$

$$k_i\geqslant\frac{9}{4}+\frac{r_1}{2},\ i=1,2,\cdots,n-1 \tag{4.181}$$

$$k_n\geqslant\frac{1}{4}+\frac{r_1}{2} \tag{4.182}$$

$$\frac{1}{\tau_i}\geqslant\frac{\Phi_i^2}{\mu_i}+\frac{1}{4}+\frac{r_1}{2},\ i=1,2,\cdots,n-1 \tag{4.183}$$

$$\frac{\sigma_{i0}}{\lambda_{\max}(\boldsymbol{\Gamma}_i^{-1})}\geqslant r_1,\ i=1,2,\cdots,n-1 \tag{4.184}$$

$$\frac{\sigma_{i1}}{\max\{\boldsymbol{\gamma}_i^{-1}\}}\geqslant r_1,\ i=1,2,\cdots,n-1 \tag{4.185}$$

其中，$r_1>0$。

则有

$$\dot{V}\leqslant -r_1V+r_2+g(\boldsymbol{x})\varphi(u,t)N(\zeta)\dot{\zeta}+\dot{\zeta} \tag{4.186}$$

式(4.186)两边同乘以 $\mathrm{e}^{\mu t}$，并同时对 t 进行积分可得

$$\begin{aligned}V(t)&\leqslant\frac{r_2}{r_1}+\left[V(0)-\frac{r_2}{r_1}\right]\mathrm{e}^{-r_1t}+\mathrm{e}^{-r_1t}\int_0^t[g(\boldsymbol{x})\varphi(u,t)N(\zeta)+1]\dot{\zeta}\mathrm{e}^{r_1t}\mathrm{d}\tau\\&\leqslant\frac{r_2}{r_1}+V(0)+\mathrm{e}^{-r_1t}\int_0^t[g(\boldsymbol{x})\varphi(u,t)N(\zeta)+1]\dot{\zeta}\mathrm{e}^{r_1t}\mathrm{d}\tau\end{aligned} \tag{4.187}$$

根据假设 4.16 和假设 4.18 可知 $|g(\boldsymbol{x})\varphi(u,t)|\in[g_0\varphi_0,g_1\varphi_1]$，则由引理 2.4 可知 $V(t)$、$\zeta(t)$、$\int_0^t g(\boldsymbol{x})\varphi(u,t)N(\zeta)\dot{\zeta}\mathrm{d}\tau$ 在区间$[0,\ t_f)$上有界。取

$$\mathrm{e}^{-r_1t}\int_0^t[g(\boldsymbol{x})\varphi(u,t)N(\zeta)+1]\dot{\zeta}\mathrm{e}^{r_1t}\mathrm{d}\tau\leqslant r_3 \tag{4.188}$$

则式(4.187)可以写为

$$V(t)\leqslant\frac{r_2}{r_1}+V(0)+r_3 \tag{4.189}$$

由此，$V(t)$有界。根据式(4.166)可知，闭环系统信号 e_i、ω_i、$\tilde{\boldsymbol{W}}_i$、$\tilde{D}_i$ 均为半全局一致且终结有界，从而 $\hat{\boldsymbol{W}}_i$，$\hat{D}_i$ 也有界。由假设 4.19 及闭环系统状态跟踪误差有界可知，系统状态 x_i 有界。

由式(4.166)和式(4.189)可得

$$e_1 \leqslant \sqrt{2V(t)} \leqslant \sqrt{2\frac{r_2}{r_1}+\left[V(0)-\frac{r_2}{r_1}\right]\mathrm{e}^{-r_1 t}+r_3} \tag{4.190}$$

因此，可以通过改变设计参数，减小系统稳态跟踪误差 e_1 的收敛半径$\sqrt{2r_2/r_1+r_3}$。

4.4.3 仿真算例

考虑如下不确定非线性系统：

$$\begin{cases}\dot{x}_1=0.1x_1^2+x_2+0.5x_1^2\sin(t)\\ \dot{x}_2=0.1\mathrm{e}^{-x_2}+x_3+0.5(x_1^2+x_2^2)\sin(t)\\ \dot{x}_3=x_1x_2x_3+(1+\sin(x_1))[\varphi(u,t)u(t)+d(t)]+0.5(x_1^2+x_2^2+x_3^2)\cos(t)\\ y=x_1\end{cases} \tag{4.191}$$

RBF 神经网络 $\hat{\boldsymbol{W}}_1^{\mathrm{T}}\boldsymbol{\xi}_1(x_1)$的高斯径向基函数中心为$\{-1,-2/3,-1/3,0,1/3,2/3,1\}$，基函数宽度 $\eta_1=2$，取初始权值 $\hat{\boldsymbol{W}}_1(0)=\boldsymbol{0}$。RBF 神经网络 $\hat{\boldsymbol{W}}_2^{\mathrm{T}}\boldsymbol{\xi}_2(\bar{\boldsymbol{x}}_2)$的高斯径向基函数中心为$\{-1,-1/2,0,1/2,1\}\times\{-1,-1/2,0,1/2,1\}$，基函数宽度 $\eta_2=2$，取初始权值 $\hat{\boldsymbol{W}}_2(0)=\boldsymbol{0}$。RBF 神经网络 $\hat{\boldsymbol{W}}_3^{\mathrm{T}}\boldsymbol{\xi}_3(\bar{\boldsymbol{x}}_3)$的高斯径向基函数中心为$\{-1,0,1\}\times\{-1,0,1\}\times\{-1,0,1\}$，基函数宽度 $\eta_3=2$，取初始权值 $\hat{\boldsymbol{W}}_3(0)=\boldsymbol{0}$。

系统参考轨迹 $y_r=0.5\sin(t)+0.5\sin(0.5t)$，初始状态为$[x_1(0),x_2(0),x_3(0)]=[0.25,0.25,0.25]^{\mathrm{T}}$，自适应参数初值 $\hat{D}_1(0)=\hat{D}_2(0)=\hat{D}_3(0)=0$，$\zeta(0)=1$，滤波器时间常数 $\tau_1=\tau_2=0.04$。设置控制器参数：$k_1=k_2=k_3=2$，$\boldsymbol{\Gamma}_1=\boldsymbol{\Gamma}_2=\boldsymbol{\Gamma}_3=\mathrm{diag}[0.5]$，$\upsilon_1=\upsilon_2=\upsilon_3=10$，$\sigma_{10}=\sigma_{11}=\sigma_{20}=\sigma_{21}=\sigma_{30}=\sigma_{31}=0.2$，$\gamma_1=\gamma_2=\gamma_3=0.5$。

死区、齿隙、饱和以及滞回等非线性特征只是用数学方法对实际系统中执行器受到的非线性输入输出约束的抽象和近似。在工程实际中，执行器非线性特征是难以准确判断的，且往往是多种非线性的叠加。本节借鉴模型分解的方法建立了统一非线性特征模型，有利于对具有不确定或多种非线性特征叠加的情况进行描述。

如果执行器输入输出模型表示为

$$\begin{aligned}\nu_2(\nu_1(u))&=\varphi_2(u,t)\varphi_1(u,t)u(t)+\varphi_2(u,t)d_1(t)+d_2(t)\\&=\varphi(u,t)u(t)+d(t)\end{aligned}$$

其中，函数 $\nu_1(u)$描述执行器的滞回非线性，$\nu_2(\nu_1)$描述执行器的输入饱和非线性，执行器非线性特征表现为滞回和输入饱和非线性的叠加。由上式可知，$\varphi(u,t)=\varphi_2(u,t)\varphi_1(u,t)$表示执行器叠加非线性特征模型分解后的线性系数部分，$d(t)=\varphi_2(u,t)d_1(t)+d_2(t)$表示叠加非线性特征的非线性部分。

仿真结果如图 4.19～图 4.21 所示。图 4.19 为系统输出 y 和参考轨迹 y_r 仿真曲线。图 4.20 为系统控制输入 u 有界轨迹，图 4.21 为经过叠加非线性环节后实际作用于系统的控制信号 $\nu(u(t))$有界轨迹。可以看出，所设计的控制方法在执行器具有滞回和输入饱和叠加的非线性特征时，系统输出 y 能够稳定跟踪给定参考轨迹 y_r，且误差保持在一定范围内。

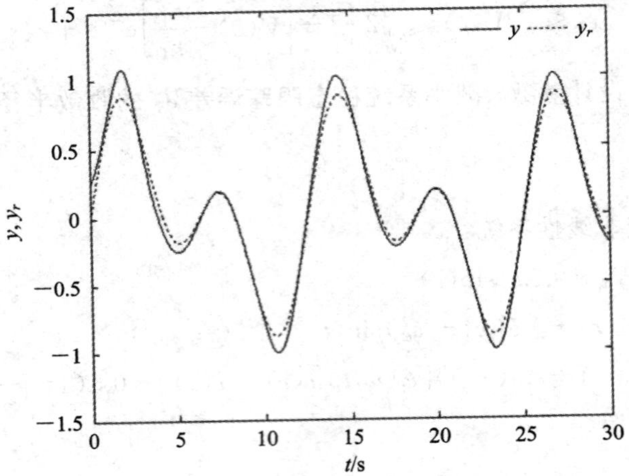

图 4.19　系统输出 y 和参考轨迹 y_r(滞回和饱和叠加非线性)仿真曲线

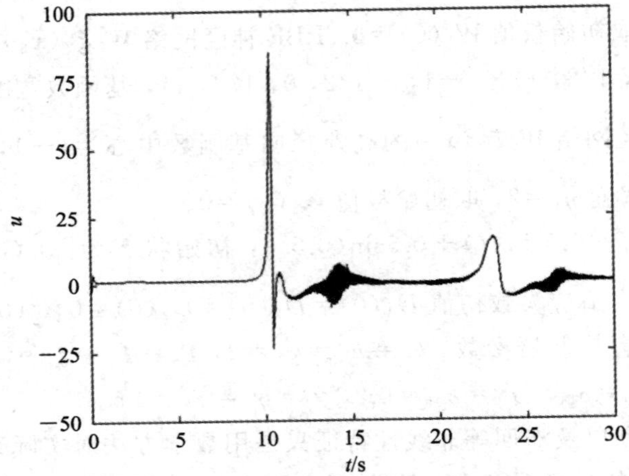

图 4.20　系统控制输入 u(滞回和饱和叠加非线性)有界轨迹

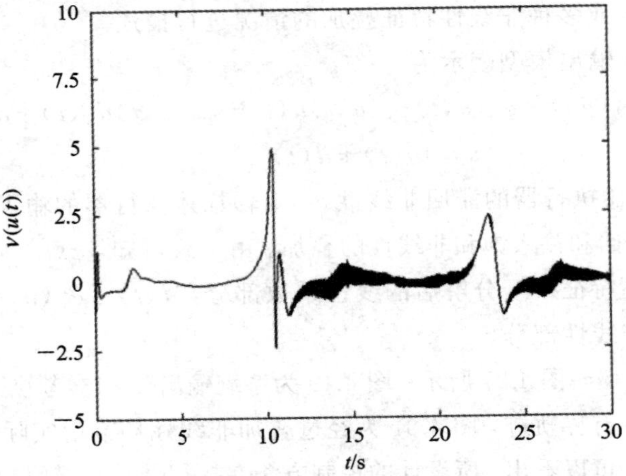

图 4.21　实际作用于系统的控制信号 $\nu(u(t))$(滞回和饱和叠加非线性)有界轨迹

如果函数 $\nu_1(u)$ 描述执行器的死区非线性，$\nu_2(\nu_1)$ 描述执行器的滞回非线性，那么执行器非线性特征表现为死区和滞回非线性的叠加。仿真结果如图 4.22～图 4.24 所示。图4.22为系统输出 y 和参考轨迹 y_r 仿真曲线。图 4.23 为系统控制输入 u 有界轨迹，图 4.24 为经过叠加非线性环节后实际作用于系统的控制信号 $\nu(u(t))$ 有界轨迹。可以看出，所设计的控制方法在执行器具有死区和滞回叠加的非线性特征时，系统输出 y 能够稳定跟踪给定参考轨迹 y_r，且误差保持在一定范围内。

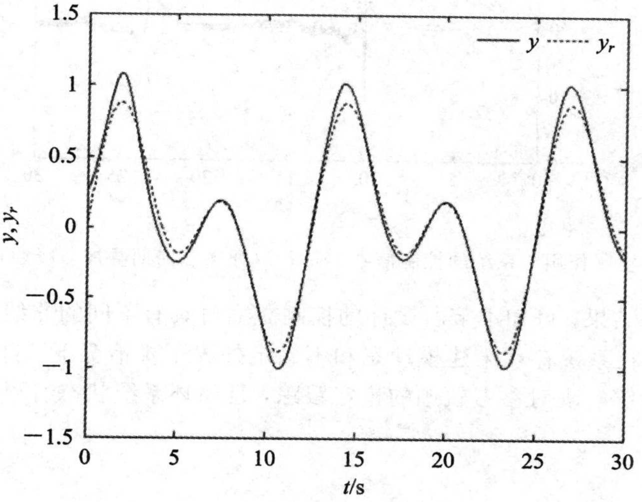

图 4.22　系统输出 y 和参考轨迹 y_r(死区和滞回叠加非线性)仿真曲线

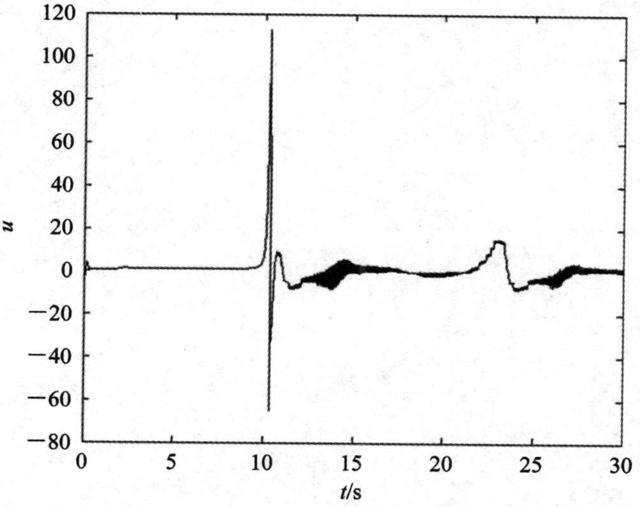

图 4.23　系统控制输入 u(死区和滞回叠加非线性)有界轨迹

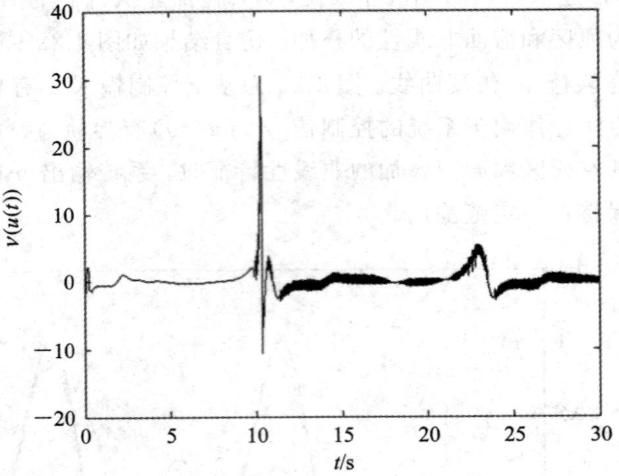

图 4.24　实际作用于系统的控制信号 $\nu(u(t))$（死区和滞回叠加非线性）有界轨迹

综合上述仿真结果，可知本节所设计的控制方案对具有不同的非线性特征的执行器具有较强的鲁棒性，在系统存在未建模动态和不确定外界干扰情况下，自适应反演多滑模近似变结构控制器能够实现对参考轨迹的稳定跟踪，且闭环系统状态有界。

第 5 章　具有执行器非线性约束的时滞系统自适应反演滑模变结构控制

5.1 引　言

时滞存在于许多工程系统中，如电力系统、网络控制系统、航空航天控制系统等，系统的时滞特征通常会导致受控系统性能下降甚至失稳，使系统无法正常运行[172]。因此，时滞系统的控制与稳定性分析问题一直是控制理论与控制工程领域的一个热点研究课题。研究早期，由于缺乏处理系统中的非线性函数和时滞项的适当方法和技术手段，取得的成果主要集中在线性时滞系统[173−178]。研究发现，Lyapunov-Krasovskii 泛函[179]和 Lyapunov-Razumikhin泛函[180]是研究非线性时滞系统的两个主要工具。因此，近 20 年来随着非线性反演设计技术的发展，国内外许多学者结合 Lyapunov-Krasovskii 泛函或 Lyapunov-Razumikhin泛函和反演设计来研究不满足匹配条件的非线性时滞系统的控制和稳定性分析问题，并取得了一系列的研究成果[181−191]。但已有成果对于非线性时滞系统的研究仅是针对输入为线性的情况。随着实际研究对象的日益复杂，人们对控制理论的研究不断深入，很多控制过程中存在的本质的非线性特性将导致系统控制性能不佳，甚至有可能使得系统不稳定。

本章结合 Lyapunov-Krasovskii 泛函和简化自适应神经网络反演滑模变结构控制，研究了一类含有未知输入死区且虚拟控制系数和控制增益完全未知的不确定非线性时滞系统的跟踪控制问题。在控制器设计过程中，结合 Nussbaum 增益设计技术和 RBF 神经网络逼近理论取消虚拟控制系数和控制增益已知条件，通过构造适当的 Lyapunov-Krasovskii 泛函补偿系统非线性时滞项，并且通过引入神经网络逼近误差和不确定干扰上界的自适应补偿项消除建模误差和不确定干扰对系统的影响。新控制器的基本设计思想：反演控制的前 $n-1$ 步选择适当的 Lyapunov 函数和 Lyapunov-Krasovskii 泛函构造期望虚拟控制，并应用 RBF 神经网络逼近包含期望虚拟控制导数的复合非线性函数，避免原有一些反演滑模变结构控制方案由于需要对期望虚拟控制反复求导而导致的计算复杂性问题；第 n 步，结合滑模变结构控制和积分 Lyapunov 方法设计最终的控制律，抑制未知死区非线性对系统性能的影响。通过 Lyapunov 稳定性理论证明了闭环系统所有信号半全局一致且终结有界，且系统跟踪误差收敛到原点附近的一个小邻域内。

5.2 问题描述

考虑如下一类不确定非线性系统：

$$\begin{cases}\dot{x}_i(t)=f_i(\bar{\boldsymbol{x}}_i(t))+g_i(\bar{\boldsymbol{x}}_i(t))x_{i+1}(t)+h_i(\bar{\boldsymbol{x}}_i(t-\tau_i))+d_i(t),\ i=1,2,\cdots,n-1\\ \dot{x}_n(t)=f_n(\boldsymbol{x}(t))+g_n(\boldsymbol{x}(t))\nu(t)+h_n(\boldsymbol{x}(t-\tau_n))+d_n(t)\\ y(t)=x_1(t)\\ \nu(t)=\varphi(u(t))\end{cases}\tag{5.1}$$

其中，$\bar{\boldsymbol{x}}_i=[x_1,\ x_2,\ \cdots,\ x_i]^{\mathrm{T}}\in\mathbf{R}^i$，$\boldsymbol{x}=[x_1,\ x_2,\ \cdots,\ x_n]^{\mathrm{T}}\in\mathbf{R}^n$ 为可测状态向量，$y\in\mathbf{R}$ 为系统输出，$f_i(\bar{\boldsymbol{x}}_i)$，$g_i(\bar{\boldsymbol{x}}_i)$，$h_i(\bar{\boldsymbol{x}}_i)$，$i=1,\ 2,\ \cdots,\ n$ 为未知光滑非线性函数且 $g_n(\boldsymbol{x})$ 可导，$d_i(t)$，$i=1,\ 2,\ \cdots,\ n$ 为外界干扰，τ_i，$i=1,\ 2,\ \cdots,\ n$ 为系统未知时滞项，$u\in\mathbf{R}$ 为待设计的控制量，$\varphi(\cdot)$表示死区非线性，$\nu\in\mathbf{R}$ 为待设计的控制量经死区非线性环节后作用于系统的控制输入。

根据第 4 章对死区非线性模型的描述和简化过程，系统式(5.1)可描述为

$$\begin{cases}\dot{x}_i(t)=f_i(\bar{\boldsymbol{x}}_i(t))+g_i(\bar{\boldsymbol{x}}_i(t))x_{i+1}(t)+h_i(\bar{\boldsymbol{x}}_i(t-\tau_i))+d_i(t),\ i=1,\ 2,\ \cdots,\ n-1\\ \dot{x}_n(t)=f_n(\boldsymbol{x}(t))+g_n(\boldsymbol{x}(t))\boldsymbol{\kappa}^{\mathrm{T}}(t)\boldsymbol{\eta}(t)u(t)+g_n(\boldsymbol{x}(t))d_d(\boldsymbol{u}(t))+h_n(\boldsymbol{x}(t-\tau_n))+d_n(t)\\ y(t)=x_1(t)\end{cases}\tag{5.2}$$

其中，$\boldsymbol{\kappa}^{\mathrm{T}}(t)\boldsymbol{\eta}(t)\in[\min\{\varphi_{r0},\ \varphi_{l0}\},\ \varphi_{r1}+\varphi_{l1}]$，$|d_d(u(t))|\leqslant p_0^*=(\varphi_{r1}+\varphi_{l1})\max\{u_r,\ u_l\}$，$p_0^*$ 为未知正常数。

假设 5.1：对于 $1\leqslant i\leqslant n$，虚拟控制系数 $g_i(\bar{\boldsymbol{x}}_i)$，$i=1,\ 2,\ \cdots,\ n-1$ 和控制增益函数 $g_n(\boldsymbol{x})$及其符号均未知，但存在常数 g_{i0}和 g_{i1}，使得

$$0<g_{i0}\leqslant|g_i(\bar{\boldsymbol{x}}_i)|\leqslant g_{i1}<\infty,\ \forall\,\bar{\boldsymbol{x}}_i\in\mathbf{R}^i,\ 1\leqslant i\leqslant n$$

假设 5.2：对于 $1\leqslant i\leqslant n$，存在已知正定连续函数 $\rho_i(\bar{\boldsymbol{x}}_i(t))$，使得

$$|h_i(\bar{\boldsymbol{x}}_i(t))|\leqslant\rho_i(\bar{\boldsymbol{x}}_i(t))$$

假设 5.3：对于 $1\leqslant i\leqslant n$，存在未知正常数 d_i^*，使得$|d_i(t)|\leqslant d_i^*$。

定义参考轨迹向量 $\bar{\boldsymbol{x}}_{r(i+1)}=[y_r,\ \dot{y}_r,\ \cdots,\ y_r^{(i)}]^{\mathrm{T}}$，$i=1,\ 2,\ \cdots,\ n-1$，$y_r^{(i)}$ 为参考轨迹 y_r 的第 i 阶导数。

假设 5.4：参考轨迹向量 $\bar{\boldsymbol{x}}_{ri}$，$i=2,\ 3,\ \cdots,\ n$ 光滑可测且 $\bar{\boldsymbol{x}}_{ri}\in\boldsymbol{\Omega}_{ri}\subset\mathbf{R}^i$，$\boldsymbol{\Omega}_{ri}$ 为已知有界紧集。

假设 5.5：对于 $1\leqslant i\leqslant n$，存在已知正常数 $\tau_{\max}$使得 $\tau_i\leqslant\tau_{\max}$。

控制目标：针对式(5.1)表示的不确定非线性时滞系统，在满足假设 5.1～假设 5.5 的条件下，设计自适应神经网络反演滑模变结构控制律和自适应律，使得系统输出 y 能够稳定跟踪给定参考轨迹 y_r，同时保证闭环系统所有信号是半全局一致且终结有界的。

5.3 控制器设计与稳定性分析

5.3.1 控制器设计

控制器设计包含 n 步：前 $n-1$ 步，根据反演控制设计思想，结合 RBF 神经网络逼近理论，并通过选择适当的 Lyapunov-Krasovskii 泛函，设计期望虚拟控制 α_i，$i=1,\ 2,\ \cdots,\ n-1$ 和自适应律；第 n 步，结合滑模变结构控制和积分 Lyapunov 设计方法得到整个系统

的控制律和自适应律。在控制器设计的推导过程中，由于神经网络的逼近特性只在某一紧集内成立，因此得到的稳定性结论是半全局意义下的。具体设计步骤如下。

首先定义闭环系统式(5.2)的状态跟踪误差为

$$\begin{cases} e_1 = x_1 - y_r \\ e_2 = x_2 - \alpha_1 \\ \quad\vdots \\ e_n = x_n - \alpha_{n-1} \end{cases} \tag{5.3}$$

其中，α_i 为第 i 阶子系统的期望虚拟控制。

第 1 步：由闭环系统式(5.2)的第一阶子系统和状态跟踪误差 $e_1 = x_1 - y_r$，$e_2 = x_2 - \alpha_1$，可得 e_1 的动态方程为

$$\dot{e}_1(t) = f_1(x_1(t)) + g_1(x_1(t))(e_2(t) + \alpha_1(t)) + h_1(x_1(t-\tau_1)) + d_1(t) - \dot{y}_r(t) \tag{5.4}$$

选择二次型 Lyapunov 函数 $V_{e_1}(t) = \frac{1}{2}e_1^2(t)$，对 $V_{e_1}(t)$沿着式(5.4)求导，可得

$$\begin{aligned} \dot{V}_{e_1}(t) = {} & e_1(t)f_1(x_1(t)) + e_1(t)g_1(x_1(t))(e_2(t) + \alpha_1(t)) + \\ & e_1(t)h_1(x_1(t-\tau_1)) + e_1(t)d_1(t) - e_1(t)\dot{y}_r(t) \end{aligned} \tag{5.5}$$

由假设 5.2 和 Young 不等式可得

$$e_1(t)h_1(x_1(t-\tau_1)) \leqslant |e_1(t)|\rho_1(x_1(t-\tau_1)) \leqslant \frac{1}{2}e_1^2(t) + \frac{1}{2}\rho_1^2(x_1(t-\tau_1)) \tag{5.6}$$

将不等式(5.6)代入式(5.5)，可得

$$\begin{aligned} \dot{V}_{e_1}(t) \leqslant {} & e_1(t)f_1(x_1(t)) + e_1(t)g_1(x_1(t))(e_2(t) + \alpha_1(t)) + \\ & \frac{1}{2}e_1^2(t) + \frac{1}{2}\rho_1^2(x_1(t-\tau_1)) + e_1(t)d_1(t) - e_1(t)\dot{y}_r(t) \end{aligned} \tag{5.7}$$

为了克服式(5.7)中未知时滞项的影响，选择 Lyapunov-Krasovskii 泛函 $V_{P_1}(t)$为

$$V_{P_1}(t) = \frac{1}{2}\int_{t-\tau_1}^{t} P_1(x_1(\tau))\mathrm{d}\tau,\ P_1(x_1(t)) = \rho_1^2(x_1(t)) \tag{5.8}$$

$V_{P_1}(t)$的导数为

$$\dot{V}_{P_1}(t) = \frac{1}{2}\rho_1^2(x_1(t)) - \frac{1}{2}\rho_1^2(x_1(t-\tau_1)) \tag{5.9}$$

由式(5.7)和式(5.9)可得(在不引起混淆的情况下，以下部分省略自变量符号 t)

$$\dot{V}_{e_1} + \dot{V}_{P_1} \leqslant g_1(x_1)e_1(e_2 + \alpha_1) + e_1 H_1(\boldsymbol{Z}_1) + e_1 d_1 \tag{5.10}$$

其中，$H_1(\boldsymbol{Z}_1) = f_1(x_1) + \frac{1}{2}e_1 + \frac{1}{2e_1}\rho_1^2(x_1) - \dot{y}_r$，$\boldsymbol{Z}_1 = [x_1,\ y_r,\ \dot{y}_r]^{\mathrm{T}} \subset \mathbf{R}^3$。

注意到在 $e_1 = 0$ 时，未知复合非线性函数 $H_1(\boldsymbol{Z}_1) = f_1(x_1) + \frac{1}{2}e_1 + \frac{1}{2e_1}\rho_1^2(x_1) - \dot{y}_r$ 是不连续的，无法采用 RBF 神经网络逼近。

为了克服因 $H_1(\boldsymbol{Z}_1)$不连续而引起的设计困难，采用紧集划分法[164,190,191]，定义紧集 $\boldsymbol{\Omega}_{Z_1}^0 = \boldsymbol{\Omega}_{Z_1} - \boldsymbol{\Omega}_{c_{e_1}}$，$\boldsymbol{\Omega}_{c_{e_1}} = \{e_1 \mid |e_1| < c_{e_1}\} \subset \boldsymbol{\Omega}_{Z_1}$ 为开集，$\boldsymbol{\Omega}_{Z_1}$ 为定义在引理 2.1 中的紧集。

在紧集 $\boldsymbol{\Omega}_{Z_1}^0 \subset \mathbf{R}^3$ 上，应用 RBF 神经网络 $h_1(\boldsymbol{Z}_1) = \boldsymbol{W}_1^{*\mathrm{T}}\boldsymbol{\xi}_1(\boldsymbol{Z}_1) + \varepsilon_1$ 逼近未知非线性函

数 $H_1(\boldsymbol{Z}_1)$，神经网络逼近误差 ε_1 满足 $|\varepsilon_1|\leqslant\varepsilon_1^*$，$\varepsilon_1^*$ 为未知正常数，并由假设 5.3，可得

$$\begin{aligned}\dot{V}_{e_1}+\dot{V}_{P_1}&\leqslant g_1(x_1)e_1(e_2+\alpha_1)+e_1\boldsymbol{W}_1^{*\mathrm{T}}\boldsymbol{\xi}_1(\boldsymbol{Z}_1)+e_1\varepsilon_1+e_1d_1\\&\leqslant g_1(x_1)e_1(e_2+\alpha_1)+e_1\boldsymbol{W}_1^{*\mathrm{T}}\boldsymbol{\xi}_1(\boldsymbol{Z}_1)+|e_1|\varepsilon_1^*+|e_1|d_1^*\\&\leqslant g_1(x_1)e_1(e_2+\alpha_1)+e_1\boldsymbol{W}_1^{*\mathrm{T}}\boldsymbol{\xi}_1(\boldsymbol{Z}_1)+|e_1|\delta_1^*\end{aligned}\tag{5.11}$$

其中，$\delta_1^*=\varepsilon_1^*+d_1^*$ 为未知正常数。

定义第一阶子系统的 Lyapunov 函数为

$$V_1=V_{e_1}+V_{P_1}+\frac{1}{2}\tilde{\boldsymbol{W}}_1^{\mathrm{T}}\boldsymbol{\Gamma}_1^{-1}\tilde{\boldsymbol{W}}_1+\frac{1}{2\gamma_1}\tilde{\delta}_1^2\tag{5.12}$$

其中，$\boldsymbol{\Gamma}_1=\boldsymbol{\Gamma}_1^{\mathrm{T}}>0$ 为自适应增益矩阵，γ_1 为自适应增益系数且 $\gamma_1>0$。

对 V_1 求导，并将式(5.11)代入式(5.12)可得

$$\dot{V}_1\leqslant e_1g_1(x_1)e_2+e_1g_1(x_1)\alpha_1+e_1\boldsymbol{W}_1^{*\mathrm{T}}\boldsymbol{\xi}_1(\boldsymbol{Z}_1)+|e_1|\delta_1^*+\tilde{\boldsymbol{W}}_1^{\mathrm{T}}\boldsymbol{\Gamma}_1^{-1}\dot{\hat{\boldsymbol{W}}}_1+\gamma_1^{-1}\tilde{\delta}_1\dot{\hat{\delta}}_1\tag{5.13}$$

设计第一阶子系统的期望虚拟控制和自适应律为

$$\begin{cases}\alpha_1=N(\zeta_1)\left[k_1(t)e_1+\hat{\boldsymbol{W}}_1^{\mathrm{T}}\boldsymbol{\xi}_1(\boldsymbol{Z}_1)+\hat{\delta}_1\dfrac{1-\exp(-\upsilon_1e_1)}{1+\exp(-\upsilon_1e_1)}\right],\ e_1\in\boldsymbol{\Omega}_{Z_1}^0\\\dot{\zeta}_1=k_1(t)e_1^2+e_1\hat{\boldsymbol{W}}_1^{\mathrm{T}}\boldsymbol{\xi}_1(\boldsymbol{Z}_1)+e_1\hat{\delta}_1\dfrac{1-\exp(-\upsilon_1e_1)}{1+\exp(-\upsilon_1e_1)}\\\dot{\hat{\boldsymbol{W}}}_1=e_1\boldsymbol{\Gamma}_1\boldsymbol{\xi}_1(\boldsymbol{Z}_1)-\sigma_{10}\boldsymbol{\Gamma}_1\hat{\boldsymbol{W}}_1\\\dot{\hat{\delta}}_1=e_1\gamma_1\dfrac{1-\exp(-\upsilon_1e_1)}{1+\exp(-\upsilon_1e_1)}-\sigma_{11}\gamma_1\hat{\delta}_1\end{cases}\tag{5.14}$$

其中，υ、σ_{10}、σ_{11}、$k_1(t)$ 为设计参数且 $\upsilon_1>0$，$\sigma_{10}>0$，$\sigma_{11}>0$，$k_1(t)=k_{10}+k_{11}(t)$，$k_{11}(t)$ 将在下面给出。

将期望虚拟控制 α_1 代入式(5.13)，并在其右边同时加减 $\dot{\zeta}_1$，则有

$$\begin{aligned}\dot{V}_1\leqslant{}&e_1g_1(x_1)e_2+g_1(x_1)N(\zeta_1)\dot{\zeta}_1+\dot{\zeta}_1-k_1(t)e_1^2+\delta_1^*\left[|e_1|-e_1\frac{1-\exp(-\upsilon_1e_1)}{1+\exp(-\upsilon_1e_1)}\right]+\\&\tilde{\boldsymbol{W}}_1^{\mathrm{T}}\boldsymbol{\Gamma}_1^{-1}[\dot{\hat{\boldsymbol{W}}}_1-e_1\boldsymbol{\Gamma}_1\boldsymbol{\xi}_1(\boldsymbol{Z}_1)]+\gamma_1^{-1}\tilde{\delta}_1\left[\dot{\hat{\delta}}_1-e_1\gamma_1\frac{1-\exp(-\upsilon_1e_1)}{1+\exp(-\upsilon_1e_1)}\right]\end{aligned}\tag{5.15}$$

将自适应律 $\dot{\hat{\boldsymbol{W}}}_1$ 和 $\dot{\hat{\delta}}_1$ 代入，并由界化不等式 $|e_1|-e_1\dfrac{1-\exp(-\upsilon_1e_1)}{1+\exp(-\upsilon_1e_1)}\leqslant\dfrac{1}{\upsilon_1}$，可得

$$\dot{V}_1\leqslant e_1g_1(x_1)e_2+g_1(x_1)N(\zeta_1)\dot{\zeta}_1+\dot{\zeta}_1-k_1(t)e_1^2+\frac{\delta_1^*}{\upsilon_1}-\sigma_{10}\tilde{\boldsymbol{W}}_1^{\mathrm{T}}\hat{\boldsymbol{W}}_1-\sigma_{11}\tilde{\delta}_1\hat{\delta}_1\tag{5.16}$$

配平方可得如下不等式

$$-\sigma_{10}\tilde{\boldsymbol{W}}_1^{\mathrm{T}}\hat{\boldsymbol{W}}_1\leqslant\frac{\sigma_{10}}{2}\|\boldsymbol{W}_1^*\|^2-\frac{\sigma_{10}}{2}\|\tilde{\boldsymbol{W}}_1\|^2\tag{5.17}$$

$$-\sigma_{11}\tilde{\delta}_1\hat{\delta}_1\leqslant\frac{\sigma_{11}}{2}\|\delta_1^*\|^2-\frac{\sigma_{11}}{2}\|\tilde{\delta}_1\|^2\tag{5.18}$$

将不等式(5.17)、不等式(5.18)和 Young 不等式 $e_1g_1e_2\leqslant\dfrac{1}{4}e_1^2+g_1^2e_2^2$ 代入式(5.16)，则有

$$\dot{V}_1 \leqslant g_1^2(x_1)e_2^2 + g_1(x_1)N(\zeta_1)\dot{\zeta}_1 + \dot{\zeta}_1 - k_{10}^* e_1^2 - k_{11}(t)e_1^2 - \frac{\sigma_{10}}{2}\|\tilde{\boldsymbol{W}}_1\|^2 - \frac{\sigma_{11}}{2}\|\tilde{\delta}_1\|^2 + c_{10} \tag{5.19}$$

其中，$k_{10}^* = k_{10} - \dfrac{1}{4}$，$c_{10} = \dfrac{\sigma_{10}}{2}\|\boldsymbol{W}_1^*\|^2 + \dfrac{\sigma_{11}}{2}\|\delta_1^*\|^2 + \dfrac{\delta_1^*}{\upsilon_1}$为正常数。

选取设计参数 $k_{11}(t)$为

$$k_{11}(t) = \frac{\omega_1}{2e_1^2}\int_{t-\tau_{\max}}^{t} P_1(x_1(\tau))\mathrm{d}\tau \tag{5.20}$$

其中，ω_1 为设计参数且 $\omega_1 > 0$。

由假设 5.5 可知 $\int_{t-\tau_1}^{t} P_1(x_1(\tau))\mathrm{d}\tau \leqslant \int_{t-\tau_{\max}}^{t} P_1(x_1(\tau))\mathrm{d}\tau$，则有

$$\begin{aligned}\dot{V}_1 &\leqslant -2k_{10}^* V_{e_1} - \omega_1 V_{P_1} + g_1^2(x_1)e_2^2 + g_1(x_1)N(\zeta_1)\dot{\zeta}_1 + \dot{\zeta}_1 - \frac{\sigma_{10}}{2}\|\tilde{\boldsymbol{W}}_1\|^2 - \frac{\sigma_{11}}{2}\|\tilde{\delta}_1\|^2 + c_{10} \\ &\leqslant -c_{11}V_1 + c_{10} + g_1^2(x_1)e_2^2 + [g_1(x_1)N(\zeta_1)+1]\dot{\zeta}_1\end{aligned} \tag{5.21}$$

其中，$c_{11} = \min\left\{2k_{10}^*, \omega_1, \dfrac{\sigma_{10}}{\lambda_{\max}(\boldsymbol{\Gamma}_1^{-1})}, \sigma_{11}\gamma_1\right\}$。

定义 $\varphi_1 = c_{10}/c_{11}$，式(5.21)两边同乘以 $\mathrm{e}^{c_{11}t}$，并同时对 t 进行积分，则有

$$\begin{aligned}V_1(t) &\leqslant \varphi_1 + [V_1(0) - \varphi_1]\mathrm{e}^{-c_{11}t} + \mathrm{e}^{-c_{11}t}\int_0^t [(g_1(x_1)N(\zeta_1)+1)\mathrm{e}^{c_{11}\tau}]\dot{\zeta}_1\mathrm{d}\tau + \\ &\qquad \mathrm{e}^{-c_{11}t}\int_0^t g_1^2(x_1)e_2^2\mathrm{e}^{c_{11}\tau}\mathrm{d}\tau \\ &\leqslant \varphi_1 + V_1(0) + \mathrm{e}^{-c_{11}t}\int_0^t [(g_1(x_1)N(\zeta_1)+1)\mathrm{e}^{c_{11}\tau}]\dot{\zeta}_1\mathrm{d}\tau + \\ &\qquad \mathrm{e}^{-c_{11}t}\int_0^t g_1^2(x_1)e_2^2\mathrm{e}^{c_{11}\tau}\mathrm{d}\tau\end{aligned} \tag{5.22}$$

又由假设 5.1 可得

$$\begin{aligned}\mathrm{e}^{-c_{11}t}\int_0^t g_1^2(x_1)e_2^2\mathrm{e}^{c_{11}\tau}\mathrm{d}\tau &\leqslant \mathrm{e}^{-c_{11}t}g_{11}^2\int_0^t e_2^2\mathrm{e}^{c_{11}\tau}\mathrm{d}\tau \\ &\leqslant \mathrm{e}^{-c_{11}t}g_{11}^2\sup_{\tau\in[0,t]}[e_2^2(\tau)]\int_0^t \mathrm{e}^{c_{11}\tau}\mathrm{d}\tau \\ &\leqslant \frac{g_{11}^2}{c_{11}}\sup_{\tau\in[0,t]}[e_2^2(\tau)]\end{aligned} \tag{5.23}$$

则可知：若状态跟踪误差 e_2 有界，则式(5.22)中多余项 $\mathrm{e}^{-c_{11}t}\int_0^t g_1^2(x_1)e_2^2\mathrm{e}^{c_{11}\tau}\mathrm{d}\tau$ 亦有界。则由引理 2.4 可知，ζ_1、$V_1(t)$及 $\int_0^t g_1(x_1)N(\zeta_1)\dot{\zeta}_1\mathrm{d}\tau$ 在区间$[0, t_f)$上有界。

第 2 步：由闭环系统(5.2)的第二阶子系统和状态跟踪误差 $e_2 = x_2 - \alpha_1$，$e_3 = x_3 - \alpha_2$，可得 e_2 的动态方程为

$$\dot{e}_2 = f_2(\bar{\boldsymbol{x}}_2) + g_2(\bar{\boldsymbol{x}}_2)(e_3 + \alpha_2) + h_2(\bar{\boldsymbol{x}}_2(t-\tau_2)) + d_2 - \dot{\alpha}_1 \tag{5.24}$$

其中，$\alpha_1 = \alpha_1(x_1, \hat{\boldsymbol{W}}_1, \hat{\delta}_1, \bar{\boldsymbol{x}}_{r2}, \zeta_1)$。

期望虚拟控制 α_1 的导数为

$$\dot{\alpha}_1=\frac{\partial\alpha_1}{\partial x_1}\dot{x}_1+\bar{\omega}_1$$
$$=\frac{\partial\alpha_1}{\partial x_1}[f_1(x_1)+g_1(x_1)x_2+h_1(x_1(t-\tau_1))+d_1]+\bar{\omega}_1 \tag{5.25}$$

其中，$\bar{\omega}_1$ 是可以计算的中间变量，表示为

$$\bar{\omega}_1=\frac{\partial\alpha_1}{\partial\hat{\boldsymbol{W}}_1}\dot{\hat{\boldsymbol{W}}}_1+\frac{\partial\alpha_1}{\partial\hat{\delta}_1}\dot{\hat{\delta}}_1+\frac{\partial\alpha_1}{\partial\bar{\boldsymbol{x}}_{d2}}\dot{\boldsymbol{x}}_{r2}+\frac{\partial\alpha_1}{\partial\zeta_1}\dot{\zeta}_1$$

选择二次型 Lyapunov 函数 $V_{e_2}=\frac{1}{2}e_2^2$，对 V_{e_2} 沿着式(5.24)求导可得

$$\dot{V}_{e_2}=e_2f_2(\bar{\boldsymbol{x}}_2)+g_2(\bar{\boldsymbol{x}}_2)e_2(e_3+\alpha_2)+e_2h_2(\bar{\boldsymbol{x}}_2(t-\tau_2))+e_2d_2-e_2\dot{\alpha}_1 \tag{5.26}$$

由假设 5.2 和 Young 不等式可得

$$e_2h_2(\bar{\boldsymbol{x}}_2(t-\tau_2))\leqslant|e_2|\rho_2(\bar{\boldsymbol{x}}_2(t-\tau_2))\leqslant\frac{1}{2}e_2^2+\frac{1}{2}\rho_2^2(\bar{\boldsymbol{x}}_2(t-\tau_2)) \tag{5.27}$$

将不等式(5.27)代入式(5.26)可得

$$\dot{V}_{e_2}\leqslant e_2f_2(\bar{\boldsymbol{x}}_2)+g_2(\bar{\boldsymbol{x}}_2)e_2(e_3+\alpha_2)+\frac{1}{2}e_2^2+\frac{1}{2}\rho_2^2(\bar{\boldsymbol{x}}_2(t-\tau_2))+e_2d_2-e_2\dot{\alpha}_1 \tag{5.28}$$

为了克服式(5.28)中未知时滞项的影响，选择 Lyapunov-Krasovskii 泛函 V_{P_2} 为

$$V_{P_2}=\frac{1}{2}\int_{t-\tau_2}^{t}P_2(\bar{\boldsymbol{x}}_2(\tau))\mathrm{d}\tau,\ P_2(\bar{\boldsymbol{x}}_2)=\rho_2^2(\bar{\boldsymbol{x}}_2) \tag{5.29}$$

V_{P_2} 的导数为

$$\dot{V}_{P_2}=\frac{1}{2}\rho_2^2(\bar{\boldsymbol{x}}_2)-\frac{1}{2}\rho_2^2(\bar{\boldsymbol{x}}_2(t-\tau_2)) \tag{5.30}$$

由式(5.28)和式(5.30)可得

$$\dot{V}_{e_2}+\dot{V}_{P_2}\leqslant g_2(\bar{\boldsymbol{x}}_2)e_2(e_3+\alpha_2)+e_2H_2(\boldsymbol{Z}_2)+e_2d_2 \tag{5.31}$$

其中，$H_2(\boldsymbol{Z}_2)=f_2(\bar{\boldsymbol{x}}_2)+\frac{1}{2}e_2+\frac{1}{2e_2}\rho_2^2(\bar{\boldsymbol{x}}_2)-\dot{\alpha}_1$，$\boldsymbol{Z}_2=\left[\bar{\boldsymbol{x}}_2^{\mathrm{T}},\ \alpha_1,\ \frac{\partial\alpha_1}{\partial x_1},\ \bar{\omega}_1\right]^{\mathrm{T}}\in\boldsymbol{\Omega}_{Z_2}^0\subset\mathbf{R}^5$，$\boldsymbol{\Omega}_{Z_2}^0=\boldsymbol{\Omega}_{Z_2}-\boldsymbol{\Omega}_{c_{e_2}}$ 为一个紧集，$\boldsymbol{\Omega}_{c_{e_2}}=\{e_2\,|\,|e_2|<c_{e_2}\}\subset\boldsymbol{\Omega}_{Z_2}$ 为开集，$\boldsymbol{\Omega}_{Z_2}$ 为定义在引理 2.1 中的紧集。

在紧集 $\boldsymbol{\Omega}_{Z_2}^0\subset\mathbf{R}^5$ 上，应用 RBF 神经网络 $h_2(\boldsymbol{Z}_2)=\boldsymbol{W}_2^{*\mathrm{T}}\boldsymbol{\xi}_2(\boldsymbol{Z}_2)+\varepsilon_2$ 逼近未知非线性函数$H_2(\boldsymbol{Z}_2)$，神经网络逼近误差 ε_2 满足$|\varepsilon_2|\leqslant\varepsilon_2^*$，$\varepsilon_2^*$ 为未知正常数，并由假设 5.3，可得

$$\begin{aligned}\dot{V}_{e_2}+\dot{V}_{P_2}&\leqslant g_2(\bar{\boldsymbol{x}}_2)e_2(e_3+\alpha_2)+e_2\boldsymbol{W}_2^{*\mathrm{T}}\boldsymbol{\xi}_2(\boldsymbol{Z}_2)+e_2\varepsilon_2+e_2d_2\\&\leqslant g_2(\bar{\boldsymbol{x}}_2)e_2(e_3+\alpha_2)+e_2\boldsymbol{W}_2^{*\mathrm{T}}\boldsymbol{\xi}_2(\boldsymbol{Z}_2)+|e_2|\varepsilon_2^*+|e_2|d_2^*\\&\leqslant g_2(\bar{\boldsymbol{x}}_2)e_2(e_3+\alpha_2)+e_2\boldsymbol{W}_2^{*\mathrm{T}}\boldsymbol{\xi}_2(\boldsymbol{Z}_2)+|e_2|\delta_2^*\end{aligned} \tag{5.32}$$

其中，$\delta_2^*=\varepsilon_2^*+d_2^*$ 为未知正常数。

定义第二阶子系统的 Lyapunov 函数为

$$V_2=V_{e_2}+V_{P_2}+\frac{1}{2}\tilde{\boldsymbol{W}}_2^{\mathrm{T}}\boldsymbol{\Gamma}_2^{-1}\tilde{\boldsymbol{W}}_2+\frac{1}{2\gamma_2}\tilde{\delta}_2^2 \tag{5.33}$$

其中，$\boldsymbol{\Gamma}_2=\boldsymbol{\Gamma}_2^{\mathrm{T}}>0$ 为自适应增益矩阵，$\gamma_2>0$ 为自适应增益系数。

对 V_2 求导，并将式(5.32)代入可得

$$\dot{V}_2 \leqslant e_2 g_2(\bar{\boldsymbol{x}}_2)e_3 + e_2 g_2(\bar{\boldsymbol{x}}_2)\alpha_2 + e_2 \boldsymbol{W}_2^{*\mathrm{T}} \boldsymbol{\xi}_2(\boldsymbol{Z}_2) + |e_2|\delta_2^* + \tilde{\boldsymbol{W}}_2^{\mathrm{T}} \boldsymbol{\Gamma}_2^{-1} \dot{\hat{\boldsymbol{W}}}_2 + \gamma_2^{-1}\tilde{\delta}_2 \dot{\hat{\delta}}_2 \tag{5.34}$$

设计第二阶子系统的期望虚拟控制和自适应律为

$$\begin{cases} \alpha_2 = N(\zeta_2)\left[k_2(t)e_2 + \hat{\boldsymbol{W}}_2^{\mathrm{T}}\boldsymbol{\xi}_2(\boldsymbol{Z}_2) + \hat{\delta}_2 \dfrac{1-\exp(-\upsilon_2 e_2)}{1+\exp(-\upsilon_2 e_2)}\right],\ e_2 \in \boldsymbol{\Omega}_{Z_2}^0 \\ \dot{\zeta}_2 = k_2(t)e_2^2 + e_2\hat{\boldsymbol{W}}_2^{\mathrm{T}}\boldsymbol{\xi}_2(\boldsymbol{Z}_2) + e_2\hat{\delta}_2 \dfrac{1-\exp(-\upsilon_2 e_2)}{1+\exp(-\upsilon_2 e_2)} \\ \dot{\hat{\boldsymbol{W}}}_2 = e_2 \boldsymbol{\Gamma}_2 \boldsymbol{\xi}_2(\boldsymbol{Z}_2) - \sigma_{20}\boldsymbol{\Gamma}_2\hat{\boldsymbol{W}}_2 \\ \dot{\hat{\delta}}_2 = e_2\gamma_2 \dfrac{1-\exp(-\upsilon_2 e_2)}{1+\exp(-\upsilon_2 e_2)} - \sigma_{21}\gamma_2\hat{\delta}_2 \end{cases} \tag{5.35}$$

其中，υ_2、σ_{20}、σ_{21}、$k_2(t)$为设计参数，$k_{21}(t)$将在下面给出且 $\upsilon_2>0$，$\sigma_{20}>0$，$\sigma_{21}>0$，$k_2(t)=k_{20}+k_{21}(t)$。

将期望虚拟控制 α_2 代入式(5.34)，并在其右边同时加减 $\dot{\zeta}_2$，则有

$$\begin{aligned} \dot{V}_2 \leqslant{}& e_2 g_2(\bar{\boldsymbol{x}}_2)e_3 + g_2(\bar{\boldsymbol{x}}_2)N(\zeta_2)\dot{\zeta}_2 + \dot{\zeta}_2 - k_2(t)e_2^2 + \delta_2^*\left[|e_2| - e_2\frac{1-\exp(-\upsilon_2 e_2)}{1+\exp(-\upsilon_2 e_2)}\right] + \\ & \tilde{\boldsymbol{W}}_2^{\mathrm{T}}\boldsymbol{\Gamma}_2^{-1}[\dot{\hat{\boldsymbol{W}}}_2 - e_2\boldsymbol{\Gamma}_2\boldsymbol{\xi}_2(\boldsymbol{Z}_2)] + \gamma_2^{-1}\tilde{\delta}_2\left[\dot{\hat{\delta}}_2 - e_2\gamma_2\frac{1-\exp(-\upsilon_2 e_2)}{1+\exp(-\upsilon_2 e_2)}\right] \end{aligned} \tag{5.36}$$

将自适应律 $\dot{\hat{\boldsymbol{W}}}_2$ 和 $\dot{\hat{\delta}}_2$ 代入式(5.36)，并由界化不等式 $|e_2| - e_2\dfrac{1-\exp(-\upsilon_2 e_2)}{1+\exp(-\upsilon_2 e_2)} \leqslant \dfrac{1}{\upsilon_2}$，可得

$$\dot{V}_2 \leqslant e_2 g_2(\bar{\boldsymbol{x}}_2)e_3 + g_2(\bar{\boldsymbol{x}}_2)N(\zeta_2)\dot{\zeta}_2 + \dot{\zeta}_2 - k_2(t)e_2^2 + \frac{\delta_2^*}{\upsilon_2} - \sigma_{20}\tilde{\boldsymbol{W}}_2^{\mathrm{T}}\hat{\boldsymbol{W}}_2 - \sigma_{21}\tilde{\delta}_2\hat{\delta}_2 \tag{5.37}$$

相似于第 1 步设计，配平方可得不等式 $-\sigma_{20}\tilde{\boldsymbol{W}}_2^{\mathrm{T}}\hat{\boldsymbol{W}}_2 \leqslant \dfrac{\sigma_{20}}{2}\|\boldsymbol{W}_2^*\|^2 - \dfrac{\sigma_{20}}{2}\|\tilde{\boldsymbol{W}}_2\|^2$ 和 $-\sigma_{21}\tilde{\delta}_2\hat{\delta}_2 \leqslant \dfrac{\sigma_{21}}{2}\|\delta_2^*\|^2 - \dfrac{\sigma_{21}}{2}\|\tilde{\delta}_2\|^2$，并将 Young 不等式 $e_2 g_2 e_3 \leqslant \dfrac{1}{4}e_2^2 + g_2^2 e_3^2$ 代入式(5.37)，则有

$$\begin{aligned} \dot{V}_2 \leqslant{}& g_2^2(\bar{\boldsymbol{x}}_2)e_3^2 + g_2(\bar{\boldsymbol{x}}_2)N(\zeta_2)\dot{\zeta}_2 + \dot{\zeta}_2 - k_{20}^* e_2^2 - \\ & k_{21}(t)e_2^2 - \frac{\sigma_{20}}{2}\|\tilde{\boldsymbol{W}}_2\|^2 - \frac{\sigma_{21}}{2}\|\tilde{\delta}_2\|^2 + c_{20} \end{aligned} \tag{5.38}$$

其中，$k_{20}^* = k_{20} - \dfrac{1}{4}$，$c_{20} = \dfrac{\sigma_{20}}{2}\|\boldsymbol{W}_2^*\|^2 + \dfrac{\sigma_{21}}{2}\|\delta_2^*\|^2 + \dfrac{\delta_2^*}{\upsilon_2}$为正常数。

选取设计参数 $k_{21}(t)$为

$$k_{21}(t) = \frac{\omega_2}{2e_2^2}\int_{t-\tau_{\max}}^{t} P_2(\bar{\boldsymbol{x}}_2(\tau))\mathrm{d}\tau \tag{5.39}$$

其中，$\omega_2>0$ 为设计参数。

由假设 5.5 可知 $\int_{t-\tau_2}^{t} P_2(\bar{\boldsymbol{x}}_2(\tau))\mathrm{d}\tau \leqslant \int_{t-\tau_{\max}}^{t} P_2(\bar{\boldsymbol{x}}_2(\tau))\mathrm{d}\tau$，则有

$$\begin{aligned} \dot{V}_2 &\leqslant -2k_{20}^* V_{e_2} - \omega_2 V_{P_2} + g_2^2(\bar{\boldsymbol{x}}_2)e_3^2 + g_2(\bar{\boldsymbol{x}}_2)N(\zeta_2)\dot{\zeta}_2 + \dot{\zeta}_2 - \frac{\sigma_{20}}{2}\|\tilde{\boldsymbol{W}}_2\|^2 - \frac{\sigma_{21}}{2}\|\tilde{\delta}_2\|^2 + c_{20} \\ &\leqslant -c_{21}V_2 + c_{20} + g_2^2(\bar{\boldsymbol{x}}_2)e_3^2 + [g_2(\bar{\boldsymbol{x}}_2)N(\zeta_2)+1]\dot{\zeta}_2 \end{aligned} \tag{5.40}$$

其中，$c_{21}=\min\left\{2k_{20}^{*}, \omega_2, \dfrac{\sigma_{20}}{\lambda_{\max}(\boldsymbol{\Gamma}_2^{-1})}, \sigma_{21}\gamma_2\right\}$。

定义 $\varphi_2=c_{20}/c_{21}$，式(5.40)两边同乘以 $e^{c_{21}t}$，并同时对 t 进行积分，则有

$$
\begin{aligned}
V_2(t) &\leqslant \varphi_2+[V_2(0)-\varphi_2]e^{-c_{21}t}+e^{-c_{21}t}\int_0^t[(g_2(\bar{\boldsymbol{x}}_2)N(\zeta_2)+1)e^{c_{21}\tau}]\dot{\zeta}_2 d\tau+ \\
&\quad e^{-c_{21}t}\int_0^t g_2^2(\bar{\boldsymbol{x}}_2)e_3^2 e^{c_{21}\tau}d\tau \\
&\leqslant \varphi_2+V_2(0)+e^{-c_{21}t}\int_0^t[(g_2(\bar{\boldsymbol{x}}_2)N(\zeta_2)+1)e^{c_{21}\tau}]\dot{\zeta}_2 d\tau+ \\
&\quad e^{-c_{21}t}\int_0^t g_2^2(\bar{\boldsymbol{x}}_2)e_3^2 e^{c_{21}\tau}d\tau
\end{aligned}
\tag{5.41}
$$

又由假设 5.1 可得

$$
\begin{aligned}
e^{-c_{21}t}\int_0^t g_2^2(\bar{\boldsymbol{x}}_2)e_3^2 e^{c_{21}\tau}d\tau &\leqslant e^{-c_{21}t}g_{21}^2\int_0^t e_3^2 e^{c_{21}\tau}d\tau \\
&\leqslant e^{-c_{21}t}g_{21}^2 \sup_{\tau\in[0,t]}[e_3^2(\tau)]\int_0^t e^{c_{21}\tau}d\tau \\
&\leqslant \frac{g_{21}^2}{c_{21}}\sup_{\tau\in[0,t]}[e_3^2(\tau)]
\end{aligned}
\tag{5.42}
$$

则可知：若状态跟踪误差 e_3 有界，则式(5.41)中多余项 $e^{-c_{21}t}\int_0^t g_2^2(\bar{\boldsymbol{x}}_2)e_3^2 e^{c_{21}\tau}d\tau$ 亦有界。则由引理 2.4 可知，ζ_2、$V_2(t)$ 及 $\int_0^t g_2(\bar{\boldsymbol{x}}_2)N(\zeta_2)\dot{\zeta}_2 d\tau$ 在区间$[0, t_f)$上有界。

第 i 步：对于 $3\leqslant i\leqslant n-1$，由式(5.2)表示的闭环系统的第 i 阶子系统和状态跟踪误差 $e_i=x_i-\alpha_{i-1}$，$e_{i+1}=x_{i+1}-\alpha_i$，可得 e_i 的动态方程为

$$
\dot{e}_i=f_i(\bar{\boldsymbol{x}}_i)+g_i(\bar{\boldsymbol{x}}_i)(e_{i+1}+\alpha_i)+h_i(\bar{\boldsymbol{x}}_i(t-\tau_i))+d_i-\dot{\alpha}_{i-1}
\tag{5.43}
$$

其中，$\alpha_{i-1}=\alpha_{i-1}(\bar{\boldsymbol{x}}_{i-1}^{\mathrm{T}}, \bar{\hat{\boldsymbol{W}}}_{i-1}^{\mathrm{T}}, \bar{\hat{\boldsymbol{\delta}}}_{i-1}^{\mathrm{T}}, \bar{\boldsymbol{x}}_{ri}, \zeta_{i-1})$，$\bar{\hat{\boldsymbol{W}}}_{i-1}=[\hat{\boldsymbol{W}}_1^{\mathrm{T}}, \hat{\boldsymbol{W}}_2^{\mathrm{T}}, \cdots, \hat{\boldsymbol{W}}_{i-1}^{\mathrm{T}}]^{\mathrm{T}}$，$\bar{\hat{\boldsymbol{\delta}}}_{i-1}=[\hat{\delta}_1, \hat{\delta}_2, \cdots, \hat{\delta}_{i-1}]^{\mathrm{T}}$。

期望虚拟控制 α_{i-1} 的导数为

$$
\begin{aligned}
\dot{\alpha}_{i-1}&=\sum_{j=1}^{i-1}\frac{\partial\alpha_{i-1}}{\partial x_j}\dot{x}_j+\bar{\omega}_{i-1} \\
&=\sum_{j=1}^{i-1}\frac{\partial\alpha_{i-1}}{\partial x_j}[f_j(\bar{\boldsymbol{x}}_j)+g_j(\bar{\boldsymbol{x}}_j)x_{j+1}+h_j(\bar{\boldsymbol{x}}_j(t-\tau_j))+d_j]+\bar{\omega}_{i-1}
\end{aligned}
\tag{5.44}
$$

其中，$\bar{\omega}_{i-1}$是可以计算的中间变量，表示为

$$
\bar{\omega}_{i-1}=\sum_{j=1}^{i-1}\frac{\partial\alpha_{i-1}}{\partial\hat{\boldsymbol{W}}_j}\dot{\hat{\boldsymbol{W}}}_j+\sum_{j=1}^{i-1}\frac{\partial\alpha_{i-1}}{\partial\hat{\delta}_j}\dot{\hat{\delta}}_j+\frac{\partial\alpha_{i-1}}{\partial\bar{\boldsymbol{x}}_{ri}}\dot{\bar{\boldsymbol{x}}}_{ri}+\frac{\partial\alpha_{i-1}}{\partial\zeta_{i-1}}\dot{\zeta}_{i-1}
$$

选择二次型 Lyapunov 函数 $V_{e_i}=\dfrac{1}{2}e_i^2$，对 V_{e_i} 沿着式(5.43)求导，可得

$$
\dot{V}_{e_i}=e_if_i(\bar{\boldsymbol{x}}_i)+g_i(\bar{\boldsymbol{x}}_i)e_i(e_{i+1}+\alpha_i)+e_ih_i(\bar{\boldsymbol{x}}_i(t-\tau_i))+e_id_i-e_i\dot{\alpha}_{i-1}
\tag{5.45}
$$

由假设 5.2 和 Young 不等式可得

$$e_ih_i(\bar{\boldsymbol{x}}_i(t-\tau_i))\leqslant|e_i|\rho_i(\bar{\boldsymbol{x}}_i(t-\tau_i))\leqslant\frac{1}{2}e_i^2+\frac{1}{2}\rho_i^2(\bar{\boldsymbol{x}}_i(t-\tau_i)) \tag{5.46}$$

将不等式(5.46)代入式(5.45)，可得

$$\dot{V}_{e_i}\leqslant e_if_i(\bar{\boldsymbol{x}}_i)+g_i(\bar{\boldsymbol{x}}_i)e_i(e_{i+1}+\alpha_i)+\frac{1}{2}e_i^2+\frac{1}{2}\rho_i^2(\bar{\boldsymbol{x}}_i(t-\tau_i))+e_id_i-e_i\dot{\alpha}_{i-1} \tag{5.47}$$

为了克服式(5.47)中未知时滞项的影响，选择 Lyapunov-Krasovskii 泛函 V_{P_i} 为

$$V_{P_i}=\frac{1}{2}\int_{t-\tau_i}^{t}P_i(\bar{\boldsymbol{x}}_i(\tau))\mathrm{d}\tau,\ P_i(\bar{\boldsymbol{x}}_i)=\rho_i^2(\bar{\boldsymbol{x}}_i) \tag{5.48}$$

则 V_{P_i} 的导数为

$$\dot{V}_{P_i}=\frac{1}{2}\rho_i^2(\bar{\boldsymbol{x}}_i)-\frac{1}{2}\rho_i^2(\bar{\boldsymbol{x}}_i(t-\tau_i)) \tag{5.49}$$

由式(5.47)和式(5.49)可得

$$\dot{V}_{e_i}+\dot{V}_{P_i}\leqslant g_i(\bar{\boldsymbol{x}}_i)e_i(e_{i+1}+\alpha_i)+e_iH_i(\boldsymbol{Z}_i)+e_id_i \tag{5.50}$$

其中，

$$H_i(\boldsymbol{Z}_i)=f_i(\bar{\boldsymbol{x}}_i)+\frac{1}{2}e_i+\frac{1}{2e_i}\rho_i^2(\bar{\boldsymbol{x}}_i)-\dot{\alpha}_{i-1}$$

$$\boldsymbol{Z}_i=\left[\bar{\boldsymbol{x}}_i^{\mathrm{T}},\ \alpha_{i-1},\ \frac{\partial\alpha_{i-1}}{\partial x_1},\ \cdots,\ \frac{\partial\alpha_{i-1}}{\partial x_{i-1}},\ \bar{\omega}_{i-1}\right]^{\mathrm{T}}\in\boldsymbol{\Omega}_{Z_i}\subset\mathbf{R}^{2i+1},\ \boldsymbol{\Omega}_{Z_i}^0=\boldsymbol{\Omega}_{Z_i}-\boldsymbol{\Omega}_{c_{e_i}}$$

为一个紧集，$\boldsymbol{\Omega}_{c_{e_i}}=\{e_i\,|\,|e_i|<c_{e_i}\}\subset\boldsymbol{\Omega}_{Z_i}$ 为开集，$\boldsymbol{\Omega}_{Z_i}$ 为定义在引理 2.1 中的紧集。

在紧集 $\boldsymbol{\Omega}_{Z_i}^0\subset\mathbf{R}^{2i+1}$ 上，应用 RBF 神经网络 $h_i(\boldsymbol{Z}_i)=\boldsymbol{W}_i^{*\mathrm{T}}\boldsymbol{\xi}_i(\boldsymbol{Z}_i)+\varepsilon_i$ 逼近未知非线性函数 $H_i(\boldsymbol{Z}_i)$，神经网络逼近误差 ε_i 满足 $|\varepsilon_i|\leqslant\varepsilon_i^*$，$\varepsilon_i^*$ 为未知正常数，并由假设 5.3，可得

$$\begin{aligned}\dot{V}_{e_i}+\dot{V}_{P_i}&\leqslant g_i(\bar{\boldsymbol{x}}_i)e_i(e_{i+1}+\alpha_i)+e_i\boldsymbol{W}_i^{*\mathrm{T}}\boldsymbol{\xi}_i(\boldsymbol{Z}_i)+e_i\varepsilon_i+e_id_i\\&\leqslant g_i(\bar{\boldsymbol{x}}_i)e_i(e_{i+1}+\alpha_i)+e_i\boldsymbol{W}_i^{*\mathrm{T}}\boldsymbol{\xi}_i(\boldsymbol{Z}_i)+|e_i|\varepsilon_i^*+|e_i|d_i^*\\&\leqslant g_i(\bar{\boldsymbol{x}}_i)e_i(e_{i+1}+\alpha_i)+e_i\boldsymbol{W}_i^{*\mathrm{T}}\boldsymbol{\xi}_i(\boldsymbol{Z}_i)+|e_i|\delta_i^*\end{aligned} \tag{5.51}$$

其中，$\delta_i^*=\varepsilon_i^*+d_i^*$ 为未知正常数。

定义第 i 阶子系统的 Lyapunov 函数为

$$V_i=V_{e_i}+V_{P_i}+\frac{1}{2}\tilde{\boldsymbol{W}}_i^{\mathrm{T}}\boldsymbol{\Gamma}_i^{-1}\tilde{\boldsymbol{W}}_i+\frac{1}{2\gamma_i}\tilde{\delta}_i^2 \tag{5.52}$$

其中，$\boldsymbol{\Gamma}_i=\boldsymbol{\Gamma}_i^{\mathrm{T}}>0$ 为自适应增益矩阵，$\gamma_i>0$ 为自适应增益系数。

设计第 i 阶子系统的期望虚拟控制和自适应律为

$$\begin{cases}\alpha_i=N(\zeta_i)\left[k_i(t)e_i+\hat{\boldsymbol{W}}_i^{\mathrm{T}}\boldsymbol{\xi}_i(\boldsymbol{Z}_i)+\hat{\delta}_i\dfrac{1-\exp(-\upsilon_ie_i)}{1+\exp(-\upsilon_ie_i)}\right],\ e_i\in\boldsymbol{\Omega}_{Z_i}^0\\ \dot{\zeta}_i=k_i(t)e_i^2+e_i\hat{\boldsymbol{W}}_i^{\mathrm{T}}\boldsymbol{\xi}_i(\boldsymbol{Z}_i)+e_i\hat{\delta}_i\dfrac{1-\exp(-\upsilon_ie_i)}{1+\exp(-\upsilon_ie_i)}\\ \dot{\hat{\boldsymbol{W}}}_i=e_i\boldsymbol{\Gamma}_i\boldsymbol{\xi}_i(\boldsymbol{Z}_i)-\sigma_{i0}\boldsymbol{\Gamma}_i\hat{\boldsymbol{W}}_i\\ \dot{\hat{\delta}}_i=e_i\gamma_i\dfrac{1-\exp(-\upsilon_ie_i)}{1+\exp(-\upsilon_ie_i)}-\sigma_{i1}\gamma_i\hat{\delta}_i\end{cases} \tag{5.53}$$

其中，υ_i、σ_{i0}、σ_{i1}、$k_i(t)$、$k_{i1}(t)$、ω_i 为设计参数且 $\upsilon_i>0$，$\sigma_{i0}>0$，$\sigma_{i1}>0$，$k_i(t)=k_{i0}+$

$k_{i1}(t)$，$k_{i1}(t)=\dfrac{\omega_i}{2e_i^2}\int_{t-\tau_{\max}}^{t} P_i(\bar{\boldsymbol{x}}_i(\tau))\mathrm{d}\tau$，$\omega_i>0$。

对 V_i 求导，并将式(5.51)、期望虚拟控制和自适应律式(5.53)代入式(5.52)，以下推导过程相似于第 2 步的计算方法和步骤，则有

$$V_i(t)\leqslant \varphi_i+V_i(0)+\mathrm{e}^{-c_{i1}t}\int_0^t[(g_i(\bar{\boldsymbol{x}}_i)N(\zeta_i)+1)\mathrm{e}^{c_{i1}\tau}]\dot{\zeta}_i\mathrm{d}\tau+\mathrm{e}^{-c_{i1}t}\int_0^t g_i^2(\bar{\boldsymbol{x}}_i)e_{i+1}^2\mathrm{e}^{c_{i1}\tau}\mathrm{d}\tau \tag{5.54}$$

其中，$\varphi_i=\dfrac{c_{i0}}{c_{i1}}$，$c_{i0}=\dfrac{\sigma_{i0}}{2}\|\boldsymbol{W}_i^*\|^2+\dfrac{\sigma_{i1}}{2}\|\delta_i^*\|^2+\dfrac{\delta_i^*}{\upsilon_i}$，$c_{i1}=\min\left\{2k_{i0}^*,\omega_i,\dfrac{\sigma_{i0}}{\lambda_{\max}(\boldsymbol{\Gamma}_i^{-1})},\sigma_{i1}\gamma_i\right\}$，$k_{20}^*=k_{20}-\dfrac{1}{4}$为正常数。

由假设 5.1 可得

$$\begin{aligned}\mathrm{e}^{-c_{i1}t}\int_0^t g_i^2(\bar{\boldsymbol{x}}_i)e_{i+1}^2\mathrm{e}^{c_{i1}\tau}\mathrm{d}\tau&\leqslant \mathrm{e}^{-c_{i1}t}g_{i1}^2\int_0^t e_{i+1}^2\mathrm{e}^{c_{i1}\tau}\mathrm{d}\tau\\&\leqslant \mathrm{e}^{-c_{i1}t}g_{i1}^2\sup_{\tau\in[0,t]}[e_{i+1}^2(\tau)]\int_0^t\mathrm{e}^{c_{i1}\tau}\mathrm{d}\tau\\&\leqslant\frac{g_{i1}^2}{c_{i1}}\sup_{\tau\in[0,t]}[e_{i+1}^2(\tau)]\end{aligned} \tag{5.55}$$

则可知，若状态跟踪误差 e_{i+1} 有界，则式(5.54)中多余项 $\mathrm{e}^{-c_{i1}t}\int_0^t g_i^2(\bar{\boldsymbol{x}}_i)e_{i+1}^2\mathrm{e}^{c_{i1}\tau}\mathrm{d}\tau$ 亦有界。则由引理 2.4 可知，ζ_i，$V_i(t)$及 $\int_0^t g_i(\bar{\boldsymbol{x}}_i)N(\zeta_i)\dot{\zeta}_i\mathrm{d}\tau$ 在区间$[0, t_f)$上有界。

经过上述 $n-1$ 步设计过程，得到 $n-1$ 个期望虚拟控制 α_i，$i=1, 2, \cdots, n-1$，最后一步结合滑模变结构控制和积分 Lyapunov 方法设计最终的控制律 u，以抑制未知死区非线性对系统性能的影响，提高系统的鲁棒性。

第 n 步：由闭环系统式(5.2)的第 n 阶子系统和状态跟踪误差 $e_n=x_n-\alpha_{n-1}$，可得 e_n 的动态方程为

$$\dot{e}_n=f_n(\boldsymbol{x})+g_n(\boldsymbol{x})\boldsymbol{\kappa}^{\mathrm{T}}(t)\boldsymbol{\eta}(t)u+g_n(\boldsymbol{x})d_d(u)+h_n(\boldsymbol{x}(t-\tau_n))+d_n-\dot{\alpha}_{n-1} \tag{5.56}$$

定义滑模面为

$$s=c_1e_1+c_2e_2+\cdots+c_{n-1}e_{n-1}+e_n \tag{5.57}$$

其中，c_1，c_2，$\cdots$，c_{n-1}为设计参数，使得多项式 $p^{n-1}+c_{n-1}p^{n-2}+\cdots+c_2p+c_1$ 为 Hurwitz 稳定，p 为 Laplace 算子。

对 s 求导得

$$\dot{s}=f_n(\boldsymbol{x})+g_n(\boldsymbol{x})\boldsymbol{\kappa}^{\mathrm{T}}(t)\boldsymbol{\eta}(t)u+g_n(\boldsymbol{x})d_d(u)+h_n(\boldsymbol{x}(t-\tau_n))+d_n+\psi \tag{5.58}$$

其中，$\psi=\sum_{i=1}^{n-1}c_i\dot{e}_i-\dot{\alpha}_{n-1}$，期望虚拟控制 α_{n-1}导数为

$$\begin{aligned}\dot{\alpha}_{n-1}&=\sum_{j=1}^{n-1}\frac{\partial\alpha_{n-1}}{\partial x_j}\dot{x}_j+\bar{\omega}_{n-1}\\&=\sum_{j=1}^{n-1}\frac{\partial\alpha_{n-1}}{\partial x_j}[f_j(\bar{\boldsymbol{x}}_j)+g_j(\bar{\boldsymbol{x}}_j)x_{j+1}+h_j(\boldsymbol{x}\bar{\boldsymbol{x}}_j(t-\tau_j))]+\bar{\omega}_{n-1}\end{aligned} \tag{5.59}$$

其中，$\bar{\omega}_{n-1}$是可以计算的中间变量，表示为

$$\bar{\omega}_{n-1}=\sum_{j=1}^{n-1}\frac{\partial\alpha_{n-1}}{\partial\hat{\boldsymbol{W}}_j}\dot{\hat{\boldsymbol{W}}}_j+\sum_{j=1}^{n-1}\frac{\partial\alpha_{n-1}}{\partial\hat{\delta}_j}\dot{\hat{\delta}}_j+\frac{\partial\alpha_{n-1}}{\partial\bar{\boldsymbol{x}}_{dn}}\bar{\boldsymbol{x}}_{dn}+\frac{\partial\alpha_{n-1}}{\partial\zeta_{n-1}}\dot{\zeta}_{n-1}$$

由积分 Lyapunov 设计方法，选择如下的积分型 Lyapunov 函数

$$V_s=\int_0^s\frac{\sigma}{|g_n(\bar{\boldsymbol{x}}_{n-1},\sigma+\psi_1)|}\mathrm{d}\sigma \tag{5.60}$$

其中，$\psi_1=\alpha_{n-1}-\sum_{i=1}^{n-1}c_ie_i$。

由积分中值定理可得

$$V_s=\frac{\lambda_s s^2}{|g_n(\bar{\boldsymbol{x}}_{n-1},\lambda_s s+\psi_1)|},\ \lambda_s\in(0,1) \tag{5.61}$$

由假设 5.1，即 $0<g_{n0}\leqslant|g_n(\boldsymbol{x})|$，可知 $V_s>0$。

对 V_s 沿着式(5.58)求导，并由 $\frac{\partial|g_n^{-1}(\bar{\boldsymbol{x}}_{n-1},\sigma+\psi_1)|}{\partial\psi_1}=\frac{\partial|g_n^{-1}(\bar{\boldsymbol{x}}_{n-1},\sigma+\psi_1)|}{\partial\sigma}$ 可得

$$\begin{aligned}\dot{V}_s&=\frac{\partial V_s}{\partial s}\dot{s}+\frac{\partial V_s}{\partial\bar{\boldsymbol{x}}_{n-1}}\dot{\bar{\boldsymbol{x}}}_{n-1}+\frac{\partial V_s}{\partial\psi_1}\dot{\psi}_1\\&=\frac{s}{|g_n(\boldsymbol{x})|}\dot{s}+\int_0^s\sigma\frac{\partial|g_n^{-1}(\bar{\boldsymbol{x}}_{n-1},\sigma+\psi_1)|}{\partial\bar{\boldsymbol{x}}_{n-1}}\dot{\bar{\boldsymbol{x}}}_{n-1}\mathrm{d}\sigma+\int_0^s\sigma\frac{\partial|g_n^{-1}(\bar{\boldsymbol{x}}_{n-1},\sigma+\psi_1)|}{\partial\psi_1}\dot{\psi}_1\mathrm{d}\sigma\\&=\frac{s}{|g_n(\boldsymbol{x})|}[f_n(\boldsymbol{x})+g_n(\boldsymbol{x})\boldsymbol{\kappa}^{\mathrm{T}}(t)\boldsymbol{\eta}(t)u+g_n(\boldsymbol{x})d_d(u)+h_n(\boldsymbol{x}(t-\tau_n))+d_n+\psi]+\\&\quad s^2\dot{\bar{\boldsymbol{x}}}_{n-1}^{\mathrm{T}}\int_0^1\theta\frac{\partial|g_n^{-1}(\bar{\boldsymbol{x}}_{n-1},\theta s+\psi_1)|}{\partial\bar{\boldsymbol{x}}_{n-1}}\mathrm{d}\theta+\frac{s}{|g_n(\boldsymbol{x})|}\dot{\psi}_1-s\dot{\psi}_1\int_0^1|g_n^{-1}(\bar{\boldsymbol{x}}_{n-1},\theta s+\psi_1)|\mathrm{d}\theta\end{aligned} \tag{5.62}$$

由假设 5.2 和 Young 不等式可得

$$sh_n(\boldsymbol{x}(t-\tau_n))\leqslant|s|\rho_n(\boldsymbol{x}(t-\tau_n))\leqslant\frac{1}{2}s^2+\frac{1}{2}\rho_n^2(\boldsymbol{x}(t-\tau_n)) \tag{5.63}$$

由 $\psi=-\dot{\psi}_1$，并利用假设 5.1，可得

$$\begin{aligned}\dot{V}_s\leqslant s\Bigg[&\frac{f_n(\boldsymbol{x})}{|g_n(\boldsymbol{x})|}+\frac{g_n(\boldsymbol{x})}{|g_n(\boldsymbol{x})|}\boldsymbol{\kappa}^{\mathrm{T}}(t)\boldsymbol{\eta}(t)u+\frac{g_n(\boldsymbol{x})}{|g_n(\boldsymbol{x})|}d_d(u)+\\&\frac{d_n}{|g_n(\boldsymbol{x})|}+\frac{1}{2g_{n0}}s+\frac{1}{2sg_{n0}}\rho_n^2(\boldsymbol{x}(t-\tau_n))+\\&s\dot{\bar{\boldsymbol{x}}}_{n-1}^{\mathrm{T}}\int_0^1\theta\frac{\partial|g_n^{-1}(\bar{\boldsymbol{x}}_{n-1},\theta s+\psi_1)|}{\partial\bar{\boldsymbol{x}}_{n-1}}\mathrm{d}\theta+\psi\int_0^1|g_n^{-1}(\bar{\boldsymbol{x}}_{n-1},\theta s+\psi_1)|\mathrm{d}\theta\Bigg]\end{aligned} \tag{5.64}$$

为了克服式(5.64)中未知时滞项的影响，选择 Lyapunov-Krasovskii 泛函 V_{P_n} 为

$$V_{P_n}=\frac{1}{2g_{n0}}\int_{t-\tau_n}^t P_n(\boldsymbol{x}(\tau))\mathrm{d}\tau,\ P_n(\boldsymbol{x})=\rho_n^2(\boldsymbol{x}) \tag{5.65}$$

V_{P_n} 的导数为

$$\dot{V}_{P_n}=\frac{1}{2g_{n0}}\rho_n^2(\boldsymbol{x})-\frac{1}{2g_{n0}}\rho_n^2(\boldsymbol{x}(t-\tau_n)) \tag{5.66}$$

由式(5.64)和式(5.66)可得

$$\dot{V}_s+\dot{V}_{P_n}\leqslant s\frac{g_n(\boldsymbol{x})}{|g_n(\boldsymbol{x})|}\boldsymbol{\kappa}^{\mathrm{T}}(t)\boldsymbol{\eta}(t)u+sH_n(\boldsymbol{Z}_n)+s\left[\frac{g_n(\boldsymbol{x})}{|g_n(\boldsymbol{x})|}d_d(u)+\frac{d_n}{|g_n(\boldsymbol{x})|}\right] \tag{5.67}$$

其中，

$$H_n(\boldsymbol{Z}_n)=\frac{f_n(\boldsymbol{x})}{|g_n(\boldsymbol{x})|}+s\,\dot{\bar{\boldsymbol{x}}}_{n-1}^{\mathrm{T}}\int_0^1\theta\frac{\partial|g_n^{-1}(\bar{\boldsymbol{x}}_{n-1},\theta s+\psi_1)|}{\partial\bar{\boldsymbol{x}}_{n-1}}\mathrm{d}\theta+$$
$$\psi\int_0^1|g_n^{-1}(\bar{\boldsymbol{x}}_{n-1},\theta s+\psi_1)|\mathrm{d}\theta+\frac{s}{2g_{n0}}+\frac{\rho_n^2(\boldsymbol{x})}{2sg_{n0}}$$

$$\boldsymbol{Z}_n=[\boldsymbol{x}^{\mathrm{T}},s,\psi,\psi_1]^{\mathrm{T}}\in\boldsymbol{\Omega}_{Z_n}^0\subset\mathbf{R}^{n+3},\ \boldsymbol{\Omega}_{Z_n}^0=\boldsymbol{\Omega}_{Z_n}-\boldsymbol{\Omega}_{c_s}$$

为一个紧集，$\boldsymbol{\Omega}_{c_s}=\{s\,|\,|s|<c_s,c_s>0\}\subset\boldsymbol{\Omega}_{Z_n}$ 为开集，$\boldsymbol{\Omega}_{Z_n}$ 为定义在引理 2.1 中的紧集。

在紧集 $\boldsymbol{\Omega}_{Z_n}\subset\mathbf{R}^{n+3}$ 上，应用 RBF 神经网络 $h_n(\boldsymbol{Z}_n)=\boldsymbol{W}_n^{*\mathrm{T}}\boldsymbol{\xi}_n(\boldsymbol{Z}_n)+\varepsilon_n$ 来逼近未知非线性函数 $H_n(\boldsymbol{Z}_n)$，神经网络逼近误差 ε_n 满足 $|\varepsilon_n|\leqslant\varepsilon_n^*$，$\varepsilon_n^*$ 为未知正常数，并由假设 5.3，可得有

$$\begin{aligned}\dot{V}_s+\dot{V}_{P_n}&\leqslant s\frac{g_n(\boldsymbol{x})}{|g_n(\boldsymbol{x})|}\boldsymbol{\kappa}^{\mathrm{T}}(t)\boldsymbol{\eta}(t)u+s\boldsymbol{W}_n^{*\mathrm{T}}\boldsymbol{\xi}_n(\boldsymbol{Z}_n)+s\varepsilon_n+s\left[\frac{g_n(\boldsymbol{x})}{|g_n(\boldsymbol{x})|}d_d(u)+\frac{d_n}{|g_n(\boldsymbol{x})|}\right]\\&\leqslant s\frac{g_n(\boldsymbol{x})}{|g_n(\boldsymbol{x})|}\boldsymbol{\kappa}^{\mathrm{T}}(t)\boldsymbol{\eta}(t)u+s\boldsymbol{W}_n^{*\mathrm{T}}\boldsymbol{\xi}_n(\boldsymbol{Z}_n)+|s|\varepsilon_n^*+|s|p_0^*+|s|\frac{d_n^*}{g_{n0}}\\&\leqslant s\frac{g_n(\boldsymbol{x})}{|g_n(\boldsymbol{x})|}\boldsymbol{\kappa}^{\mathrm{T}}(t)\boldsymbol{\eta}(t)u+s\boldsymbol{W}_n^{*\mathrm{T}}\boldsymbol{\xi}_n(\boldsymbol{Z}_n)+|s|\delta_n^*\end{aligned} \tag{5.68}$$

其中，$\delta_n^*=\varepsilon_n^*+p_0^*+d_n^*/g_{n0}$ 为未知正常数。

定义第 n 阶子系统的 Lyapunov 函数为

$$V_n=V_s+V_{P_n}+\frac{1}{2}\widetilde{\boldsymbol{W}}_n^{\mathrm{T}}\boldsymbol{\Gamma}_n^{-1}\widetilde{\boldsymbol{W}}_n+\frac{1}{2\gamma_n}\widetilde{\delta}_n^2 \tag{5.69}$$

其中，$\boldsymbol{\Gamma}_n=\boldsymbol{\Gamma}_n^{\mathrm{T}}>0$ 为自适应增益矩阵，$\gamma_n>0$ 为自适应增益系数。

对 V_n 求导，并将式(5.68)代入可得

$$\dot{V}_n\leqslant s\frac{g_n(\boldsymbol{x})}{|g_n(\boldsymbol{x})|}\boldsymbol{\kappa}^{\mathrm{T}}(t)\boldsymbol{\eta}(t)u+s\boldsymbol{W}_n^{*\mathrm{T}}\boldsymbol{\xi}_n(\boldsymbol{Z}_n)+|s|\delta_n^*+\widetilde{\boldsymbol{W}}_n^{\mathrm{T}}\boldsymbol{\Gamma}_n^{-1}\dot{\hat{\boldsymbol{W}}}_n+\gamma_n^{-1}\widetilde{\delta}_n\dot{\hat{\delta}}_n \tag{5.70}$$

设计实际控制律和自适应律为

$$\begin{cases}u=N(\zeta_n)\left[k_n(t)s+\hat{\boldsymbol{W}}_n^{\mathrm{T}}\boldsymbol{\xi}_n(\boldsymbol{Z}_n)+\hat{\delta}_n\dfrac{1-\exp(-\upsilon_n s)}{1+\exp(-\upsilon_n s)}\right],\ s\in\boldsymbol{\Omega}_{Z_n}^0\\ \dot{\zeta}_n=k_n(t)s^2+s\hat{\boldsymbol{W}}_n^{\mathrm{T}}\boldsymbol{\xi}_n(\boldsymbol{Z}_n)+s\hat{\delta}_n\dfrac{1-\exp(-\upsilon_n s)}{1+\exp(-\upsilon_n s)}\\ \dot{\hat{\boldsymbol{W}}}_n=s\boldsymbol{\Gamma}_n\boldsymbol{\xi}_n(\boldsymbol{Z}_n)-\sigma_{n0}\boldsymbol{\Gamma}_n\hat{\boldsymbol{W}}_n\\ \dot{\hat{\delta}}_n=s\gamma_n\dfrac{1-\exp(-\upsilon_n s)}{1+\exp(-\upsilon_n s)}-\sigma_{n1}\gamma_n\hat{\delta}_n\end{cases} \tag{5.71}$$

其中，υ、σ_{n0}、σ_{n1}、$k_n(t)$、$k_{n1}(t)$、ω_n 为设计参数且 $\upsilon_n>0$，$\sigma_{n0}>0$，$\sigma_{n1}>0$，$k_n(t)=k_{n0}+k_{n1}(t)$，$k_{n1}(t)=\dfrac{\omega_n}{2s^2}\displaystyle\int_{t-\tau_{\max}}^{t}P_n(\boldsymbol{x}(\tau))\mathrm{d}\tau$，$\omega_n>0$。

将实际控制律 u 代入式(5.70)，并在其右边同时加减 $\dot{\zeta}_n$，则有

$$\dot{V}_n\leqslant\frac{g_n(\boldsymbol{x})}{|g_n(\boldsymbol{x})|}\boldsymbol{\kappa}^{\mathrm{T}}(t)\boldsymbol{\eta}(t)N(\zeta_n)\dot{\zeta}_n+\dot{\zeta}_n-k_{n0}s^2-k_{n1}(t)s^2+\delta_n^*\left[|s|-s\frac{1-\exp(-\upsilon_n s)}{1+\exp(-\upsilon_n s)}\right]+$$

$$\tilde{\boldsymbol{W}}_n^{\mathrm{T}}\boldsymbol{\Gamma}_n^{-1}[\dot{\hat{\boldsymbol{W}}}_n-s\boldsymbol{\Gamma}_n\boldsymbol{\xi}_n(\boldsymbol{Z}_n)]+\gamma_n^{-1}\tilde{\delta}_n\left[\dot{\hat{\delta}}_n-s\gamma_n\frac{1-\exp(-\upsilon_n s)}{1+\exp(-\upsilon_n s)}\right] \tag{5.72}$$

将自适应律$\dot{\hat{\boldsymbol{W}}}_n$和$\dot{\hat{\delta}}_n$代入式(5.72)，并由界化不等式，$|s|-s\dfrac{1-\exp(-\upsilon_n s)}{1+\exp(-\upsilon_n s)}\leqslant\dfrac{1}{\upsilon_n}$可得

$$\dot{V}_n\leqslant-k_{n0}s^2-k_{n1}(t)s^2+\frac{g_n(\boldsymbol{x})}{|g_n(\boldsymbol{x})|}\boldsymbol{\kappa}^{\mathrm{T}}(t)\boldsymbol{\eta}(t)N(\zeta_n)\dot{\zeta}_n+\dot{\zeta}_n+\frac{\delta_n^*}{\upsilon_n}-\sigma_{n0}\tilde{\boldsymbol{W}}_n^{\mathrm{T}}\hat{\boldsymbol{W}}_n-\sigma_{n1}\tilde{\delta}_n\hat{\delta}_n \tag{5.73}$$

相似于前 i 步设计，配平方可得不等式$-\sigma_{n0}\tilde{\boldsymbol{W}}_n^{\mathrm{T}}\hat{\boldsymbol{W}}_n\leqslant\dfrac{\sigma_{n0}}{2}\|\tilde{\boldsymbol{W}}_n^*\|^2-\dfrac{\sigma_{n0}}{2}\|\tilde{\boldsymbol{W}}_n\|^2$和$-\sigma_{n1}\tilde{\delta}_n\hat{\delta}_n\leqslant\dfrac{\sigma_{n1}}{2}\|\tilde{\delta}_n^*\|^2-\dfrac{\sigma_{n1}}{2}\|\tilde{\delta}_n\|^2$，并将其代入式(5.73)，则有

$$\begin{aligned}\dot{V}_n&\leqslant-k_{n0}s^2-\omega_n g_{n0}V_{P_n}+\frac{g_n(\boldsymbol{x})}{|g_n(\boldsymbol{x})|}\boldsymbol{\kappa}^{\mathrm{T}}(t)\boldsymbol{\eta}(t)N(\zeta_n)\dot{\zeta}_n+\dot{\zeta}_n-\frac{\sigma_{n0}}{2}\|\tilde{\boldsymbol{W}}_n\|^2-\frac{\sigma_{n1}}{2}\|\tilde{\delta}_n\|^2+c_{n0}\\&\leqslant-c_{n1}V_n+c_{n0}+\frac{g_n(\boldsymbol{x})}{|g_n(\boldsymbol{x})|}\boldsymbol{\kappa}^{\mathrm{T}}(t)\boldsymbol{\eta}(t)N(\zeta_n)\dot{\zeta}_n+\dot{\zeta}_n\end{aligned} \tag{5.74}$$

其中，c_{n0}、c_{n1}为正常数，定义如下

$$c_{n0}=\frac{\sigma_{n0}}{2}\|\boldsymbol{W}_n^*\|^2+\frac{\sigma_{n1}}{2}\|\delta_n^*\|^2+\frac{\delta_n^*}{\upsilon_n},\ c_{n1}=\min\left\{\frac{k_{n0}g_{n0}}{\lambda_s},\ \omega_n g_{n0},\ \frac{\sigma_{n0}}{\lambda_{\max}(\boldsymbol{\Gamma}_n^{-1})},\ \sigma_{n1}\gamma_n\right\}$$

定义$\varphi_n=c_{n0}/c_{n1}$，式(5.74)两边同乘以$\mathrm{e}^{c_{n1}t}$，并同时对 t 进行积分，则有

$$\begin{aligned}V_n(t)&\leqslant\varphi_n+[V_n(0)-\varphi_n]\mathrm{e}^{-c_{n1}t}+\mathrm{e}^{-c_{n1}t}\int_0^t\left[\left(\frac{g_n(\boldsymbol{x})}{|g_n(\boldsymbol{x})|}\boldsymbol{\kappa}^{\mathrm{T}}(t)\boldsymbol{\eta}(t)N(\zeta_n)+1\right)\mathrm{e}^{-c_{n1}t}\right]\dot{\zeta}_n\mathrm{d}\tau\\&\leqslant\varphi_n+V_n(0)+\mathrm{e}^{-c_{n1}t}\int_0^t\left[\left(\frac{g_n(\boldsymbol{x})}{|g_n(\boldsymbol{x})|}\boldsymbol{\kappa}^{\mathrm{T}}(t)\boldsymbol{\eta}(t)N(\zeta_n)+1\right)\mathrm{e}^{-c_{n1}t}\right]\dot{\zeta}_n\mathrm{d}\tau\end{aligned} \tag{5.75}$$

由$\boldsymbol{k}^{\mathrm{T}}(t)\boldsymbol{\eta}(t)\in[\min\{\varphi_{r0},\varphi_{l0}\},\varphi_{r1}+\varphi_{l1}]$有界，则由引理 2.4 可知，$V_n(t)$、$\zeta_n$及$\int_0^t(g_n(\boldsymbol{x})/|g_n(\boldsymbol{x})|)\boldsymbol{\kappa}^{\mathrm{T}}(\tau)\boldsymbol{\eta}(\tau)N(\zeta)\dot{\zeta}_n\mathrm{d}\tau$ 在区间$[0,t_f)$上有界，则 s、$\hat{\boldsymbol{W}}_n$、$\hat{\delta}_n$ 在区间$[0,t_f)$上半全局一致终结有界。由 s 有界，则状态跟踪误差 e_i，$i=1,2,\cdots,n$ 均有界。由e_n有界，可知式(5.54)中多余项$\mathrm{e}^{-c_{n-1,1}t}\int_0^t(g_{n-1}^2(\bar{\boldsymbol{x}}_{n-1})e_n^2\mathrm{e}^{c_{n-1,1}\tau}\mathrm{d}\tau$ 亦有界。因此，如此应用引理 2.4 向前$(n-1)$次可知，$V_i(t)$，e_i，$\hat{\boldsymbol{W}}_i$，$\hat{\delta}_i$，$i=1,2,\cdots,n-1$ 在区间$[0,t_f)$上均为半全局一致且终结有界。

5.3.2 稳定性分析

定理 5.1：在假设 5.1～假设 5.5 的条件下，考虑一类含有未知输入死区且虚拟控制系数和控制增益完全未知的不确定非线性时滞系统，见式(5.1)，对于给定的有界初始条件，设计自适应神经网络反演滑模变结构控制律和自适应律式(5.14)、式(5.35)、式(5.53)和式(5.71)，使得闭环系统所有信号半全局一致且终结有界，并且对于任意给定的$\rho>0$，选择适当的设计参数，跟踪误差 $e=y-y_r$ 最终收敛到 $\lim\limits_{t\to\infty}|e|\leqslant\rho$，向量 $\boldsymbol{Z}=[\boldsymbol{Z}_1^{\mathrm{T}},\boldsymbol{Z}_2^{\mathrm{T}},\cdots,\boldsymbol{Z}_n^{\mathrm{T}}]^{\mathrm{T}}$ 收敛到紧集 $\boldsymbol{\Omega}_{\boldsymbol{Z}}=\boldsymbol{\Omega}_{\boldsymbol{Z}_1}\cup\boldsymbol{\Omega}_{\boldsymbol{Z}_2}\cup\cdots\cup\boldsymbol{\Omega}_{\boldsymbol{Z}_n}$，且

$$\boldsymbol{\Omega}_Z=\left\{\boldsymbol{Z}\,\middle|\,|e_i|\leqslant\rho_i,\ |s|\leqslant\rho_n,\ \|\tilde{\boldsymbol{W}}_i\|^2\leqslant\frac{2C_i}{\lambda_{\min}(\boldsymbol{\Gamma}_i^{-1})},\ \|\tilde{\delta}_i\|^2\leqslant2\gamma_i C_i,\ \bar{\boldsymbol{x}}_{ri}\in\boldsymbol{\Omega}_{ri}\right\}$$

其中，$\rho_i>0$，$C_i>0$，$i=1, 2, \cdots, n$ 依赖于初始条件且可以通过选择适当的设计参数进行调节。

证明：由式(5.75)应用引理 2.4 可知，存在上界 c_{β_n} 为

$$\int_0^t \left| \left(\frac{g_n(\boldsymbol{x})}{g_n(\boldsymbol{x})} \right) \boldsymbol{\kappa}^{\mathrm{T}}(\tau) \boldsymbol{\eta}(\tau) N(\zeta_n) + 1 \right| \dot{\zeta}_n \mathrm{e}^{-c_{n1}(t-\tau)} \mathrm{d}\tau \leqslant c_{\beta_n} \tag{5.76}$$

由式(5.75)和式(5.76)可得

$$\frac{\lambda_s}{g_{n1}} s^2 \leqslant V_n(t) \leqslant \varphi_n + c_{\beta_n} + V_n(0) = C_n \tag{5.77}$$

$$\| \tilde{\boldsymbol{W}}_n \|^2 \leqslant \frac{2C_n}{\lambda_{\min}(\boldsymbol{\Gamma}_n^{-1})}, \ \| \tilde{\delta}_n \|^2 \leqslant 2\gamma_n C_n \tag{5.78}$$

由式(5.77)和式(5.78)可知，$V_n(t)$ 有界，则 s、$\hat{\boldsymbol{W}}_n$、$\hat{\delta}_n$ 有界。由 s 有界，可知状态跟踪误差 e_i，$i=1, 2, \cdots, n$ 均有界，定义上界 c_{β_i} 为

$$\int_0^t | g_i(\bar{\boldsymbol{x}}_i) N(\zeta_i) + 1 | \dot{\zeta}_i \mathrm{e}^{-c_{i1}(t-\tau)} \mathrm{d}\tau + \int_0^t | g_i^2(\bar{\boldsymbol{x}}_i) e_{i+1}^2 | \mathrm{e}^{-c_{i1}(t-\tau)} \mathrm{d}\tau \leqslant c_{\beta_i} \tag{5.79}$$

由式(5.52)、式(5.54)和式(5.79)可得

$$\frac{1}{2} e_i^2 \leqslant V_i(t) \leqslant \varphi_i + c_{\beta_i} + V_i(0) = C_i \tag{5.80}$$

$$\| \tilde{\boldsymbol{W}}_i \|^2 \leqslant \frac{2C_i}{\lambda_{\min}(\boldsymbol{\Gamma}_i^{-1})}, \ \| \tilde{\delta}_i \|^2 \leqslant 2\gamma_i C_i \tag{5.81}$$

由式(5.80)和式(5.81)可知，$V_i(t)$，$\hat{\boldsymbol{W}}_i$，$\hat{\delta}_i$，$i=1, 2, \cdots, n-1$ 有界。

令 $\rho_i = \sqrt{2(\varphi_i + c_{\beta_i} + V_i(0))} = \sqrt{2C_i}$，$i=1, 2, \cdots, n-1$，$\rho_n = \sqrt{g_{n1} C_n / \lambda_s}$，则有 $|e_i| \leqslant \rho_i$，$i=1, 2, \cdots, n-1$，$|s| \leqslant \rho_n$。

由 $e_1 = x_1 - y_r$ 和 y_r 有界，可知状态 x_1 有界。根据式(5.14)，可知期望虚拟控制 α_1 为有界信号 e_1、$\hat{\boldsymbol{W}}_1$、$\hat{\delta}_1$ 的函数，则 α_1 及 $\dot{\alpha}_1$ 有界。又根据式 $e_2 = x_2 - \alpha_1$ 有界，可知状态 x_2 有界。以此类推，闭环系统所有状态均有界。

由式(5.12)、式(5.22)的第一个不等式和式(5.79)可得

$$\begin{aligned} \frac{1}{2} e_1^2 &\leqslant \varphi_1 + [V_1(0) - \varphi_1] \mathrm{e}^{-c_{11} t} + \mathrm{e}^{-c_{11} t} \int_0^t [(g_1(x_1) N(\zeta_1) + 1) \mathrm{e}^{c_{11}\tau}] \dot{\zeta}_1 \mathrm{d}\tau + \\ &\quad \mathrm{e}^{-c_{11} t} \int_0^t g_1^2(x_1) e_2^2 \mathrm{e}^{c_{11}\tau} \mathrm{d}\tau \\ &\leqslant \varphi_1 + V_1(0) \mathrm{e}^{-c_{11} t} + c_{\beta_1} \end{aligned} \tag{5.82}$$

注意到 k_i、ω_i、υ_i、c_i、σ_{i0}、σ_{i1}、$\boldsymbol{\Gamma}_i$ 和 γ_i 为给定的设计参数，$\boldsymbol{W}_i^*$、δ_i^*、g_{i0}、g_{i1} 和 λ_s 为常数，因此，对于任意给定的 $\rho > \sqrt{2(\varphi_1 + c_{\beta_1})} > 0$，可以通过选择适当的设计参数，使得对于所有 $t \geqslant t_0 + T$ 和正常数 T，跟踪误差 $e = y - y_r = x_1 - y_r = e_1$ 满足 $\lim\limits_{t\to\infty} |e| \leqslant \rho$。

5.4 仿真算例

考虑如下不确定非线性系统：

$$\begin{cases}\dot{x}_1=x_1\mathrm{e}^{-0.5x_1}+(1+x_1^2)x_2+2x_1^2(t-\tau_1)+0.1\sin t\\ \dot{x}_2=x_1x_2^2+[3+\cos(x_1x_2)]\nu(t)+0.2x_2(t-\tau_2)\sin(x_2(t-\tau_2))+0.1\mathrm{e}^{-3t}\\ y=x_1\end{cases}\tag{5.83}$$

其中，时滞 $\tau_1=5$，$\tau_2=10$，实际死区模型描述如下

$$\nu=\varphi(u)=\begin{cases}(1-0.3\sin(u))(u-0.5), & u>0.5\\ 0, & -0.25\leqslant u\leqslant 0.5\\ (0.8-0.2\cos(u))(u+0.25), & u<-0.25\end{cases}\tag{5.84}$$

仿真中选择 RBF 神经网络：神经网络 $\hat{\boldsymbol{W}}_1^{\mathrm{T}}\boldsymbol{\xi}_1(\boldsymbol{Z}_1)$ 包含 $l_1=27$ 个节点，中心 $\boldsymbol{\mu}_i(i=1,2,\cdots,l_1)$ 均匀分布在 $[-4,4]\times[-4,4]\times[-4,4]$，宽度 $\eta_i=2(i=1,2,\cdots,l_1)$；神经网络 $\hat{\boldsymbol{W}}_2^{\mathrm{T}}\boldsymbol{\xi}_2(\boldsymbol{Z}_2)$ 包含 $l_2=243$ 个节点，中心 $\boldsymbol{\mu}_i(i=1,2,\cdots,l_2)$ 均匀分布在 $[-6,6]\times[-4,4]\times[-4,4]\times[-4,4]\times[-4,4]$，宽度 $\eta_i=2(i=1,2,\cdots,l_2)$。

系统参考轨迹 $y_r=0.5[\sin(t)+\sin(0.5t)]$，初始状态 $\boldsymbol{x}_0=[0,0]^{\mathrm{T}}$，已知正定函数 $\rho_1(x_1)=2x_1^2$，$\boldsymbol{\rho}_2(x_1,x_2)=0.2|x_2|$，已知正常数 $\tau_{\max}=10$，神经网络权值初值 $\hat{\boldsymbol{W}}_1(0)=\hat{\boldsymbol{W}}_2(0)=\boldsymbol{0}$，自适应参数初值 $\hat{\delta}_1(0)=\hat{\delta}_2(0)=0$，$\zeta_1(0)=\zeta_2(0)=0$，Nussbaum 函数 $N(\zeta_i)=\mathrm{e}^{\zeta_i^2}\cos((\pi/2)\zeta_i)$，$i=1,2$。选择设计参数为：$\boldsymbol{\Gamma}_1=\mathrm{diag}[0.2]$，$\boldsymbol{\Gamma}_2=\mathrm{diag}[0.2]$，$\gamma_1=\gamma_2=0.2$，$\sigma_{10}=\sigma_{11}=\sigma_{20}=\sigma_{21}=0.5$，$k_{10}=k_{20}=1$，$\omega_1=\omega_2=0.25$，$\upsilon_1=\upsilon_2=10$，$c_1=2.5$，$\lambda_s=0.5$。仿真结果如图 5.1～图 5.7 所示。图 5.1 为系统输出 y 和参考轨迹 y_r 仿真曲线。图 5.2 为系统状态变量 x_2 有界轨迹。图 5.3 为系统控制输入 u 有界轨迹。图 5.4 为神经网络权值范数 $\|\hat{\boldsymbol{W}}_1\|$ 和 $\|\hat{\boldsymbol{W}}_2\|$ 有界轨迹。图 5.5 为自适应参数 $\hat{\delta}_1$ 和 $\hat{\delta}_2$ 有界轨迹。图 5.6 为自适应参数 ζ_1 和 Nussbaum 增益 $N(\zeta_1)$ 有界轨迹。图 5.7 为自适应参数 ζ_2 和 Nussbaum 增益 $N(\zeta_2)$ 有界轨迹。可以看出，采用本章提出的控制方案，当 $t=10$ s 后系统输出 y 稳定跟踪给定参考轨迹 y_r，且闭环系统所有状态均有界。

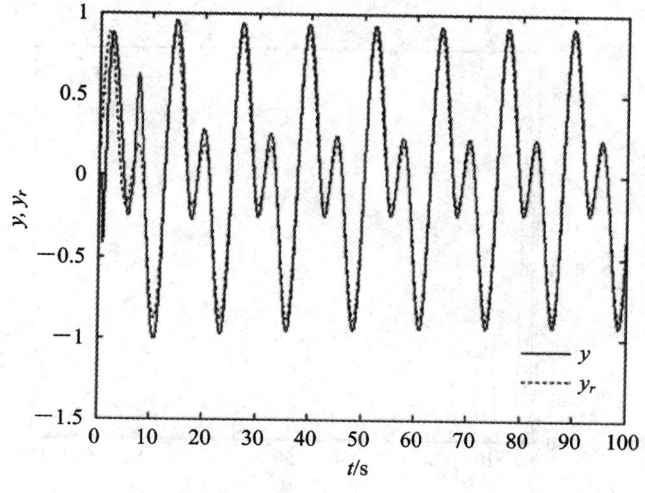

图 5.1　系统输出 y 和参考轨迹 y_r

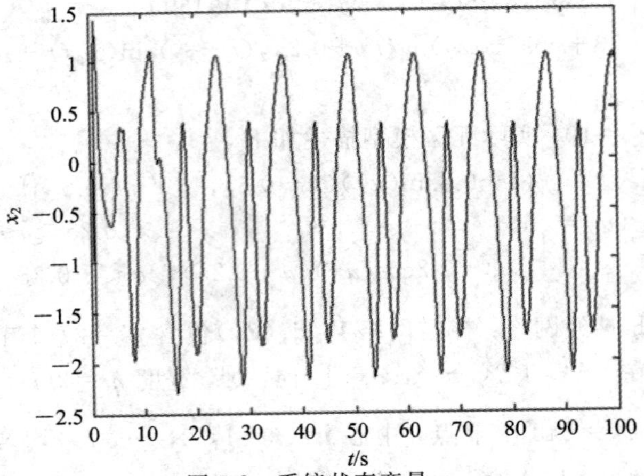

图 5.2 系统状态变量 x_2

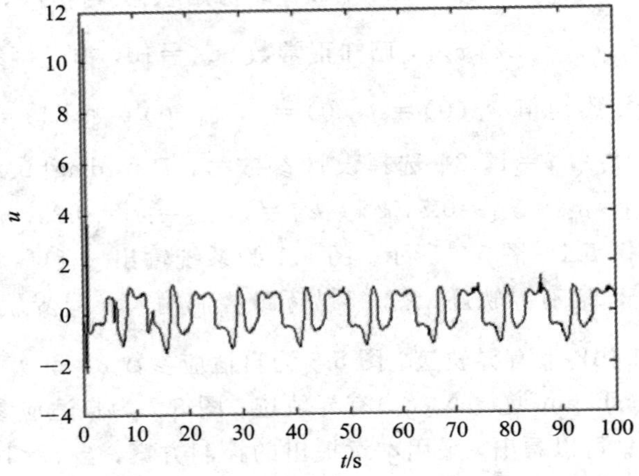

图 5.3 系统控制输入 u

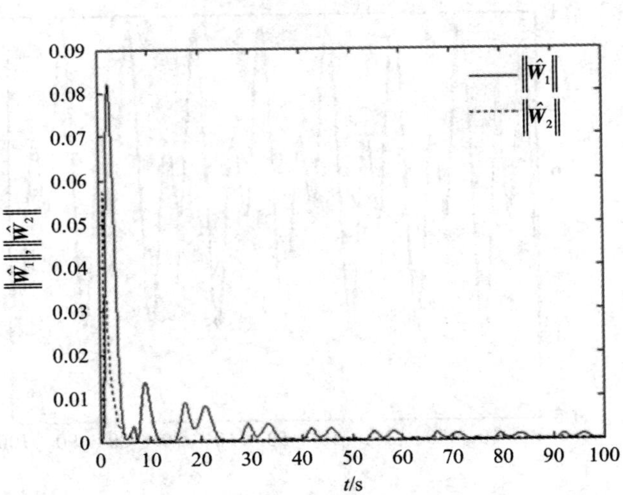

图 5.4 神经网络权值范数 $\|\hat{\boldsymbol{W}}_1\|$ 和 $\|\hat{\boldsymbol{W}}_2\|$

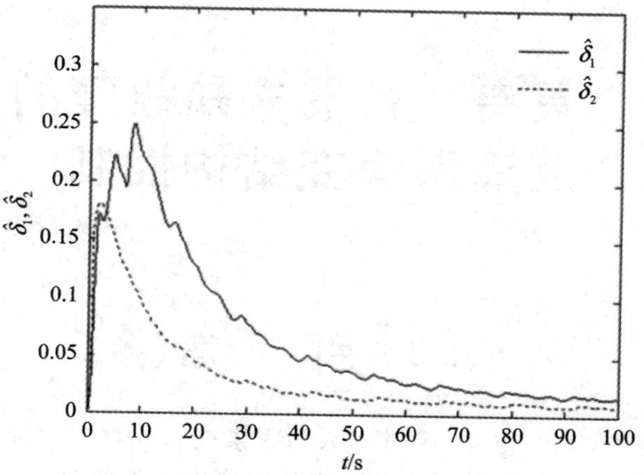

图 5.5　自适应参数 $\hat{\delta}_1$ 和 $\hat{\delta}_2$

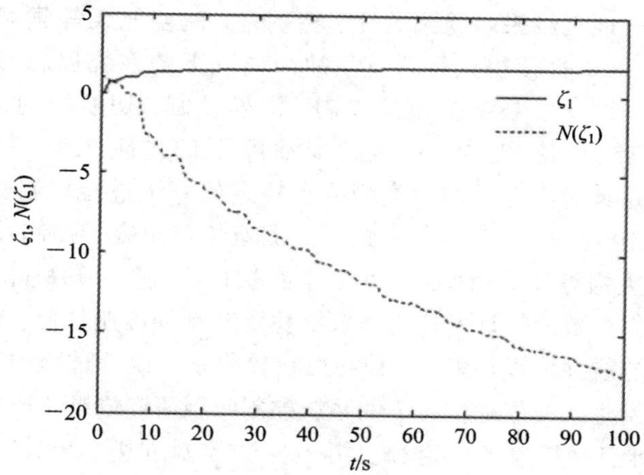

图 5.6　自适应参数 ζ_1 和 Nussbaum 增益 $N(\zeta_1)$

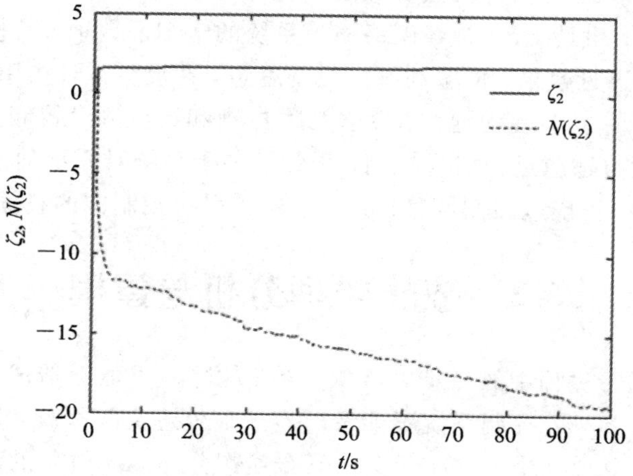

图 5.7　自适应参数 ζ_2 和 Nussbaum 增益 $N(\zeta_2)$

第 6 章　具有执行器未知故障的自适应反演滑模变结构控制

6.1 引　　言

在系统运行过程中，由于老化、磨损、人为因素或者外界干扰等因素，执行器不可避免地会发生故障，而且执行器故障具有非常强的非线性和不确定性，故障发生时间、故障类型、故障值、发生故障的执行器数量等都是未知的。随着系统复杂程度的不断提高，控制系统的可靠性、安全性也越来越受到关注。特别是，航空航天等领域对于控制系统的可靠性有着更高的要求[192]。这使得执行器发生故障情况下的系统控制问题成为控制理论领域研究的热点问题，许多学者基于多模型控制、滑模控制、切换控制、模型跟踪、容错控制、自适应控制等控制理论和方法对执行器故障下的系统控制问题进行了深入的研究[193-195]，但是大多是针对特定的故障类型或者特定的系统进行控制器设计，而且对执行器非线性特征的复杂性考虑不足。自适应控制能够避免传统容错控制技术由于存在故障检测、诊断以及控制器重构等环节而面临的时滞，在执行器发生未知故障时，通过自适应调整控制输入和对系统未知参数的估计保持闭环系统稳定和预期控制性能。此外，实际系统执行机构往往存在较强的非线性物理约束，这种约束在控制系统设计过程中不可忽略，但针对具有非线性特征执行器发生未知故障情况下的系统控制问题研究成果还比较少。

本章基于 RBF 神经网络逼近理论和多滑模反演控制方法，针对一类具有不确定非线性特征且执行器可能发生未知故障情况下的控制问题，提出了一种自适应鲁棒控制器设计方案。该方案建立了非线性执行器故障模型，包含了执行器本身固有的非线性特征和失效、卡死等故障类型；设计 RBF 神经网络逼近系统的未知函数项，其权值向量根据自适应律实时调整，保证了逼近效果；借鉴动态面控制思想，在反演设计中引入一阶低通滤波器，避免了反演控制器计算复杂性问题；借鉴多滑模控制和近似滑模控制思想，在各子系统虚拟控制律设计中采用自适应近似滑模控制，增强了各子系统对系统的建模误差和不确定干扰的鲁棒性，同时，使得虚拟控制信号连续，削弱了滑模控制中的抖振现象。

6.2 故障类型分析与建模

实际控制系统运行过程中故障难以避免，突发故障有可能会造成严重后果。特别是在航空航天等高科技领域，若控制系统不能及时有效地处理突发故障，轻则造成飞行品质的下降，重则造成重大空难事故。1991 年美国联合航空公司 585 航班的波音 737 飞机和全美航空公司 427 航班的波音 737 飞机，由于方向舵控制组件伺服阀门故障导致方向舵操纵面在饱和值位置卡死，发生坠机事故。

根据控制系统的组成和故障发生的位置，系统故障可以分为三类：传感器故障、执行器故障和系统结构性故障，这三类故障也可能组合发生。传感器常见故障包括偏差、漂移、测量精度损伤、校准误差等，一般由传感器元件失灵、结构松动或磨损引起。对飞机而言，由于冗余设计传感器发生故障的可能性很小，即使发生故障，飞控计算机也会根据系统信息和剩余未发生故障传感器的测量数据来构建所需要的信息。对一般系统而言，传感器故障可以描述为系统模型中某些已知参数变为未知参数，或新的未建模动态的产生。

系统结构性故障一般是由系统某些组成部分的缺失或损毁造成，使得系统参数或模型发生变化。其与传感器故障在数学模型中一般表述为

$$\begin{cases}\dot{\boldsymbol{x}}(t)=(A+\Delta A)\boldsymbol{x}(t)+(B+\Delta B)\boldsymbol{u}(t)\\ y=(C+\Delta C)\boldsymbol{x}(t)\end{cases}\tag{6.1}$$

其中，ΔA、ΔB、ΔC 表示系统结构参数 A、B、C 的变化，在系统动力学模型中，其可以表示为常数参数发生变化或由已知变为未知，以及新的未建模动态或者内部干扰项的出现。在本章中，传感器和系统结构性故障可以看作是导致系统模型中存在未知函数项、匹配和非匹配的未知外界干扰等不确定性的因素之一。

执行器故障是指控制指令与执行机构实际偏转之间存在偏差的情况，主要分为松浮(Float)、饱和(Hard over Fault，HOF)、卡死(Lock in Place，LIP)和执行器损伤(Loss of Effectiveness，LOF)等类型[227]。执行器松浮和饱和也可看作卡死的一种特殊情况，其中，松浮指执行器不受指令信号的控制，可看作卡死在零力矩位置；饱和是指执行器卡死在极限位置。执行器损伤是指执行器增益降低，造成控制指令信号失真，导致执行器部分失效。

具体到单一执行器，假设第 i 个执行器在 t_i 时刻发生故障，执行器输出可表示为

$$\begin{cases}\phi_i(\nu_i)=\rho_i\nu_i+u_{ki}，(\forall t\geqslant t_i)\\ \rho_i u_{ki}=0\end{cases}\tag{6.2}$$

其中，$\phi_i(\nu_i)$为执行器的实际偏转值，ν_i 为期望控制指令，$0\leqslant\rho_i\leqslant 1$ 代表执行器损伤程度，其值越小代表损伤程度越大。u_{ki} 为执行器发生卡死故障后的固定输出。由此，式(6.2)可表示以下三类执行器状态：

(1) $\rho_i=1$，$u_{ki}=0$，表示第 i 个执行器正常工作，此时，$\phi_i(\nu_i)=\nu_i$。

(2) $0<\rho_i<1$，$u_{ki}=0$，表示第 i 个执行器发生部分失效故障，此时，$\phi_i(\nu_i)=\rho_i\nu_i$。

(3) $\rho_i=0$，表示第 i 个执行器发生完全失效故障，即卡死故障，$\phi_i(\nu_i)=u_{ki}$。其中，$u_{ki}=0$ 表示一种特殊的卡死故障，即执行器卡死在零力矩位置，也可称为执行器松浮故障；$u_{ki}=\nu_{i\max}$ 或 $\nu_{i\min}$ 表示执行器卡死在极限位置，也可称为执行器饱和故障。

执行器固有的非线性特征亦会导致其期望控制指令与实际输出偏转值之间发生偏差，所以从广义上，执行器的非线性特征亦可以看做执行器的一类特殊故障。综合第 4 章执行器非线性约束模型和故障模型式(6.2)，可知具有不确定非线性特征执行器发生未知故障时的模型可表示为

$$\begin{cases}\phi_i(\nu_i(u_{ci}))=\rho_i\varphi_i(u_{ci},t)u_{ci}+u_{ki}+\rho_i d_i(t)，(\forall t\geqslant t_i)\\ \rho_i u_{ki}=0\end{cases}\tag{6.3}$$

其中，$\varphi_i(u_{ci},t)>0$ 和 $d_i(t)$ 均有界。

6.3　具有执行器未知故障的系统模型

考虑如下不确定非线性系统：

$$\begin{cases}\dot{x}_i = f_i(\bar{\boldsymbol{x}}_i) + x_{i+1} + \Delta_i(t, \boldsymbol{x}),\ i=1,2,\cdots,n-1 \\ \dot{x}_n = f_n(\boldsymbol{x}) + \sum_{i=1}^{m} b_i \phi_i(\nu_i(u_{ci})) + \Delta_n(t, \boldsymbol{x}) \\ y = x_1\end{cases} \tag{6.4}$$

其中，$\bar{\boldsymbol{x}}_i = [x_1, x_2, \cdots, x_i]^{\mathrm{T}} \in \mathbf{R}^i$，$\boldsymbol{x} = [x_1, x_2, \cdots, x_n]^{\mathrm{T}} \in \mathbf{R}^n$ 为可测状态向量；$y \in \mathbf{R}$ 为系统输出；$f_i(\bar{\boldsymbol{x}}_i)(i=1, 2, \cdots, n-1)$、$f_n(\boldsymbol{x})$为未知光滑函数项；$\Delta_i(t, \boldsymbol{x})(i=1, 2, \cdots, n)$为系统外界不确定干扰；$b_i>0$ 为未知控制增益；$\phi_i(\nu_i(u_{ci}))$为具有非线性特征的执行器发生故障情况下的实际偏转值，u_{ci}为待设计输入控制信号，$\nu_i(u_{ci})$为具有非线性特征执行器正常工作情况下的输出信号。

由式(6.3)和式(6.4)可知，考虑执行器固有非线性特征，可能发生未知故障情况下的系统模型可以表示为

$$\begin{cases}\dot{x}_i = f_i(\bar{\boldsymbol{x}}_i) + x_{i+1} + \Delta_i(t, \boldsymbol{x}),\ i=1,2,\cdots,n-1 \\ \dot{x}_n = f_n(\boldsymbol{x}) + \sum_{i=1}^{m} b_i(\rho_i \varphi_i(u_{ci}, t) u_{ci} + u_{ki}) + \Delta'_n(t, \boldsymbol{x}) \\ y = x_1\end{cases} \tag{6.5}$$

其中，$\Delta'_n(t, \boldsymbol{x}) = \Delta_n(t, \boldsymbol{x}) + \sum_{i=1}^{m} b_i \rho_i d_i(t)$，$\rho_i u_{ki} = 0$。

假设 6.1：执行器在一个工作周期内只发生一次故障，即由正常状态变为部分失效状态或由正常状态变为完全失效状态，且发生完全失效的执行器个数不超过 $m-1$ 个。

假设 6.2：执行器输出 $\nu_i(u_{ci})$，$i=1, 2, \cdots, m$ 不可测。

假设 6.3：未知不确定扰动项 $\Delta_i(t, \boldsymbol{x})$和 $\Delta_n(t, \boldsymbol{x})$有界，由 $d_i(t)$有界，可知

$$|\Delta_i(t, \boldsymbol{x})| \leqslant D_i,\ i=1, 2, \cdots, n-1 \tag{6.6}$$

$$|\Delta'_n(t, \boldsymbol{x})| = \left|\Delta_n(t, \boldsymbol{x}) + \sum_{i=1}^{m} b_i \rho_i d_i(t)\right| \leqslant D_n \tag{6.7}$$

其中，D_i，$i=1, 2, \cdots, n$ 为未知正常数。

假设 6.4：参考指令信号 y_r 及其$n-1$ 阶导数存在且有界。

控制目标：针对不确定非线性系统式(6.5)，基于反演滑模控制思想设计自适应鲁棒控制器，在满足假设 6.1～假设 6.4 的条件时，控制器能够有效补偿系统不确定性、执行器非线性以及未知故障的影响，使得系统输出信号 y 跟踪参考指令信号 y_r，而且闭环系统所有信号半全局一致且终结有界。

6.4　控制器设计与稳定性分析

6.4.1　控制器设计

定义闭环系统状态跟踪误差为

$$\begin{cases} e_1 = x_1 - y_r \\ e_2 = x_2 - \alpha_1 \\ \vdots \\ e_n = x_n - \alpha_{n-1} \end{cases} \tag{6.8}$$

其中，α_i 为第 i 阶子系统的期望虚拟控制。

第 1 步：由闭环系统式(6.5)的第一阶子系统和状态跟踪误差 $e_1 = x_1 - y_r$，可知 e_1 的动态方程为

$$\dot{e}_1 = f_1(x_1) + x_2 + \Delta_1(t, \boldsymbol{x}) - \dot{y}_r \tag{6.9}$$

由于非线性函数 $f_1(x_1)$ 未知，采用 RBF 神经网络 $h_1(x_1) = \boldsymbol{W}_1^{*\mathrm{T}} \boldsymbol{\xi}_1(x_1) + \varepsilon_1$ 逼近未知非线性函数 $f_1(x_1)$，则有

$$\dot{e}_1 = \boldsymbol{W}_1^{*\mathrm{T}} \boldsymbol{\xi}_1(x_1) + \varepsilon_1 + x_2 + \Delta_1(t, \boldsymbol{x}) - \dot{y}_r \tag{6.10}$$

其中，ε_1 为逼近误差，$|\varepsilon_1| \leqslant \varepsilon_1^*$，$\varepsilon_1^*$ 为未知正常数。

$\hat{\boldsymbol{W}}_1$ 为最优权值向量 $\boldsymbol{W}_1^*$ 的自适应估计值，为避免估计值单调增加，神经网络权值向量的自适应律取为

$$\dot{\hat{\boldsymbol{W}}}_1 = \boldsymbol{\Gamma}_1 [e_1 \boldsymbol{\xi}_1(x_1) - \sigma_{10} \hat{\boldsymbol{W}}_1] \tag{6.11}$$

其中，$\sigma_{10} > 0$ 为待设计参数，$\boldsymbol{\Gamma}_1 = \boldsymbol{\Gamma}_1^{\mathrm{T}} > 0$ 为待设计增益矩阵，$\tilde{\boldsymbol{W}}_1 = \boldsymbol{W}_1^* - \hat{\boldsymbol{W}}_1$ 为估计误差。

定义边界值 $D_1' = D_1 + \varepsilon_1^*$，设计自适应律对 D_1' 进行估计

$$\dot{\hat{D}}_1 = \gamma_1 |e_1| - \sigma_{11} \gamma_1 \hat{D}_1 \tag{6.12}$$

其中，$\sigma_{11} > 0$ 为待设计参数，γ_1 为待设计自适应增益系数，估计误差为 $\tilde{D}_1 = D_1' - \hat{D}_1$。

选择切换函数 $s_1 = e_1$，设计第一阶子系统的虚拟控制律

$$\beta_1 = -k_1 e_1 - \hat{\boldsymbol{W}}_1^{\mathrm{T}} \boldsymbol{\xi}_1(x_1) - \hat{D}_1 \frac{1 - \exp(-\upsilon_1 \hat{D}_1 e_1)}{1 + \exp(-\upsilon_1 \hat{D}_1 e_1)} + \dot{y}_r \tag{6.13}$$

其中，$\upsilon_1 > 0$，$k_1 > 0$ 为待设计参数。

针对传统反演控制由于对期望虚拟控制反复求导而面临的计算复杂性问题，为避免下一步对期望虚拟控制求导，采用动态面控制设计思想，引入一阶低通滤波器对虚拟控制进行滤波，以降低控制器复杂性，滤波器动态方程为

$$\tau_1 \dot{\alpha}_1 + \alpha_1 = \beta_1, \ \alpha_1(0) = \beta_1(0) \tag{6.14}$$

其中，τ_1 为滤波器时间常数。

定义第一阶子系统的边界层误差为

$$\omega_1 = \alpha_1 - \beta_1 \tag{6.15}$$

由式(6.14)和式(6.15)可得 $\dot{\alpha}_1 = -\omega_1 / \tau_1$。

定义 Lyapunov 函数

$$V_1 = \frac{1}{2} e_1^2 + \frac{1}{2} \tilde{\boldsymbol{W}}_1^{\mathrm{T}} \boldsymbol{\Gamma}_1^{-1} \tilde{\boldsymbol{W}}_1 + \frac{1}{2\gamma_1} \tilde{D}_1^2 + \frac{1}{2} \omega_1^2 \tag{6.16}$$

对 V_1 按时间 t 求导得

$$V_1 = e_1 \dot{e}_1 - \tilde{\boldsymbol{W}}_1^{\mathrm{T}} \boldsymbol{\Gamma}_1^{-1} \dot{\hat{\boldsymbol{W}}}_1 - \frac{1}{\gamma_1} \tilde{D}_1 \dot{\hat{D}}_1 + \omega_1 \dot{\omega}_1 \tag{6.17}$$

综合式(6.9)、式(6.10)、式(6.13)可知

$$\begin{aligned}\dot{e}_1&=e_2+\omega_1+\beta_1+f_1(x_1)+\Delta_1(\boldsymbol{x},t)-\dot{y}_r\\&=-k_1e_1+e_2+\omega_1+\widetilde{\boldsymbol{W}}_1^{\mathrm{T}}\boldsymbol{\xi}_1(x_1)+\varepsilon_1+\Delta_1(x_1,t)-\hat{D}_1\frac{1-\exp(-\upsilon_1\hat{D}_1e_1)}{1+\exp(-\upsilon_1\hat{D}_1e_1)}\end{aligned}\tag{6.18}$$

对 ω_1 求导，可得

$$\dot{\omega}_1=\dot{\alpha}_1-\dot{\beta}_1=-\frac{\omega_1}{\tau_1}+\phi_1(e_1,e_2,\omega_1,\hat{\boldsymbol{W}}_1,\hat{D}_1,y_r,\dot{y}_r,\ddot{y}_r)\tag{6.19}$$

其中，$\phi_1(e_1,e_2,\omega_1,\hat{\boldsymbol{W}}_1,\hat{D}_1,y_r,\dot{y}_r,\ddot{y}_r)$为连续函数，简记为 $\phi_1(\cdot)$。

将式(6.18)和式(6.19)代入式(6.17)，可得

$$\begin{aligned}V_1&=e_1\dot{e}_1-\widetilde{\boldsymbol{W}}_1^{\mathrm{T}}\boldsymbol{\Gamma}_1^{-1}\dot{\hat{\boldsymbol{W}}}_1-\frac{1}{\gamma_1}\widetilde{D}_1\dot{\hat{D}}_1+\omega_1\dot{\omega}_1\\&\leqslant-k_1e_1^2+e_1e_2+e_1\omega_1+\widetilde{\boldsymbol{W}}_1^{\mathrm{T}}\boldsymbol{\Gamma}_1^{-1}(\boldsymbol{\Gamma}_1e_1\boldsymbol{\xi}_1(x_1)-\dot{\hat{\boldsymbol{W}}}_1)+|e_1|\hat{D}_1-\\&\quad e_1\hat{D}_1\frac{1-\exp(-\upsilon_1\hat{D}_1e_1)}{1+\exp(-\upsilon_1\hat{D}_1e_1)}+\frac{1}{\gamma_1}\widetilde{D}_1(\gamma_1|e_1|-\dot{\hat{D}}_1)-\frac{\omega_1^2}{\tau_1}+\omega_1\phi_1(\cdot)\end{aligned}\tag{6.20}$$

由界化不等式和式(6.11)、式(6.12)可知

$$V_1\leqslant-k_1e_1^2-\frac{\omega_1^2}{\tau_1}+e_1e_2+e_1\omega_1+\omega_1\phi_1(\cdot)+\sigma_{10}\widetilde{\boldsymbol{W}}_1^{\mathrm{T}}\hat{\boldsymbol{W}}_1+\sigma_{11}\widetilde{D}_1\hat{D}_1+\frac{1}{\upsilon_1}\tag{6.21}$$

第 i 步：对于 $2\leqslant i\leqslant n-1$，由闭环系统式(6.5)的第 i 阶子系统和状态跟踪误差 $e_i=x_i-\alpha_{i-1}$，可得 e_i 的动态方程为

$$\dot{e}_i=f_i(\bar{\boldsymbol{x}}_i)+x_{i+1}+\Delta_i(t,\boldsymbol{x})+\frac{\omega_{i-1}}{\tau_{i-1}}\tag{6.22}$$

由于非线性函数 $f_i(\bar{\boldsymbol{x}}_i)$未知，采用 RBF 神经网络 $h_i(\bar{\boldsymbol{x}}_i)=\boldsymbol{W}_i^{*\mathrm{T}}\boldsymbol{\xi}_i(\bar{\boldsymbol{x}}_i)+\varepsilon_i$ 逼近未知非线性函数 $f_i(\bar{\boldsymbol{x}}_i)$，则有

$$\dot{e}_i=\boldsymbol{W}_i^{*\mathrm{T}}\boldsymbol{\xi}_i(\bar{\boldsymbol{x}}_i)+\varepsilon_i+x_{i+1}+\Delta_i(t,\boldsymbol{x})+\frac{\omega_{i-1}}{\tau_{i-1}}\tag{6.23}$$

其中，$|\varepsilon_i|\leqslant\varepsilon_i^*$，$\varepsilon_i^*$ 为未知正常数。

$\hat{\boldsymbol{W}}_i$ 为最优权值向量$\boldsymbol{W}_i^*$ 的自适应估计值，为避免估计值单调增加，神经网络权值向量的自适应律为

$$\dot{\hat{\boldsymbol{W}}}_i=\boldsymbol{\Gamma}_i(e_i\boldsymbol{\xi}_i(\bar{\boldsymbol{x}}_i)-\sigma_{i0}\hat{\boldsymbol{W}}_i)\tag{6.24}$$

其中，$\sigma_{i0}>0$ 为待设计参数，$\boldsymbol{\Gamma}_i=\boldsymbol{\Gamma}_i^{\mathrm{T}}>0$ 为待设计增益矩阵。

定义边界值 $D_i'=D_i+\varepsilon_i^*$，设计自适应律对 D_i'进行估计

$$\dot{\hat{D}}_i=\gamma_i|e_i|-\sigma_{i1}\gamma_i\hat{D}_i\tag{6.25}$$

其中，$\sigma_{i1}>0$ 为待设计参数，γ_i 为待设计自适应增益系数，$\widetilde{D}_i=D_i'-\hat{D}_i$ 为估计误差。

选择切换函数 $s_i=e_i$，设计第 i 阶子系统的虚拟控制律

$$\beta_i=-k_ie_i-e_{i-1}-\hat{\boldsymbol{W}}_i^{\mathrm{T}}\boldsymbol{\xi}_i(\bar{\boldsymbol{x}}_i)-\hat{D}_i\frac{1-\exp(-\upsilon_i\hat{D}_ie_i)}{1+\exp(-\upsilon_i\hat{D}_ie_i)}-\frac{\omega_{i-1}}{\tau_{i-1}}\tag{6.26}$$

其中，υ_i、k_i 为待设计参数且 $\upsilon_i>0$，$k_i>0$。

对 β_i 进行滤波，滤波器动态方程为 $\tau_i\dot{\alpha}_i+\alpha_i=\beta_i$，$\alpha_i(0)=\beta_i(0)$，得到期望虚拟控制 α_i，定义第二阶子系统的边界层误差为

$$\omega_i=\alpha_i-\beta_i \tag{6.27}$$

则可得 $\dot{\alpha}_i=-\omega_i/\tau_i$。

定义 Lyapunov 函数

$$V_{n-1}=\frac{1}{2}\sum_{i=1}^{n-1}e_i^2+\frac{1}{2}\sum_{i=1}^{n-1}\widetilde{\boldsymbol{W}}_i^{\mathrm{T}}\boldsymbol{\Gamma}_i^{-1}\widetilde{\boldsymbol{W}}_i+\frac{1}{2}\sum_{i=1}^{n-1}\frac{\widetilde{D}_i^2}{\gamma_i}+\frac{1}{2}\sum_{i=1}^{n-1}\omega_i^2 \tag{6.28}$$

类似地，可知

$$V_i\leqslant\sum_{i=1}^{n-1}\left(-k_ie_i^2-\frac{\omega_i^2}{\tau_i}+e_ie_{i+1}+e_i\omega_i+\omega_i\phi_i(\cdot)+\sigma_{i0}\widetilde{\boldsymbol{W}}_i^{\mathrm{T}}\hat{\boldsymbol{W}}_i+\sigma_{i1}\widetilde{D}_i\hat{D}_i+\frac{1}{\upsilon_i}\right) \tag{6.29}$$

其中，$\phi_i(\cdot)$为连续函数。

第 n 步：由闭环系统式(6.5)的第 n 阶子系统和状态跟踪误差 $e_n=x_n-\alpha_{n-1}$，可得 e_n 的动态方程为

$$\begin{aligned}\dot{e}_n&=f_n(\boldsymbol{x})+\sum_{i=1}^{m}b_i(\rho_i\varphi_i(u_{ci},t)u_{ci}+u_{ki})+\Delta_n'(t,\boldsymbol{x})-\dot{\alpha}_{n-1}\\&=f_n(\boldsymbol{x})+\sum_{i=1}^{m}b_i(\rho_i\varphi_i(u_{ci},t)u_{ci}+u_{ki})+\Delta_n'(t,\boldsymbol{x})+\frac{\omega_{n-1}}{\tau_{n-1}}\end{aligned} \tag{6.30}$$

由于非线性函数 $f_n(\boldsymbol{x})$未知，采用 RBF 神经网络 $h_n(\boldsymbol{x})=\boldsymbol{W}_n^{*\mathrm{T}}\boldsymbol{\xi}_n(\boldsymbol{x})+\varepsilon_n$ 逼近未知非线性函数 $f_i(\bar{\boldsymbol{x}}_i)$，则有

$$\dot{e}_n=\boldsymbol{W}_n^{*\mathrm{T}}\boldsymbol{\xi}_n(\boldsymbol{x})+\varepsilon_n+\sum_{i=1}^{m}b_i(\rho_i\varphi_i(u_{ci},t)u_{ci}+u_{ki})+\Delta_n'(t,\boldsymbol{x})+\frac{\omega_{n-1}}{\tau_{n-1}} \tag{6.31}$$

其中，ε_n 为逼近误差，$|\varepsilon_n|\leqslant\varepsilon_n^*$，$\varepsilon_n^*$ 为未知正常数。

$\hat{\boldsymbol{W}}_n$ 为最优权值向量 $\boldsymbol{W}_n^*$ 的自适应估计值，为避免估计值单调增加，神经网络权值向量的自适应律为

$$\dot{\hat{\boldsymbol{W}}}_n=\boldsymbol{\Gamma}_n(e_n\boldsymbol{\xi}_n(\boldsymbol{x})-\sigma_{n0}\hat{\boldsymbol{W}}_n) \tag{6.32}$$

其中，σ_{n0} 为待设计参数且 $\sigma_{n0}>0$，$\boldsymbol{\Gamma}_n=\boldsymbol{\Gamma}_n^{\mathrm{T}}>0$ 为待设计增益矩阵。

定义边界值 $D_n'=D+\varepsilon_n^*$，设计自适应律对 D_n'进行估计

$$\dot{\hat{D}}_n=\gamma_n|e_n|-\sigma_{n1}\gamma_n\hat{D}_n \tag{6.33}$$

其中，σ_{n1} 为待设计参数且 $\sigma_{n1}>0$，γ_n 为待设计自适应增益系数，$\widetilde{D}_n=D_n'-\hat{D}_n$ 为估计误差。

设计第 n 阶子系统虚拟控制律为

$$\beta_n=-k_ne_n-e_{n-1}-\hat{\boldsymbol{W}}_n^{\mathrm{T}}\boldsymbol{\xi}_n(\boldsymbol{x})-\hat{D}_n\frac{1-\exp(-\upsilon_n\hat{D}_ne_n)}{1+\exp(-\upsilon_n\hat{D}_ne_n)}-\frac{\omega_{n-1}}{\tau_{n-1}} \tag{6.34}$$

其中，υ_n、k_n 为待设计参数且 $\upsilon_n>0$，$k_n>0$。

根据故障模型式(6.3)，$\varphi_i(u_{ci},t)$、u_{ki}和ρ_i 均为未知参数，故障参数 u_{ki}和ρ_i 随着故障类型及发生故障执行器数量的变化而变化，参数 $\varphi_i(u_{ci},t)$体现执行器的非线性特征。如果

执行器故障类型及参数已知，设计控制律为

$$u_{ci}=\boldsymbol{P}^{\mathrm{T}}\boldsymbol{Q} \tag{6.35}$$

其中，$\boldsymbol{Q}$ 为 $m+1$ 维已知参数向量，即

$$\boldsymbol{Q}=(Q_1,Q_2,\cdots,Q_{m+1})^{\mathrm{T}}=(\beta_n,1,\cdots,1)^{\mathrm{T}} \tag{6.36}$$

$\boldsymbol{P}$ 为描述系统非线性和执行器未知故障情况的参数向量，设计自适应律为

$$\dot{\hat{\boldsymbol{P}}}=(P_1,P_2,\cdots,P_{m+1})^{\mathrm{T}}=\boldsymbol{\Gamma}_P(\boldsymbol{Q}e_n-\sigma_P\hat{\boldsymbol{P}}) \tag{6.37}$$

其中，$\boldsymbol{\Gamma}_P=\boldsymbol{\Gamma}_P^{\mathrm{T}}>0$ 为待设计增益矩阵。

在控制律中以估计值 $\hat{\boldsymbol{P}}$ 代替 $\boldsymbol{P}$，$\tilde{\boldsymbol{P}}=\boldsymbol{P}-\hat{\boldsymbol{P}}$ 为估计误差，则控制律变为

$$u_{ci}=\hat{\boldsymbol{P}}^{\mathrm{T}}\boldsymbol{Q} \tag{6.38}$$

6.4.2 稳定性分析

定理 6.1：在假设 6.1～假设 6.4 条件下，考虑一类不确定非线性闭环系统式(6.4)，执行机构由 m 个具有非线性特征的执行器组成，且运行过程伴有未知的故障发生，非线性执行器故障模型由式(6.3)描述，对于任意的有界初始状态，在控制律式(6.35)和相应自适应律的作用下，闭环系统所有信号均半全局一致且终结有界，且可以通过改变设计参数，使得系统跟踪误差 e_1 收敛到原点附近半径任意小的一个邻域内。

证明：根据假设 6.1，假定在 T_1，T_2，…，T_f 时刻发生故障的执行器个数分别为 p_1，p_2，…，p_f，其中

$$\sum_{i=1}^{f}p_i\leqslant m-1 \tag{6.39}$$

而在时间区间 $[T_0,T_1)$，(T_1,T_2)，…，(T_f,∞) 中则没有故障出现。即在时间区间 $[T_j,T_{j+1})$ 中故障集中发生在时刻 T_j。用 $\bar{M}_j$ 表示在时刻 T_j 完全失效执行器的集合，M_j 表示正常和部分失效执行器的集合。则 $M_j\cup\bar{M}_j=\{1,2,\cdots,m\}$。根据未知故障模型式(6.3)，可知

$$\begin{cases}\rho_i=0, & i\in\bar{M}_j\\ 0<\rho_i<1, & i\in M_j\end{cases} \tag{6.40}$$

在时间区间 $[T_0,T_1)$ 内，定义如下 Lyapunov 函数

$$V_{n0}=V_{n-1}+\frac{1}{2}e_n^2+\frac{1}{2}\tilde{\boldsymbol{W}}_n^{\mathrm{T}}\boldsymbol{\Gamma}_n^{-1}\tilde{\boldsymbol{W}}_n+\frac{1}{2\gamma_n}\tilde{D}_n^2+\frac{1}{2}\sum_{i=1}^{m}b_i\varphi_i(u_{ci},t)\tilde{\boldsymbol{P}}^{\mathrm{T}}\boldsymbol{\Gamma}_P^{-1}\tilde{\boldsymbol{P}} \tag{6.41}$$

V_{n0} 按时间 t 的导数为

$$\dot{V}_{n0}=\dot{V}_{n-1}+e_n\dot{e}_n-\tilde{\boldsymbol{W}}_n^{\mathrm{T}}\boldsymbol{\Gamma}_n^{-1}\dot{\hat{\boldsymbol{W}}}_n-\frac{1}{\gamma_n}\tilde{D}_n\dot{\hat{D}}_n-\sum_{i=1}^{m}b_i\varphi_i(u_{ci},t)\tilde{\boldsymbol{P}}^{\mathrm{T}}\boldsymbol{\Gamma}_P^{-1}\dot{\hat{\boldsymbol{P}}} \tag{6.42}$$

在 $[T_0,T_1)$ 内没有故障发生，即 $\rho_i=1$，$\mu_{ki}=0$，由式(6.35)可得

$$\sum_{i=1}^{m}b_i(\rho_i\varphi_i(u_{ci},t)u_{ci}+u_{ki})=\sum_{i=1}^{m}b_i\varphi_i(u_{ci},t)u_{ci}=\beta_n+\sum_{i=1}^{m}b_i\varphi_i(u_{ci},t)\tilde{\boldsymbol{P}}^{\mathrm{T}}\boldsymbol{Q} \tag{6.43}$$

由虚拟控制表达式(6.34)可知，e_n 的导数可重写为

$$\dot{e}_n=-k_ne_n-e_{n-1}+\tilde{\boldsymbol{W}}_n^{\mathrm{T}}\boldsymbol{\xi}_n(\boldsymbol{x})-\hat{D}_n\frac{1-\exp(-\upsilon_nD_ne_n)}{1+\exp(-\upsilon_nD_ne_n)}+$$

$$\sum_{i=1}^{m} b_i \varphi_i(u_{ci},\ t)\widetilde{\boldsymbol{P}}^{\mathrm{T}}\boldsymbol{Q} + \Delta_n'(t,\ \boldsymbol{x}) \tag{6.44}$$

将式(6.44)代入式(6.42)，可得

$$\dot{V}_{n0} = \dot{V}_{n-1} - k_n e_n^2 - e_n e_{n-1} + \widetilde{\boldsymbol{W}}_n^{\mathrm{T}} \boldsymbol{\Gamma}_n^{-1}(\boldsymbol{\Gamma}_n \boldsymbol{\xi}_n(\boldsymbol{x}) e_n - \dot{\hat{\boldsymbol{W}}}_n) + \frac{1}{\gamma_n}\widetilde{D}_n(\gamma_n |e_n| - \dot{\hat{D}}_n) +$$
$$\left[|e_n| \hat{D}_n - e_n \hat{D}_n \frac{1-\exp(-\upsilon_n \hat{D}_n e_n)}{1+\exp(-\upsilon_n \hat{D}_n e_n)}\right] + \sum_{i=1}^{m} b_i \varphi_i(u_{ci},\ t)\widetilde{\boldsymbol{P}}^{\mathrm{T}} \boldsymbol{\Gamma}_P^{-1}(\boldsymbol{\Gamma}_P \boldsymbol{Q} e_n - \dot{\hat{\boldsymbol{P}}}) \tag{6.45}$$

将自适应律式(6.32)、式(6.33)、式(6.37)代入式(6.45)，并由界化不等式可知

$$\dot{V}_{n0} \leqslant \dot{V}_{n-1} - k_n e_n^2 - e_n e_{n-1} + \sigma_{n0} \widetilde{\boldsymbol{W}}_n^{\mathrm{T}} \hat{\boldsymbol{W}}_n + \sigma_{n1} \widetilde{D}_n \hat{D}_n + \sum_{i=1}^{m} b_i \varphi_i(u_{ci},t) \sigma_P \widetilde{\boldsymbol{P}}^{\mathrm{T}} \hat{\boldsymbol{P}} + \frac{1}{\upsilon_n} \tag{6.46}$$

类似地，可知

$$\dot{V}_{n0} \leqslant \sum_{i=1}^{n-1}\left(-\frac{\omega_i^2}{\tau_i} + e_i \omega_i + \omega_i \phi_i(\cdot)\right) + \sum_{i=1}^{m} b_i \varphi_i(u_{ci},\ t)(\sigma_P \widetilde{\boldsymbol{P}}^{\mathrm{T}} \boldsymbol{P} - \sigma_P \widetilde{\boldsymbol{P}}^{\mathrm{T}} \widetilde{\boldsymbol{P}}) +$$
$$\sum_{i=1}^{n}\left(-k_i e_i^2 + \sigma_{i0} \widetilde{\boldsymbol{W}}_i^{\mathrm{T}} \boldsymbol{W}_i^* - \sigma_{i0} \widetilde{\boldsymbol{W}}_i^{\mathrm{T}} \widetilde{\boldsymbol{W}}_i + \sigma_{i1} \widetilde{D}_i D_i' - \sigma_{i1} \widetilde{D}_i^2 + \frac{1}{\upsilon_i}\right) \tag{6.47}$$

根据 Young 不等式可得

$$e_i \omega_i \leqslant e_i^2 + \frac{1}{4}\omega_i^2 \tag{6.48}$$

$$\omega_i \phi_i(\cdot) \leqslant \frac{\Phi_i^2}{\mu_i}\omega_i^2 + \frac{1}{4}\mu_i,\ \mu_i > 0 \tag{6.49}$$

$$\sigma_{i0} \widetilde{\boldsymbol{W}}_i^{\mathrm{T}} \boldsymbol{W}_i^* \leqslant \frac{1}{2}\sigma_{i0} \widetilde{\boldsymbol{W}}_i^{\mathrm{T}} \widetilde{\boldsymbol{W}}_i + \frac{1}{2}\sigma_{i0} \boldsymbol{W}_i^{*\mathrm{T}} \boldsymbol{W}_i^* \tag{6.50}$$

$$\sigma_{i0} \widetilde{\boldsymbol{P}}^{\mathrm{T}} \boldsymbol{P} \leqslant \frac{1}{2}\sigma_P \widetilde{\boldsymbol{P}}^{\mathrm{T}} \widetilde{\boldsymbol{P}} + \frac{1}{2}\sigma_P \boldsymbol{P}^{\mathrm{T}} \boldsymbol{P} \tag{6.51}$$

$$\sigma_{i1} \widetilde{D}_i D_i' \leqslant \frac{1}{2}\sigma_{i1} \widetilde{D}_i^2 + \frac{1}{2}\sigma_{i1} \widetilde{D}_i'^2 \tag{6.52}$$

将式(6.48)～式(6.52)代入式(6.47)，可得

$$\dot{V}_{n0} \leqslant -\sum_{i=1}^{n-1}(k_i - 1)e_i^2 - k_n e_n^2 - \sum_{i=1}^{n-1}\left(\frac{1}{\tau_i} - \frac{1}{4} - \frac{\Phi_i^2}{\mu_i}\right)\omega_i^2 - \sum_{i=1}^{n}\left(\frac{1}{2}\sigma_{i0} \widetilde{\boldsymbol{W}}_i^{\mathrm{T}} \widetilde{\boldsymbol{W}}_i + \frac{1}{2}\sigma_{i1} \widetilde{D}_i^2\right) -$$
$$\frac{\sigma_P}{2}\sum_{i=1}^{m} b_i \varphi_i(u_{ci},\ t)\widetilde{\boldsymbol{P}}^{\mathrm{T}} \widetilde{\boldsymbol{P}} + \sum_{i=1}^{n}\frac{1}{\upsilon_i} + \sum_{i=1}^{n-1}\frac{1}{4}\mu_i + \sum_{i=1}^{n}\left(\frac{1}{2}\sigma_{i0} \boldsymbol{W}_i^{*\mathrm{T}} \boldsymbol{W}_i^* + \frac{1}{2}\sigma_{i1} \widetilde{D}_i'^2\right) +$$
$$\frac{\sigma_P}{2}\sum_{i=1}^{m} b_i \varphi_i(u_{ci},\ t)\boldsymbol{P}^{\mathrm{T}} \boldsymbol{P} \tag{6.53}$$

取

$$r_2 = \sum_{i=1}^{n}\frac{1}{\upsilon_i} + \sum_{i=1}^{n-1}\frac{1}{4}\mu_i + \sum_{i=1}^{n}\left(\frac{1}{2}\sigma_{i0} \widetilde{\boldsymbol{W}}_i^{*\mathrm{T}} \boldsymbol{W}_i^* + \frac{1}{2}\sigma_{i1} \widetilde{D}_i'^2\right) + \frac{\sigma_P}{2}\sum_{i=1}^{m} b_i \varphi_i(u_{ci},t)\boldsymbol{P}^{\mathrm{T}} \boldsymbol{P} \tag{6.54}$$

其中，υ_i、μ_i、σ_{i0}、σ_{i1}、D_i'、σ_P、b_i、$\varphi_i(u_{ci},\ t)$是已知或未知但有界的固定常数，$\boldsymbol{W}_i^*$、$\boldsymbol{P}$ 为有界常值向量。

若设计参数满足

$$k_i \geqslant 1+\frac{r_1}{2},\ i=1,\ 2,\ \cdots,\ n-1 \tag{6.55}$$

$$k_n \geqslant \frac{r_1}{2} \tag{6.56}$$

$$\frac{1}{\tau_i} \geqslant \frac{\Phi_i^2}{\mu_i}+\frac{1}{4}+\frac{r_1}{2},\ i=1,\ 2,\ \cdots,\ n-1 \tag{6.57}$$

$$\frac{\sigma_{i0}}{\lambda_{\max}(\boldsymbol{\Gamma}_i^{-1})} \geqslant r_1,\ i=1,\ 2,\ \cdots,\ n \tag{6.58}$$

$$\frac{\sigma_{i1}}{\max\{\gamma_i^{-1}\}} \geqslant r_1,\ i=1,\ 2,\ \cdots,\ n \tag{6.59}$$

$$\frac{\sigma_P}{\lambda_{\max}(\boldsymbol{\Gamma}_P^{-1})} \geqslant r_1 \tag{6.60}$$

其中，$r_1>0$。

则有

$$\dot{V}_{n0} \leqslant -r_1 V_{n0}+r_2 \tag{6.61}$$

分以下两种情况进行分析：

(1) 若 $r_1 V_{n0}>r_2$，则 $\dot{V}_{n0}<0$，即 $V_{n0}(t)$ 在时间区间 $[T_0,\ T_1)$ 内为单调递减函数。因此有

$$V_{n0}(T_1^-)<V_{n0}(t)<V_{n0}(T_0) \tag{6.62}$$

(2) 若 $r_1 V_{n0}<r_2$，则由式(6.53)～式(6.54)得

$$|e_i| \leqslant \sqrt{\frac{r_2}{k_i-1}},\ i=1,\ 2,\ \cdots,\ n-1 \tag{6.63}$$

$$|e_n| \leqslant \sqrt{\frac{r_2}{k_n}} \tag{6.64}$$

$$|\omega_i| \leqslant \sqrt{\frac{r_2}{\frac{1}{\tau_i}-\frac{1}{4}-\frac{\Phi_i^2}{\mu_i}}},\ i=1,\ 2,\ \cdots,\ n-1 \tag{6.65}$$

$$\|\tilde{\boldsymbol{W}}_i\| \leqslant \sqrt{\frac{2r_2}{\sigma_{i0}}},\ i=1,\ 2,\ \cdots,\ n \tag{6.66}$$

$$|\tilde{D}_i| \leqslant \sqrt{\frac{2r_2}{\sigma_{i1}}},\ i=1,\ 2,\ \cdots,\ n \tag{6.67}$$

$$\|\tilde{\boldsymbol{P}}\| \leqslant \sqrt{\frac{2r_2}{\sigma_P}} \tag{6.68}$$

由此，$V_{n0}(t)$ 有界。可知，误差信号 e_i、ω_i、$\tilde{\boldsymbol{W}}_i$、$\tilde{D}_i$、$\tilde{\boldsymbol{P}}$ 在时间区间 $[T_0,\ T_1)$ 内有界。

根据分析，在时刻 T_1 有 p_1 个执行器发生故障，且在时间区间 $(T_1,\ T_2)$ 内无故障发生。在 $(T_1,\ T_2)$ 内，定义如下 Lyapunov 函数：

$$V_{n1}=V_{n-1}+\frac{1}{2}e_n^2+\frac{1}{2}\tilde{\boldsymbol{W}}_n^{\mathrm{T}}\boldsymbol{\Gamma}_n^{-1}\tilde{\boldsymbol{W}}_n+\frac{1}{2\gamma_n}\tilde{D}_n^2+\frac{1}{2}\sum_{i\in M_1} b_i\rho_i\varphi_i(u_{ci},t)\tilde{\boldsymbol{P}}^{\mathrm{T}}\boldsymbol{\Gamma}_P^{-1}\tilde{\boldsymbol{P}} \tag{6.69}$$

由式(6.38)可知

$$\sum_{i=1}^{m} b_i[\rho_i\varphi_i(u_{ci},t)u_{ci}+u_{ki}] = \sum_{i\in M_1} b_i\rho_i\varphi_i(u_{ci},t)\widetilde{\boldsymbol{P}}^{\mathrm{T}}\boldsymbol{Q}+\sum_{i\in M_1} b_i u_{ki} = \beta_n+\sum_{i\in M_1} b_i\rho_i\varphi_i(u_{ci},t)\widetilde{\boldsymbol{P}}^{\mathrm{T}}\boldsymbol{Q} \tag{6.70}$$

由虚拟控制表达式(6.34)可知，e_n 的导数为

$$\dot{e}_n = -k_n e_n - e_{n-1} + \widetilde{\boldsymbol{W}}_n^{\mathrm{T}}\boldsymbol{\xi}_n(\boldsymbol{x}) - \hat{D}_n\frac{1-\exp(-\upsilon_n D_n e_n)}{1+\exp(-\upsilon_n D_n e_n)} + \sum_{i\in M_1} b_i\rho_i\varphi_i(u_{ci},t)\widetilde{\boldsymbol{P}}^{\mathrm{T}}\boldsymbol{Q}+\Delta_n'(t,\boldsymbol{x}) \tag{6.71}$$

可以得到，V_{n1} 的导数为

$$\dot{V}_{n0} \leqslant \dot{V}_{n-1} - k_n e_n^2 - e_n e_{n-1} + \widetilde{\boldsymbol{W}}_n^{\mathrm{T}}\boldsymbol{\Gamma}_n^{-1}(\boldsymbol{\Gamma}_n\boldsymbol{\xi}_n(\boldsymbol{x})e_n - \dot{\hat{\boldsymbol{W}}}_n) + \frac{1}{\gamma_n}\widetilde{D}_n(\gamma_n|e_n| - \dot{\hat{D}}_n) + \left[|e_n|\hat{D}_n - e_n\hat{D}_n\frac{1-\exp(-\upsilon_n\hat{D}_n e_n)}{1+\exp(-\upsilon_n\hat{D}_n e_n)}\right] + \sum_{i\in M_1} b_i\rho_i\varphi_i(u_{ci},t)\widetilde{\boldsymbol{P}}^{\mathrm{T}}\boldsymbol{\Gamma}_P^{-1}(\boldsymbol{\Gamma}_P\boldsymbol{Q}e_n - \dot{\hat{\boldsymbol{P}}}) \tag{6.72}$$

类似地，可得

$$\dot{V}_{n0} \leqslant -\sum_{i=1}^{n-1}(k_i-1)e_i^2 - k_n e_n^2 - \sum_{i=1}^{n-1}\left(\frac{1}{\tau_i}-\frac{1}{4}-\frac{\Phi_i^2}{\mu_i}\right)\omega_i^2 - \sum_{i=1}^{n}\left(\frac{1}{2}\sigma_{i0}\widetilde{\boldsymbol{W}}_i^{\mathrm{T}}\widetilde{\boldsymbol{W}}_i+\frac{1}{2}\sigma_{i1}\widetilde{D}_i^2\right) - \frac{\sigma_P}{2}\sum_{i\in M_1} b_i\rho_i\varphi_i(u_{ci},t)\widetilde{\boldsymbol{P}}^{\mathrm{T}}\widetilde{\boldsymbol{P}} + \sum_{i=1}^{n}\frac{1}{\upsilon_i}+\sum_{i=1}^{n-1}\frac{1}{4}\mu_i + \sum_{i=1}^{n}\left(\frac{1}{2}\sigma_{i0}\widetilde{\boldsymbol{W}}_i^{*\mathrm{T}}\boldsymbol{W}_i^*+\frac{1}{2}\sigma_{i1}\widetilde{D}_i'^2\right)+\frac{\sigma_P}{2}\sum_{i\in M_1} b_i\rho_i\varphi_i(u_{ci},t)\boldsymbol{P}^{\mathrm{T}}\boldsymbol{P} \tag{6.73}$$

取

$$r_3 = \sum_{i=1}^{n}\frac{1}{\upsilon_i}+\sum_{i=1}^{n-1}\frac{1}{4}\mu_i+\sum_{i=1}^{n}\left(\frac{1}{2}\sigma_{i0}\widetilde{\boldsymbol{W}}_i^{*\mathrm{T}}\boldsymbol{W}_i^*+\frac{1}{2}\sigma_{i1}\widetilde{D}_i'^2\right)+\frac{\sigma_P}{2}\sum_{i\in M_1} b_i\rho_i\varphi_i(u_{ci},t)\boldsymbol{P}^{\mathrm{T}}\boldsymbol{P} \tag{6.74}$$

其中，υ_i、μ_i、σ_{i0}、σ_{i1}、D_i'、σ_P、b_i、ρ_i、$\varphi_i(u_{ci},t)$是已知或未知但有界的固定常数，$\boldsymbol{W}_i^*$、$\boldsymbol{P}$ 为有界常值向量。

若设计参数满足

$$k_i \geqslant 1+\frac{r_1}{2},\ i=1,2,\cdots,n-1 \tag{6.75}$$

$$k_n \geqslant \frac{r_1}{2} \tag{6.76}$$

$$\frac{1}{\tau_i} \geqslant \frac{\Phi_i^2}{\mu_i}+\frac{1}{4}+\frac{r_1}{2},\ i=1,2,\cdots,n-1 \tag{6.77}$$

$$\frac{\sigma_{i0}}{\lambda_{\max}(\boldsymbol{\Gamma}_i^{-1})} \geqslant r_1,\ i=1,2,\cdots,n \tag{6.78}$$

$$\frac{\sigma_{i1}}{\max\{\gamma_i^{-1}\}} \geqslant r_1, \ i=1, 2, \cdots, n \tag{6.79}$$

$$\frac{\sigma_P}{\lambda_{\max}(\boldsymbol{\Gamma}_P^{-1})} \geqslant r_1 \tag{6.80}$$

其中，$r_1>0$。

则有

$$\dot{V}_{n1} \leqslant -r_1 V_{n1} + r_3 \tag{6.81}$$

分以下两种情况进行分析：

(1) 若 $r_1 V_{n1} > r_3$，则 $\dot{V}_{n1}<0$，即 $V_{n1}(t)$ 在时间区间 (T_1, T_2) 内为单调递减函数。因此有

$$V_{n1}(T_2^-) < V_{n1}(t) < V_{n1}(T_1^+) \tag{6.82}$$

(2) 若 $r_1 V_{n1} < r_3$，则由式(6.53)～式(6.54)得

$$|e_i| \leqslant \sqrt{\frac{r_3}{k_i - 1}}, \ i=1, 2, \cdots, n-1 \tag{6.83}$$

$$|e_n| \leqslant \sqrt{\frac{r_3}{k_n}} \tag{6.84}$$

$$|\omega_i| \leqslant \sqrt{\frac{r_3}{\dfrac{1}{\tau_i} - \dfrac{1}{4} - \dfrac{\Phi_i^2}{\mu_i}}}, \ i=1, 2, \cdots, n-1 \tag{6.85}$$

$$\|\widetilde{\boldsymbol{W}}_i\| \leqslant \sqrt{\frac{2r_3}{\sigma_{i0}}}, \ i=1, 2, \cdots, n \tag{6.86}$$

$$|\widetilde{D}_i| \leqslant \sqrt{\frac{2r_3}{\sigma_{i1}}}, \ i=1, 2, \cdots, n \tag{6.87}$$

$$\|\widetilde{\boldsymbol{P}}\| \leqslant \sqrt{\frac{2r_3}{\sigma_P}} \tag{6.88}$$

由上可知，$V_{n1}(t)$ 有界。亦可知，误差信号 e_i、ω_i、$\widetilde{\boldsymbol{W}}_i$、$\widetilde{D}_i$、$\widetilde{\boldsymbol{P}}$ 在时间区间 (T_1, T_2) 内有界。

比较式(6.61)和式(6.81)可知，$V_{n0}(T_1^-)$ 和 $V_{n1}(T_1^+)$ 只存在误差项 $\widetilde{\boldsymbol{P}}^{\mathrm{T}}\boldsymbol{\Gamma}_P^{-1}\widetilde{\boldsymbol{P}}$ 系数的不同。由执行器故障模型和假设 6.3 可知，在执行器故障出现时，输出控制信号 $u_{ci}=\hat{\boldsymbol{P}}^{\mathrm{T}}\boldsymbol{Q}$ 的跳变是有界的，故 $V_{n0}(T_1^-)$ 和 $V_{n1}(T_1^+)$ 均有界。

根据假设 6.1，存在时刻 T_f，执行器在时间区间 (T_f, ∞) 内不会再发生新的故障。类似地，可推得 $V_{n2}(t)$，…，$V_{nf}(t)$ 在时间区间 (T_2, T_3)，…，(T_f, ∞) 有界，且 $V_{n1}(T_2^-)$，$V_{n2}(T_2^+)$，$V_{n2}(T_3^-)$，…，$V_{n(f-1)}(T_{f-1}^-)$，$V_{nf}(T_f^+)$ 均有界。由此，可推得闭环系统误差信号 e_i、ω_i、$\widetilde{\boldsymbol{W}}_i$、$\widetilde{D}_i$、$\widetilde{\boldsymbol{P}}$ 在时间区间 $[T_0, \infty)$ 半全局一致且终结有界。

同上述讨论一样，在时间区间 (T_f, ∞) 内，下列不等式成立

$$\dot{V}_{nf} \leqslant -r_1 V_{nf} + r_{f+2} \tag{6.89}$$

其中，$r_{f+2}>0$ 为固定常数。

类似地，可知系统稳态跟踪误差 e_1 最终满足

$$\lim_{t\to\infty} e_1 \leqslant \sqrt{\frac{2r_{f+2}}{r_1}} \tag{6.90}$$

且可以通过调整参数，使得跟踪误差收敛半径 e_1 任意小。

6.5 仿真算例

为验证控制器的有效性，考虑如下三阶不确定非线性系统：

$$\begin{cases} \dot{x}_1 = f_1(x_1) + x_2 + \Delta_1(t, \boldsymbol{x}) \\ \dot{x}_2 = f_2(x_1, x_2) + x_3 + \Delta_2(t, \boldsymbol{x}) \\ \dot{x}_3 = f_3(x_1, x_2, x_3) + b_1\nu_1(u_{c1}) + b_2\nu_2(u_{c2}) + \Delta_3(t, \boldsymbol{x}) \\ y = x_1 \end{cases} \tag{6.91}$$

其中，$f_1(x_1)=0.1x_1^2$，$f_2(x_1, x_2)=0.2\mathrm{e}^{-x_2}+x_1\sin(x_2)$，$f_3(x_1, x_2, x_3)=x_1x_2x_3$，$b_1=b_2=1$，$\Delta_1(t, \boldsymbol{x})=0.7x_1^2\sin(t)$，$\Delta_2(t, \boldsymbol{x})=0.5(x_1^2+x_2^2)\sin(t)$，$\Delta_3(t, \boldsymbol{x})=0.2(x_1^2+x_2^2+x_3^2)\cdot\cos(t)$。参考指令信号 $y_r=0.5[\sin t+\sin(0.5t)]$。初始状态 $[x_1, x_2, x_3]=[0.5, 0, 0]$。RBF 神经网络 $\hat{\boldsymbol{W}}_1^{\mathrm{T}}\boldsymbol{\xi}_1(x_1)$ 的高斯径向基函数中心为 $\{-4, -3, -2, -1, 0, 1, 2, 3, 4\}$，基函数宽度为 $\eta_1=2$，初始权值取为 $\hat{\boldsymbol{W}}_1(0)=\boldsymbol{0}$。RBF 神经网络 $\hat{\boldsymbol{W}}_2^{\mathrm{T}}\boldsymbol{\xi}_2(\bar{\boldsymbol{x}}_2)$ 的高斯径向基函数中心为 $\{-4, -2, 0, 2, 4\}\times\{-4, -2, 0, 2, 4\}$，基函数宽度为 $\eta_2=2$，初始权值取为 $\hat{\boldsymbol{W}}_2(0)=\boldsymbol{0}$。RBF 神经网络 $\hat{\boldsymbol{W}}_3^{\mathrm{T}}\boldsymbol{\xi}_3(\bar{\boldsymbol{x}}_3)$ 的高斯径向基函数中心为 $\{-4, 0, 4\}\times\{-4, 0, 4\}\times\{-4, 0, 4\}$，基函数宽度为 $\eta_3=2$，初始权值取为 $\hat{\boldsymbol{W}}_3(0)=\boldsymbol{0}$。选择控制律设计参数为：$\boldsymbol{\Gamma}_1=\boldsymbol{\Gamma}_2=\boldsymbol{\Gamma}_3=\mathrm{diag}[0.5]$，$\boldsymbol{\Gamma}_P=\mathrm{diag}[1]$，$\gamma_1=\gamma_2=\gamma_3=0.5$，$k_1=k_2=2$，$k_3=5$，$\upsilon_1=\upsilon_2=\upsilon_3=10$，$\sigma_{10}=\sigma_{11}=\sigma_{20}=\sigma_{21}=\sigma_{30}=\sigma_{31}=0.2$，$\sigma_P=0.5$。滤波时间常数 $\tau_1=\tau_2=0.05$。

以滞回非线性为例，验证具有强非线性的执行器发生未知故障的情况下，本章所设计的控制方法有效性。滞回执行器模型参数设置为：$A_1=A_2=1$，$B_1=B_2=3.1635$，$C_1=C_2=0.345$。

6.5.1 非线性执行器发生卡死故障

假设在 $t=10$ s 时，执行器 ν_1 发生卡死故障，且卡死位置为 $u_{k1}=2$。仿真结果如图 6.1～图 6.9所示。图 6.1 为系统输出 y 和参考轨迹 y_r 的仿真曲线，其中 y_1 表示基于单一滑模近似变结构控制方法得到的自适应容错控制律的跟踪曲线，与反演多滑模近似变结构控制方法的自适应容错控制方案进行比较。图 6.2 为非线性执行器发生卡死故障情况下两种控制方案下的跟踪误差曲线，e_1^0 表示采用本章方法控制下的跟踪误差，e_1^1 表示采用单一滑模近似变结构控制方法控制下的跟踪误差。由图 6.1 和图 6.2 可知，两种控制方案皆能实现对参考指令信号的有效跟踪，本章采用的基于反演多滑模近似变结构控制的自适应容错控制方案在执行器故障发生后能够更有效地抑制执行器非线性和故障的影响，提高控

制系统的鲁棒性和控制精度。

图 6.3、图 6.4 分别为两个执行器的实际输出信号，ν_{1d}，ν_{2d} 分别表示执行器未发生故障时的输出值，比较可知在执行器 ν_1 卡死的情况下，ν_2 的输出信号通过自适应调节能够使得系统的跟踪控制性能得到保证。图 6.5、图 6.6 和图 6.7 分别为神经网络逼近系统未知函数项的曲线，可知所设计的自适应 RBF 神经网络能够实现对不确定系统未知函数项的有效逼近。图 6.8 为状态变量 x_2 和 x_3 有界轨迹，图 6.9 为边界估计值 $\hat{D}_1$、$\hat{D}_2$、$\hat{D}_3$ 有界轨迹，可以看出，闭环系统所有状态均有界。

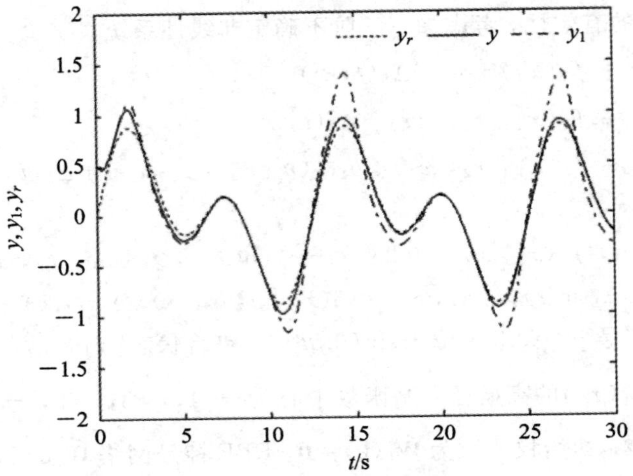

图 6.1　系统输出 y 和参考轨迹 y_r(卡死故障)仿真曲线

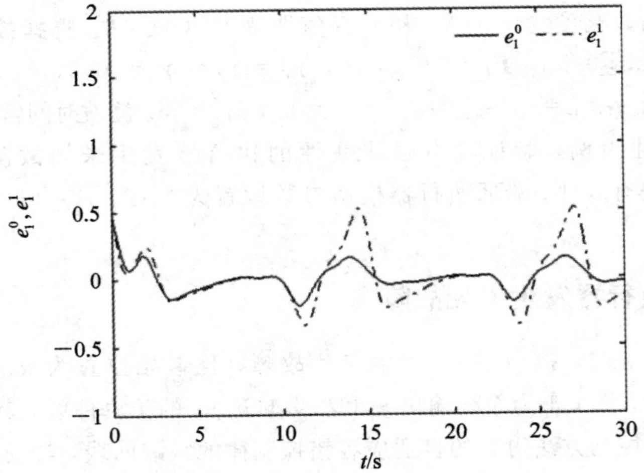

图 6.2　两种控制方案跟踪误差曲线(卡死故障)

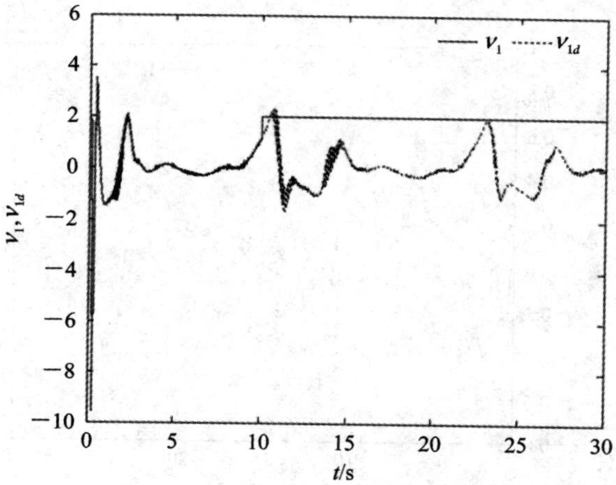

图 6.3　执行器 ν_1 控制信号(卡死故障)

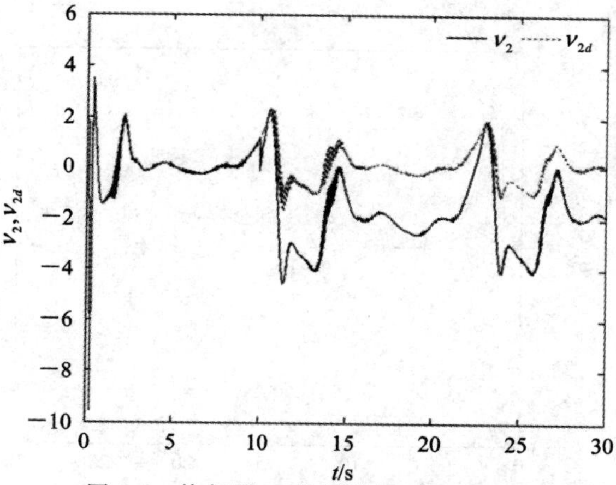

图 6.4　执行器 ν_2 控制信号(卡死故障)

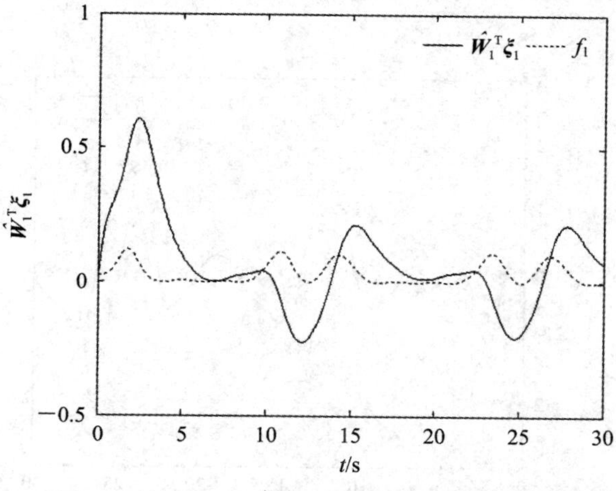

图 6.5　神经网络 $\hat{\boldsymbol{W}}_1^{\mathrm{T}}\boldsymbol{\xi}_1$ 逼近曲线(卡死故障)

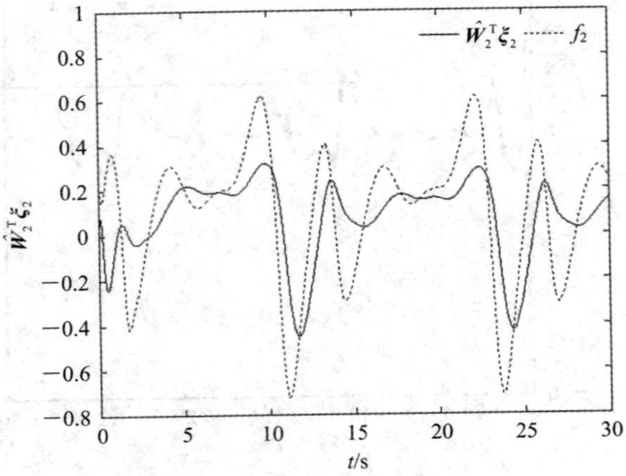

图 6.6 神经网络 $\hat{W}_2^{\mathrm{T}}\boldsymbol{\xi}_2$ 逼近曲线(卡死故障)

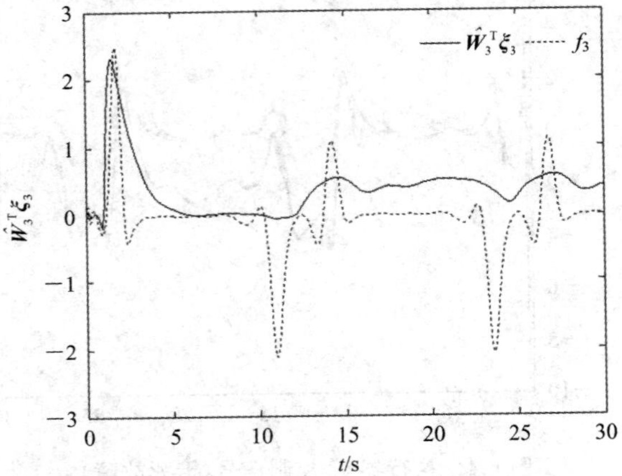

图 6.7 神经网络 $\hat{W}_3^{\mathrm{T}}\boldsymbol{\xi}_3$ 逼近曲线(卡死故障)

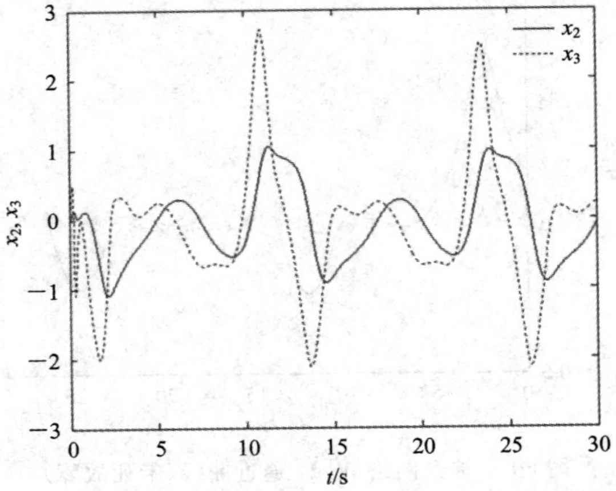

图 6.8 状态变量 x_2 和 x_3(卡死故障)

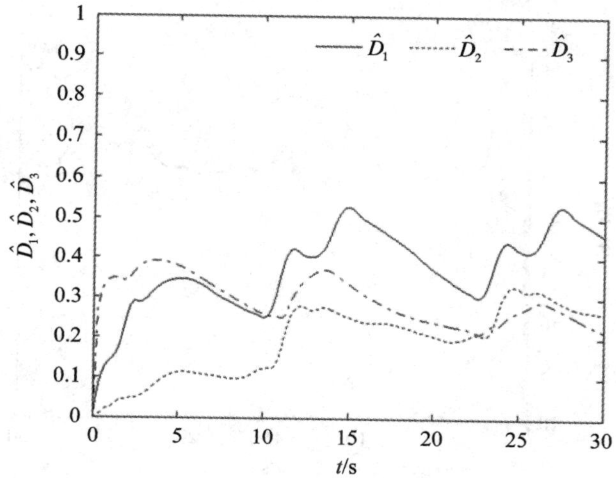

图 6.9　边界估计值 $\hat{D}_1$，$\hat{D}_2$，$\hat{D}_3$（卡死故障）

6.5.2　非线性执行器发生部分失效故障

假设在 $t=10$ s 时，执行器 ν_1 发生部分失效故障，且 $\rho_i=60\%$。图 6.10 为系统输出 y 和参考轨迹 y_r 的仿真曲线，由图 6.10 可知，在执行器具有滞回非线性且发生部分失效故障的情况下，系统输出依然能够有效跟踪参考轨迹。图 6.11 和图 6.12 分别为两个执行器的实际输出信号，ν_{1d} 和 ν_{2d} 分别表示执行器未发生故障时的输出值，比较可知，在执行器 ν_1 发生部分失效故障情况下，本章设计的自适应控制器能够对执行器非线性特征和部分失效故障进行有效补偿，保证系统输出，实现对参考指令轨迹的有效跟踪。

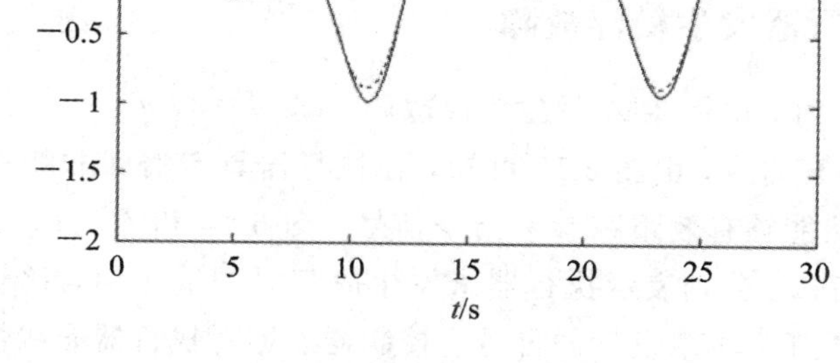

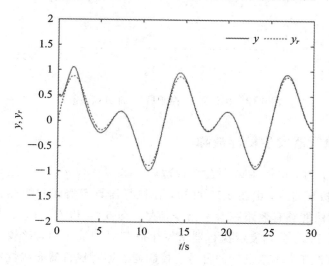

图 6.10　系统输出 y 和参考轨迹 y_r（部分失效故障）仿真曲线

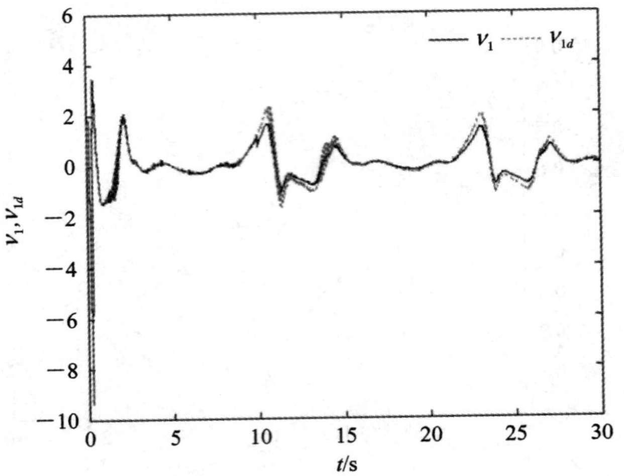

图 6.11　执行器 ν_1 控制信号(部分失效故障)

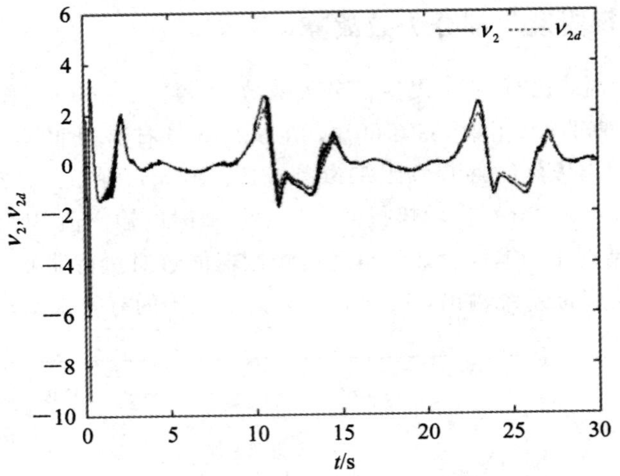

图 6.12　执行器 ν_2 控制信号(部分失效故障)

6.5.3　非线性执行器发生松浮故障

假设在 $t=10$ s 时，执行器 ν_1 发生松浮故障，即 $\rho_i=0$，$u_{k1}=0$。图 6.13 为系统输出 y 和参考轨迹 y_r 的仿真曲线，由图 6.13 可知，在执行器具有滞回非线性且发生松浮故障情况下，系统输出依然能够有效跟踪参考指令信号。图 6.14 和图 6.15 分别为两个执行器的实际输出信号，ν_{1d} 和 ν_{2d} 分别表示执行器未发生故障时的输出值，比较可知，在执行器 ν_1 发生松浮故障的情况下，本章设计的自适应控制器能够对执行器非线性特征和松浮故障进行有效补偿，保证系统输出，实现对参考指令信号的有效跟踪。

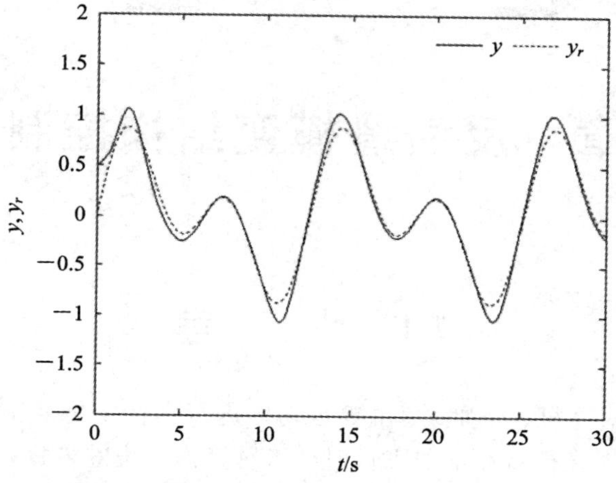

图 6.13　系统输出 y 和参考轨迹 y_r(松浮故障)

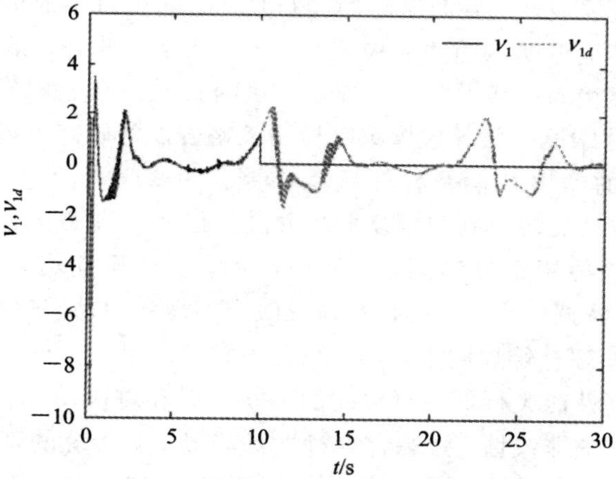

图 6.14　执行器 ν_1 控制信号(松浮故障)

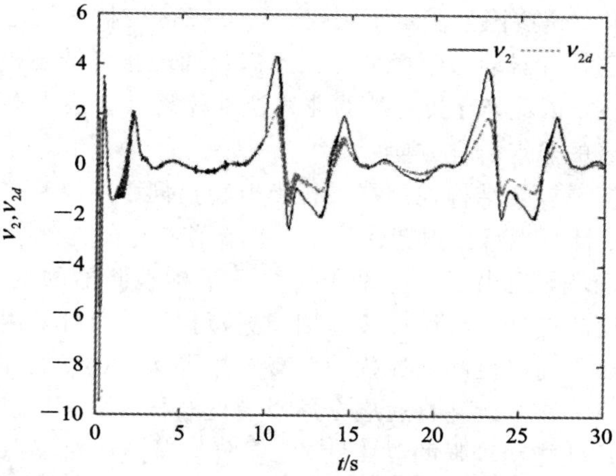

图 6.15　执行器 ν_2 控制信号(松浮故障)

第 7 章 反演滑模变结构控制应用

7.1 引 言

飞行模拟转台是对飞机、导弹、卫星等运动体进行高精尖仿真实验的设备，可以在实验室条件下真实地模拟飞行器在空中飞行时的各种姿态，获得实验数据。飞行模拟转台性能的优劣直接关系到仿真实验的可靠性和置信度，其伺服系统设计是实现系统控制精度的重要保证。在高精度伺服控制系统中，由于非线性摩擦环节的存在，系统的动态及静态性能受到很大的影响，主要表现为：低速时的爬行现象、速度过零时的波形畸变现象、稳态时存在较大的静差，甚至出现不期望的极限环振荡[196, 197]。此外，系统还易受到参数不确定、未建模动态和外界扰动负载力矩等不确定因素的影响，系统跟踪精度显著下降。因此，对伺服系统进行非线性摩擦补偿及鲁棒跟踪控制策略方面的研究就显得尤为重要。关于飞行模拟转台伺服系统的摩擦补偿及鲁棒跟踪控制，一些学者已进行了相关的研究和实验[198, 199]，例如采用定量反馈控制和重复控制方法补偿非线性摩擦带来的影响，研究飞行模拟转台伺服系统的鲁棒跟踪控制问题。然而，由于上述研究均采用经典的静态非线性斯特里贝克(Stribeck)摩擦模型，无法真实地反映摩擦现象的动态过程，因此，在高精度飞行模拟转台伺服系统摩擦补偿控制中，并未获得满意的结果。

此外，随着现代高性能飞行器飞行包线的不断扩展和对机动性、敏捷性要求的不断提高，飞行器动力学模型的非线性、强耦合等特性日趋显著，传统的基于小扰动线性化方程的线性设计方法已难以满足飞行控制系统的性能要求。同时，由于现代飞行器对飞行空域和飞行速度的要求不断提高，气动参数摄动也更为严重。此外，阵风、紊流等外界扰动也会引起气动参数的变化。这些因素决定了现代飞行器飞行控制系统是一个具有较大不确定性的非线性系统，并且飞行器动力学模型存在不满足匹配条件的不确定性，这进一步增加了控制系统设计的难度。因此，寻找有效的非线性鲁棒设计方法来提高飞行控制系统的性能已成为飞行控制领域的热点研究方向。

本章主要研究反演滑模变结构控制在飞行模拟转台伺服系统和飞机姿态跟踪飞行控制方面的应用问题，一是针对飞行模拟转台伺服系统在存在未知非线性摩擦和不确定干扰情况下的鲁棒跟踪控制问题，提出了一种基于非线性干扰观测器的反演滑模变结构控制方案。该方案首先采用反演控制方法设计转速期望虚拟控制，然后采用非线性干扰观测器观测由非线性摩擦、参数不确定性和外界扰动负载力矩等构成的复合不确定干扰，进而对引入非线性干扰观测器的系统，设计自适应全局滑模变结构控制器，以保证飞行模拟转台伺服系统具有良好的跟踪性能和较强的鲁棒性。二是针对某战斗机姿态控制系统在存在气动参数摄动和未知力矩干扰情况下的鲁棒控制问题，提出了一种基于非线性干扰观测器的反演快速终端滑模控制方案。该方案利用非线性干扰观测器观测气动参数摄动和力矩干扰不确定性，进而对引入非线性干扰观测器的系统，设计反演快速终端滑模控制器，通过将一阶低通滤波器融入反演设计，并结合动态面控制无需对期望虚拟控制进行非线性微分的优点，简化控制律，并引入快速终端滑模控制策略，提高系统的收敛速度和稳态跟踪精度。

7.2　反演滑模变结构控制在飞行模拟转台伺服系统中的应用

7.2.1　飞行模拟转台伺服系统模型

飞行模拟转台是高精度三轴伺服系统，由直流电机、脉宽调制（Pulse Width Modulator，PWM）功率放大器等组成。考虑非线性摩擦的飞行模拟转台伺服系统结构，具体如图 7.1 所示。

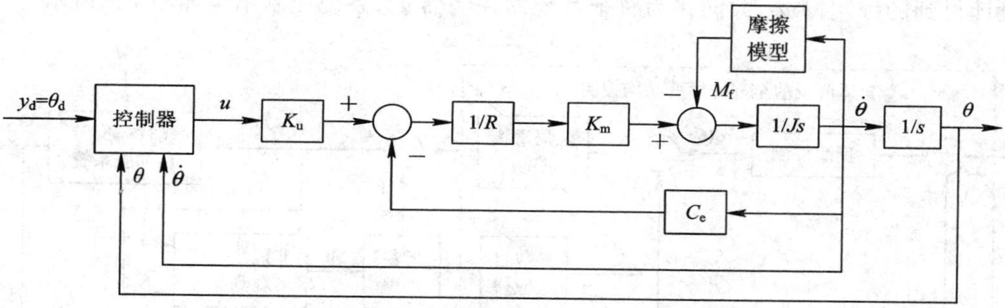

图 7.1　飞行模拟转台伺服系统结构

该系统忽略电枢电感，电流环和速度环为开环。其中，K_u 为 PWM 功率放大器放大系数，R 为电枢电阻，K_m 为电机力矩系数，J 为转动惯量，C_e 为电压反馈系数，θ 为转角，$\dot{\theta}$ 为转速，M_f 为非线性摩擦力矩，u 为控制电压。

根据伺服系统结构，得到如下的简化控制系统动态方程

$$\ddot{\theta}=-\frac{K_m C_e}{JR}\dot{\theta}+\frac{K_u K_m}{JR}u-\frac{M_f}{J} \tag{7.1}$$

令

$$x_1=\theta,\ x_2=\dot{\theta},\ a=-\frac{K_m C_e}{JR},\ b=\frac{K_u K_m}{JR}$$

代入式(7.1)，并考虑飞行模拟转台伺服系统存在参数不确定性和电机力矩波动等不确定因素，则可得控制系统动态方程为

$$\begin{cases}\dot{x}_1=x_2\\ \dot{x}_2=ax_2+bu-\dfrac{M_f}{J}+D\end{cases} \tag{7.2}$$

其中，$D=\Delta a x_2+\Delta bu+M_r/J$ 为不确定干扰，M_r 为电机力矩波动。

由以上分析过程，飞行模拟转台伺服系统可表示为如下的非线性系统：

$$\begin{cases}\dot{x}_1=x_2\\ \dot{x}_2=f(\boldsymbol{x})+bu+M\end{cases} \tag{7.3}$$

其中，$f(\boldsymbol{x})=ax_2$，$M=D-M_f/J$ 为系统复合不确定干扰。

控制目标：针对存在非线性摩擦、参数不确定性和电机力矩波动等不确定因素的飞行模拟转台伺服系统，基于非线性干扰观测器设计自适应反演全局滑模变结构补偿控制器，使得系统输出 $y=\theta$ 能够稳定跟踪参考指令信号 $y_r=\theta_d$，同时保证闭环系统全局渐近稳定。

7.2.2　控制器设计与稳定性分析

1. 控制器设计

控制器设计包含 2 步：第 1 步，基于反演控制方法设计转速期望虚拟控制 α_1；第 2 步，采用非线性干扰观测器观测作用在转速子系统的复合不确定干扰 M，经过增益调整环节，得到为克服复合不确定干扰 M 所需要的控制量 u_M，与采用自适应全局滑模变结构控制方法设计得到的控制律 u_{bg} 共同作为整个系统的控制器 u。系统控制结构如图 7.2 所示。

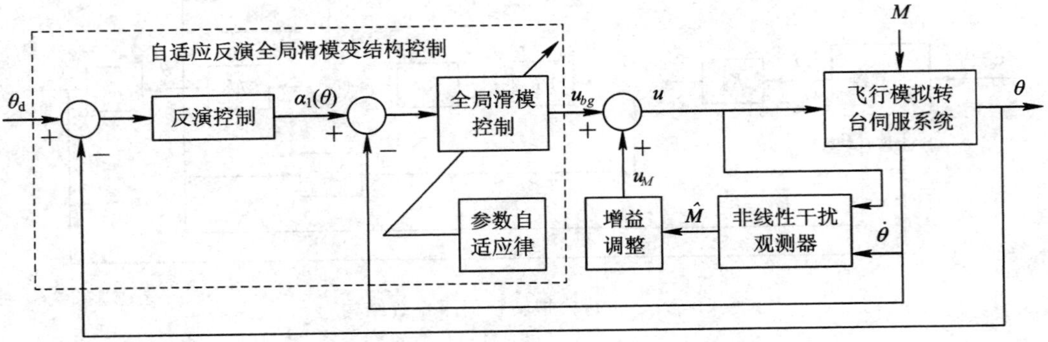

图 7.2　系统控制结构

具体设计步骤如下：

首先定义闭环系统式(7.3)的状态跟踪误差为

$$\begin{cases}e_1=x_1-y_r\\ e_2=x_2-\alpha_1\end{cases} \tag{7.4}$$

其中，α_1 为转速子系统的期望虚拟控制。

第 1 步：由闭环系统式(7.3)的转角子系统和转角跟踪误差 $e_1=x_1-y_r$，可得 e_1 的动态方程为

$$\dot{e}_1=e_2+\alpha_1-\dot{y}_r \tag{7.5}$$

根据式(7.5)可设计转速期望虚拟控制为

$$\alpha_1=-k_1e_1+\dot{y}_r \tag{7.6}$$

其中，$k_1>0$ 为设计参数。

将转速期望虚拟控制 α_1 代入式(7.5)，则转角跟踪误差 e_1 的动态方程为

$$\dot{e}_1=-k_1e_1+e_2 \tag{7.7}$$

因此，存在 Lyapunov 函数 $V_{e_1}=\frac{1}{2}e_1^2$，使得 $\dot{V}_{e_1}=-k_1e_1^2+e_1e_2$。

第 2 步：由闭环系统式(7.3)的转速子系统和转速跟踪误差 $e_2=x_2-\alpha_1$，可得 e_2 的动态方程为

$$\begin{aligned}\dot{e}_2&=f(\boldsymbol{x})+bu+M-\dot{\alpha}_1\\&=f(\boldsymbol{x})+bu+M-k_1^2e_1+k_1e_2-\ddot{y}_r\end{aligned}\tag{7.8}$$

由于系统存在复合不确定干扰 M，因此，采用非线性干扰观测器观测复合不确定干扰 M，则可设计非线性干扰观测器为

$$\begin{cases}\hat{M}=z+p(x_1,\ x_2)\\ \dot{z}=-L(x_1,\ x_2)z+L(x_1,\ x_2)[-p(x_1,\ x_2)-f(x)-bu]\\ p(x_1,\ x_2)=L(x_1,\ x_2)x_2\\ L(x_1,\ x_2)=h\end{cases}\tag{7.9}$$

其中，h 为设计参数且 $h>0$。

令 $e_{\text{ndo}}=M-\hat{M}$ 为非线性干扰观测器的观测误差，则转速跟踪误差 e_2 的动态方程可转化为

$$\dot{e}_2=f(\boldsymbol{x})+bu+\hat{M}+e_{\text{ndo}}-k_1^2e_1+k_1e_2-\ddot{y}_r\tag{7.10}$$

为了便于控制器设计，假设非线性干扰观测器观测误差满足 $|e_{\text{ndo}}|\leqslant\delta$，且 $\tilde{\delta}=\delta-\hat{\delta}$，其中，$\delta$ 为观测误差上界，其为未知有界正常数，$\hat{\delta}$ 为观测误差上界 δ 的估计值。

定义全局滑模面

$$s=c_1e_1+e_2-g(t)\tag{7.11}$$

其中，$c_1>0$ 为设计参数，$g(t)$ 是为了满足全局动态滑模而设计的非线性函数，并满足如下三个条件：

(1) $g(0)=c_1e_1(0)+e_2(0)$；

(2) $t\to\infty$ 时，$g(t)\to 0$；

(3) $g(t)$ 一阶可导。

因此，系统滑模面 s 在 $t=0$ 时刻即收敛到零，消除了传统滑模变结构控制的趋近模态，使系统在响应的全过程都具有鲁棒性。

对 s 求导可得

$$\dot{s}=c_1(-k_1e_1+e_2)+f(\boldsymbol{x})+bu+\hat{M}+e_{\text{ndo}}-k_1^2e_1+k_1e_2-\ddot{y}_r-\dot{g}\tag{7.12}$$

设计控制律和参数自适应律为

$$\begin{cases}u=u_{bg}+u_M\\ u_{bg}=\dfrac{1}{b}[c_1(k_1e_1-e_2)-f(x)+k_1^2e_1-k_1e_2+\ddot{y}_r+\dot{g}-k_2s-\hat{\delta}\operatorname{sgn}(s)]\\ u_M=-\dfrac{\hat{M}}{b}\end{cases}\tag{7.13}$$

$$\dot{\hat{\delta}}=\gamma|s|\tag{7.14}$$

其中，k_2 为控制增益且 $k_2>0$，γ 为自适应增益系数且 $\gamma>0$。

为了避免对转速期望虚拟控制 α_1 进行微分运算，可将转速期望虚拟控制的导数 $\dot{\alpha}_1$ 作为复合不确定干扰 ψ 的一部分，即 $\psi=M-\dot{\alpha}_1$，采用非线性干扰观测器观测复合不确定干

扰 ψ，则可设计改进的控制律为

$$\begin{cases} u=u_{bg}+u_{\psi} \\ u_{bg}=\dfrac{1}{b}[c_1(k_1e_1-e_2)-f(x)+\dot{g}-k_2s-\hat{\delta}\text{sgn}(s)] \\ u_{\psi}=-\dfrac{\hat{\psi}}{b} \end{cases}$$

2. 稳定性分析

定理 7.1：针对存在非线性摩擦、参数不确定性和电机力矩波动等不确定干扰的飞行模拟转台伺服系统，基于非线性干扰观测器式(7.9)，选取全局滑模面式(7.11)，设计控制律式(7.13)和参数自适应律式(7.14)，使得闭环系统全局渐近稳定。通过选择适当的设计参数，使跟踪误差渐近收敛。

证明：定义闭环系统式(7.3)的 Lyapunov 函数为

$$V=\frac{1}{2}e_1^2+\frac{1}{2}s^2+\frac{1}{2\gamma}\tilde{\delta}^2+\frac{1}{2}e_{\text{ndo}}^2 \tag{7.15}$$

假设相对于观测器的动态特性，复合干扰变化是缓慢的，即 $\dot{M}\approx0$，则对 V 按时间 t 求导可得

$$\begin{aligned}\dot{V}&=e_1\dot{e}_1+s\dot{s}-\gamma^{-1}\tilde{\delta}\dot{\hat{\delta}}+e_{\text{ndo}}\dot{e}_{\text{ndo}}\\&=-k_1e_1^2+e_1e_2+s[c_1(-k_1e_1+e_2)+f(x)+bu+\hat{M}+e_{\text{ndo}}-\\&\quad k_1^2e_1+k_1e_2-\ddot{y}_d-\dot{g}]-\gamma^{-1}\tilde{\delta}\dot{\hat{\delta}}-he_{\text{ndo}}^2\end{aligned} \tag{7.16}$$

将控制律式(7.13)代入式(7.16)可得

$$\begin{aligned}\dot{V}&=-k_1e_1^2+e_1e_2+s[e_{\text{ndo}}-k_2s-\hat{\delta}\text{sgn}(s)]-\gamma^{-1}\tilde{\delta}\dot{\hat{\delta}}-he_{\text{ndo}}^2\\&\leqslant-k_1e_1^2+e_1e_2-k_2s^2+\delta|s|-\hat{\delta}|s|-\gamma^{-1}\tilde{\delta}\dot{\hat{\delta}}-he_{\text{ndo}}^2\\&=-k_1e_1^2+e_1e_2-k_2s^2+\tilde{\delta}|s|-\gamma^{-1}\tilde{\delta}\dot{\hat{\delta}}-he_{\text{ndo}}^2\end{aligned} \tag{7.17}$$

将参数自适应律式(7.14)代入式(7.17)可得

$$\dot{V}\leqslant-k_1e_1^2+e_1e_2-k_2s^2-he_{\text{ndo}}^2 \tag{7.18}$$

令

$$k_1e_1^2-e_1e_2+k_2s^2=\boldsymbol{\Xi}^{\text{T}}\boldsymbol{Q}\boldsymbol{\Xi} \tag{7.19}$$

其中，$\boldsymbol{\Xi}=[e_1, e_2, g]^{\text{T}}$，$\boldsymbol{Q}$ 为如下对称矩阵：

$$\boldsymbol{Q}=\begin{bmatrix} k_1+c_1^2k_2 & c_1k_2-\dfrac{1}{2} & -c_1k_2 \\ c_1k_2-\dfrac{1}{2} & k_2 & -k_2 \\ -c_1k_2 & -k_2 & k_2 \end{bmatrix}$$

因此，总可以选取适当的设计参数 k_1、k_2、c_1 使得 $-\boldsymbol{\Xi}^{\text{T}}\boldsymbol{Q}\boldsymbol{\Xi}\leqslant0$ 成立，则有

$$\dot{V}\leqslant-\boldsymbol{\Xi}^{\text{T}}\boldsymbol{Q}\boldsymbol{\Xi}-he_{\text{ndo}}^2\leqslant0 \tag{7.20}$$

因此，e_1、e_2、g 和 s 均是有界的。

令 $W(t)=\boldsymbol{\Xi}^{\mathrm{T}}\boldsymbol{Q}\boldsymbol{\Xi}+he_{\mathrm{ndo}}^{2}$，式(7.18)两边同时对 t 进行积分可得

$$\int_{0}^{t}\dot{V}(\tau)\mathrm{d}\tau\leqslant-\int_{0}^{t}W(\tau)\mathrm{d}\tau \tag{7.21}$$

有

$$\int_{0}^{t}W(\tau)\mathrm{d}\tau\leqslant V(e_1(0),\ e_2(0),\ s(0))-V(e_1(t),\ e_2(t),\ s(t)) \tag{7.22}$$

由于 $V(e_1(0),\ e_2(0),\ s(0))$有界，$V(e_1(t),\ e_2(t),\ s(t))$为有界单调非增函数，则有

$$\int_{0}^{t}W(\tau)\mathrm{d}\tau\leqslant V(e_1(0),\ e_2(0),\ s(0))-V(e_1(\infty),\ e_2(\infty),\ s(\infty)) \tag{7.23}$$

又由式(7.7)、式(7.10)和式(7.12)可知，$\dot{e}_1$、$\dot{e}_2$、$\dot{s}$ 也是有界的，即 $\dot{W}(t)$有界。

于是由芭芭拉特(Barbalat)引理[200]可得

$$\lim_{t\to\infty}W(t)=0 \tag{7.24}$$

则当 $t\to\infty$时，$e_1\to0$，$e_2\to0$，$s\to0$。

7.2.3　仿真研究

为了真实地反映飞行模拟转台伺服系统运行过程中的非线性摩擦现象，仿真中采用拉各瑞(LuGre)动态摩擦模型[201−203]，在现有的摩擦模型中，LuGre 摩擦模型获得了广泛的应用，该模型能够准确地描述摩擦过程复杂的动态、静态特性，如爬行、极限环振荡、滑前变形、摩擦记忆、变静摩擦及 Stribeck 曲线。

LuGre 摩擦模型假设相对运动的两个刚性体在微观上通过弹性鬃毛相接触，接触面鬃毛的平均变形用 z 表示，则 LuGre 摩擦模型的数学表达式可描述为[203]

$$M_{\mathrm{f}}=\sigma_0 z+\sigma_1\frac{\mathrm{d}z}{\mathrm{d}t}+\sigma_2\dot{\theta} \tag{7.25}$$

$$\frac{\mathrm{d}z}{\mathrm{d}t}=\dot{\theta}-\frac{\sigma_0|\dot{\theta}|}{l(\dot{\theta})}z \tag{7.26}$$

$$l(\dot{\theta})=M_{\mathrm{c}}+(M_{\mathrm{s}}-M_{\mathrm{c}})\exp\left(-\frac{\dot{\theta}}{\dot{\theta}_{\mathrm{s}}}\right)^{2} \tag{7.27}$$

各参数的含义和仿真中使用的数值如表 7.1 所示。

表 7.1　LuGre 摩擦模型参数表

参 数	含 义	数 值
$\sigma_0/(\mathrm{N\cdot m})$	鬃毛刚度系数	10^5
$\sigma_1/(\mathrm{N\cdot m})$	鬃毛阻尼系数	0.5
$\sigma_2/(\mathrm{N\cdot m\cdot s\cdot rad^{-1}})$	黏性摩擦系数	2
$M_{\mathrm{c}}/(\mathrm{N\cdot m})$	库仑摩擦力矩	26
$M_{\mathrm{s}}/(\mathrm{N\cdot m})$	最大静摩擦力矩	36
$\dot{\theta}_{\mathrm{s}}/(\mathrm{rad\cdot s^{-1}})$	Stribeck 临界速度	0.517

为了研究非线性摩擦对飞行模拟转台伺服系统性能的影响以及验证本节提出的基于非线性干扰观测器的自适应反演全局滑模变结构补偿控制方案的有效性，分别采用高增益比例微分(Proportional Differential，PD)补偿控制、反演全局滑模变结构前馈固定补偿控制和基于非线性干扰观测器的自适应反演全局滑模变结构补偿控制进行仿真对比，完成控制性能的对比分析。

飞行模拟转台伺服系统模型参数为：$K_u=11$，$R=7.77\ \Omega$，$K_m=6\ \mathrm{N\cdot m/A}$，$J=0.6\ \mathrm{kg\cdot m^2}$，$C_e=1.2\ \mathrm{V/(rad\cdot s^{-1})}$。模型参数不确定性和电机力矩波动引起的不确定干扰用幅值为 5 的正弦波 $5\sin(t)$ 代替。参考指令信号 $y_r=\theta_d=0.5\sin(\pi t)$，初始状态 $\boldsymbol{x}_0=[-0.5,\ 0]^T$。

采用高增益 PD 补偿控制方案(方案 1)，设计控制律为 $u=50(\theta_d-x_1)+5(\dot{\theta}_d-x_2)$。采用反演全局滑模变结构前馈固定补偿控制方案(方案 2)，选择滑模趋近律方法，即 $\dot{s}=-k_2s-\delta\mathrm{sgn}(s)$，$k_2=5$ 为趋近指数，$\delta=10$ 为滑模开关增益，其余设计参数为 $k_1=5$，$c_1=30$，$g(t)=s(0)\mathrm{e}^{-8t}$。仿真结果如图 7.3～图 7.6 所示。图 7.3 和图 7.4 为采用上述两种补偿控制方案的实际转角输出与期望转角输出曲线。图 7.5 和图 7.6 为采用上述两种补偿控制方案的控制电压曲线。可以看出，采用高增益 PD 补偿控制方案(方案 1)，转角跟踪存在“平顶”现象；而采用反演全局滑模变结构前馈固定补偿控制方案(方案 2)，实现了转角信号精确跟踪，但控制电压存在抖振现象。

采用基于非线性干扰观测器的自适应反演全局滑模变结构补偿控制方案(方案 3)，控制器设计参数为：$k_1=5$，$k_2=5$，$c_1=30$，$\gamma=10$，$h=15$，$g(t)=s(0)\mathrm{e}^{-8t}$，自适应参数初值 $\hat{\delta}(0)=10$。仿真结果如图 7.7～图 7.9 所示。图 7.7 为实际转角输出与期望转角输出曲线。图 7.8 为控制电压曲线。图 7.9 为实际的复合不确定干扰及其观测值曲线。可以看出，采用基于非线性干扰观测器的自适应反演全局滑模变结构补偿控制方案观测复合不确定干扰，不仅实现了转角信号精确跟踪，而且有效地削弱了控制电压存在的抖振现象。

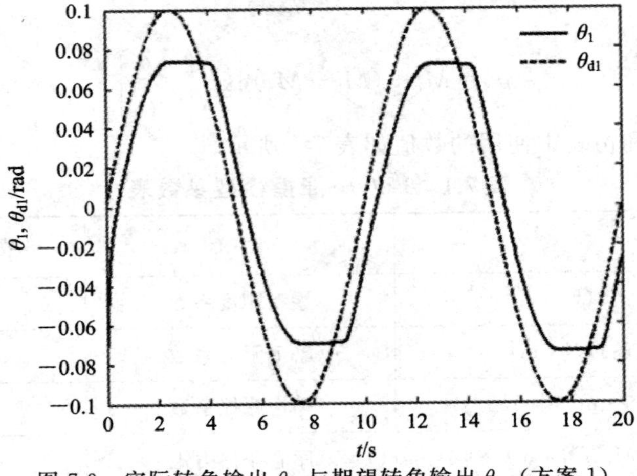

图 7.3　实际转角输出 θ_1 与期望转角输出 θ_{d1}(方案 1)

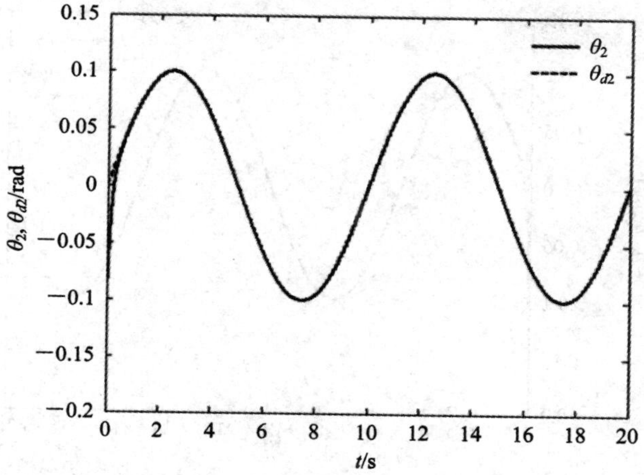

图 7.4　实际转角输出 θ_2 与期望转角输出 θ_{d2}（方案 2）

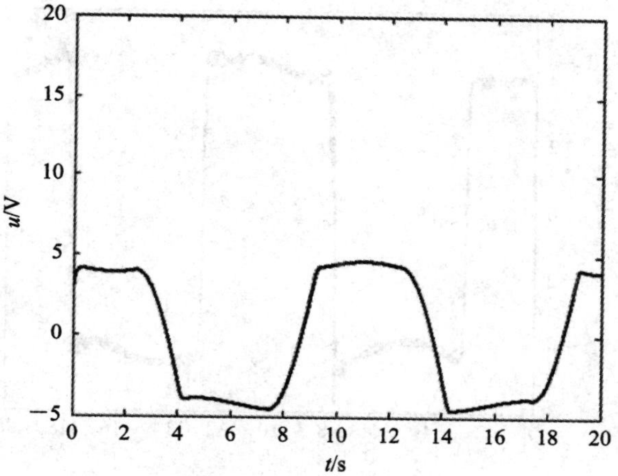

图 7.5　控制电压 u_1（方案 1）

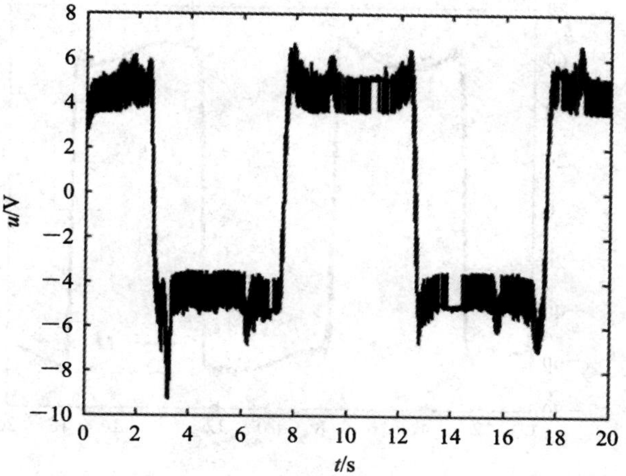

图 7.6　控制电压 u_2（方案 2）

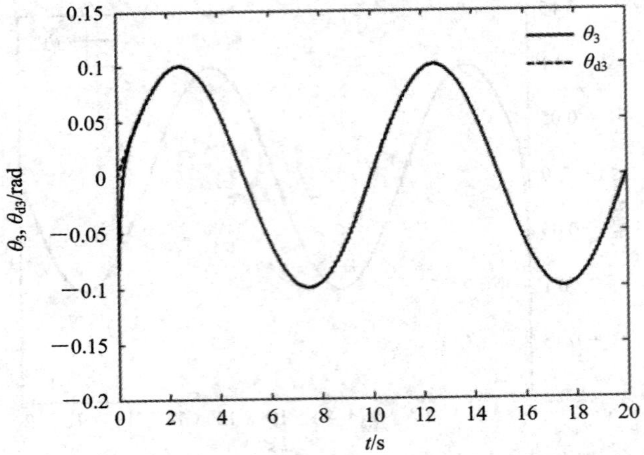

图 7.7　实际转角输出 θ_3 与期望转角输出 θ_{d3}（方案 3）

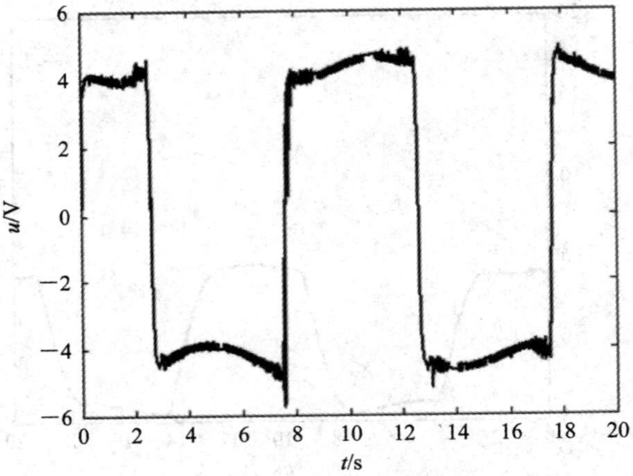

图 7.8　控制电压 u_3（方案 3）

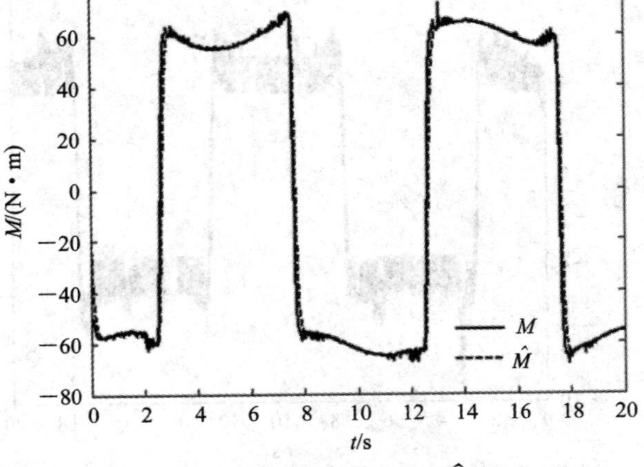

图 7.9　实际干扰 M 及其观测值 $\hat{M}$（方案 3）

7.3 反演滑模变结构控制在飞机姿态跟踪飞行控制中的应用

7.3.1 飞行姿态控制系统非线性模型

为了简化推导飞行姿态控制系统的动力学模型，作如下假设：

(1) 飞机为理想刚体，不考虑机翼、机身和尾翼的弹性自由度；

(2) 将地球视为惯性系统，不考虑地球曲面变化；

(3) 飞机相对于机体坐标轴系的 Oxz 平面对称，即惯性积 $I_{xy}=I_{yz}=0$。

本节研究对象为某型战斗机六自由度非线性模型，主要考虑由 α、β、ϕ、p、q、r、θ 构成的姿态控制系统，动力学方程为[204]

$$\dot{\alpha}=-p\cos\alpha\tan\beta+q-r\sin\alpha\tan\beta-\frac{\sin\alpha}{mV\cos\beta}(F_T+F_x)+\frac{\cos\alpha}{mV\cos\beta}F_z+\frac{g}{V\cos\beta}(\sin\alpha\sin\theta+\cos\alpha\cos\phi\cos\theta) \tag{7.28a}$$

$$\dot{\beta}=p\sin\alpha-r\cos\alpha-\frac{\cos\alpha\sin\beta}{mV}(F_T+F_x)+\frac{\cos\beta}{mV}F_y-\frac{\sin\alpha\sin\beta}{mV}F_z+\frac{g}{V}(\cos\alpha\sin\beta\sin\theta+\cos\beta\cos\theta\sin\phi-\sin\alpha\sin\beta\cos\phi\cos\theta) \tag{7.28b}$$

$$\dot{\phi}=p+\tan\theta(q\sin\phi+r\cos\phi) \tag{7.28c}$$

$$\dot{p}=(I_1r+I_2p)q+I_3L+I_4N \tag{7.28d}$$

$$\dot{q}=I_5pr-I_6(p^2-r^2)+I_7M \tag{7.28e}$$

$$\dot{r}=(I_8p-I_2r)q+I_4L+I_9N \tag{7.28f}$$

$$\dot{\theta}=q\cos\phi-r\sin\phi \tag{7.28g}$$

其中，I_i，$i=1, 2, \cdots, 9$ 由惯性力矩常数计算得到，具体表达式如下所示：

$$I_1=\frac{(I_y-I_z)I_z-I_{xz}^2}{I_xI_z-I_{xz}^2},\ I_2=\frac{(I_x-I_y+I_z)I_{xz}}{I_xI_z-I_{xz}^2},\ I_3=\frac{I_z}{I_xI_z-I_{xz}^2},\ I_4=\frac{I_{xz}}{I_xI_z-I_{xz}^2},$$

$$I_5=\frac{I_z-I_x}{I_y},\ I_6=\frac{I_{xz}}{I_y},\ I_7=\frac{1}{I_y},\ I_8=\frac{I_x(I_x-I_y)+I_{xz}^2}{I_xI_z-I_{xz}^2},\ I_9=\frac{I_x}{I_xI_z-I_{xz}^2}$$

空气动力在飞机机体坐标轴系三轴上的分量 F_x、F_y、F_z 用相应的气动力系数表示如下：

$$F_x=\bar{q}sC_x(\alpha, \beta, p, q, r, \delta_e, \delta_a, \delta_r) \tag{7.29a}$$

$$F_y=\bar{q}sC_y(\alpha, \beta, p, q, r, \delta_e, \delta_a, \delta_r) \tag{7.29b}$$

$$F_z=\bar{q}sC_z(\alpha, \beta, p, q, r, \delta_e, \delta_a, \delta_r) \tag{7.29c}$$

空气动力力矩在飞机机体坐标轴系三轴上的分量 L、M、N 用相应的气动力矩系数表示如下

$$L=\bar{q}sbC_l(\alpha, \beta, p, q, r, \delta_e, \delta_a, \delta_r) \tag{7.30a}$$

$$M=\bar{q}\,s\bar{c}C_m(\alpha,\beta,p,q,r,\delta_e,\delta_a,\delta_r) \tag{7.30b}$$

$$N=\bar{q}sbC_n(\alpha,\beta,p,q,r,\delta_e,\delta_a,\delta_r) \tag{7.30c}$$

气动力系数和气动力矩系数表示如下：

$$C_x(\alpha,\beta,p,q,r,\delta_e,\delta_a,\delta_r)=C_x(\alpha)+\frac{q\bar{c}}{2V}C_{x_q}(\alpha)+C_{x_{\delta_e}}(\alpha)\delta_e \tag{7.31a}$$

$$\begin{aligned}C_y(\alpha,\beta,p,q,r,\delta_e,\delta_a,\delta_r)=&C_y(\beta)+\frac{pb}{2V}C_{y_p}(\alpha)+\frac{rb}{2V}C_{y_r}(\alpha)+\\&C_{y_{\delta_a}}(\beta)\delta_a+C_{y_{\delta_r}}(\beta)\delta_r\end{aligned} \tag{7.31b}$$

$$C_z(\alpha,\beta,p,q,r,\delta_e,\delta_a,\delta_r)=C_z(\alpha,\beta)+\frac{q\bar{c}}{2V}C_{z_q}(\alpha)+C_{z_{\delta_e}}(\alpha,\beta)\delta_e \tag{7.31c}$$

$$\begin{aligned}C_l(\alpha,\beta,p,q,r,\delta_e,\delta_a,\delta_r)=&C_l(\alpha,\beta)+\frac{pb}{2V}C_{l_p}(\alpha)+\frac{rb}{2V}C_{l_r}(\alpha)+\\&C_{l_{\delta_a}}(\alpha,\beta)\delta_a+C_{l_{\delta_r}}(\alpha,\beta)\delta_r\end{aligned} \tag{7.31d}$$

$$C_m(\alpha,\beta,p,q,r,\delta_e,\delta_a,\delta_r)=C_m(\alpha)+\frac{q\bar{c}}{2V}C_{m_q}(\alpha)+C_{m_{\delta_e}}(\alpha)\delta_e \tag{7.31e}$$

$$\begin{aligned}C_n(\alpha,\beta,p,q,r,\delta_e,\delta_a,\delta_r)=&C_n(\alpha,\beta)+\frac{pb}{2V}C_{n_p}(\alpha)+\frac{rb}{2V}C_{n_r}(\alpha)+\\&C_{n_{\delta_a}}(\alpha,\beta)\delta_a+C_{n_{\delta_r}}(\alpha,\beta)\delta_r\end{aligned} \tag{7.31f}$$

将空气动力式(7.29)和空气动力力矩式(7.30)代入动力学方程式(7.28)，并考虑飞行过程中气动参数摄动和外界扰动的影响，则飞行姿态控制系统动力学模型可转化为如下一类不确定多输入多输出的仿射非线性系统：

$$\begin{cases}\dot{\boldsymbol{x}}_1=\boldsymbol{f}_1(\boldsymbol{x}_1,\boldsymbol{x}_3)+\boldsymbol{g}_1(\boldsymbol{x}_1,\boldsymbol{x}_3)\boldsymbol{x}_2+\boldsymbol{\psi}_1\\ \dot{\boldsymbol{x}}_2=\boldsymbol{f}_2(\boldsymbol{x}_1,\boldsymbol{x}_2)+\boldsymbol{g}_2(\boldsymbol{x}_1)\boldsymbol{u}+\boldsymbol{\psi}_2\\ \dot{\boldsymbol{x}}_3=f_3(\boldsymbol{x}_1,\boldsymbol{x}_2)\\ \boldsymbol{\psi}_1=\Delta\boldsymbol{f}_1(\boldsymbol{x}_1)+\Delta\boldsymbol{g}_1(\boldsymbol{x}_1)\boldsymbol{x}_2+[\boldsymbol{h}_1(\boldsymbol{x}_1)+\Delta\boldsymbol{h}_1(\boldsymbol{x}_1)]\boldsymbol{u}\\ \boldsymbol{\psi}_2=\Delta\boldsymbol{f}_2(\boldsymbol{x}_1,\boldsymbol{x}_2)+\Delta\boldsymbol{g}_2(\boldsymbol{x}_1)\boldsymbol{u}+\boldsymbol{d}(t)\end{cases} \tag{7.32}$$

其中，

$$\boldsymbol{f}_1(\boldsymbol{x}_1,\boldsymbol{x}_3)=\frac{1}{mV}\begin{Bmatrix}-\dfrac{\sin\alpha}{\cos\beta}[F_T+C_x(\alpha)\bar{q}s]+\dfrac{\cos\alpha}{\cos\beta}C_z(\alpha,\beta)\bar{q}s\\ -\cos\alpha\sin\beta[F_T+C_x(\alpha)\bar{q}s]+\cos\beta C_y(\beta)\bar{q}s-\sin\alpha\sin\beta C_z(\alpha,\beta)\bar{q}s\\ 0\end{Bmatrix}+$$

$$\frac{g}{V}\begin{bmatrix}\dfrac{1}{\cos\beta}(\sin\alpha\sin\theta+\cos\alpha\cos\phi\cos\theta)\\ \cos\alpha\sin\beta\sin\theta+\cos\beta\sin\phi\cos\theta-\sin\alpha\sin\beta\cos\phi\cos\theta\\ 0\end{bmatrix}$$

$$\boldsymbol{g}_1(\boldsymbol{x}_1,\ \boldsymbol{x}_3)=\begin{bmatrix}-\cos\alpha\tan\beta & 1 & -\sin\alpha\tan\beta\\ \sin\alpha & 0 & -\cos\alpha\\ 1 & \sin\phi\tan\theta & \cos\phi\tan\theta\end{bmatrix}+$$

$$\frac{\rho s}{4m}\begin{bmatrix}0 & -\dfrac{\sin\alpha}{\cos\beta}C_{x_q}(\alpha)\bar{c}+\dfrac{\cos\alpha}{\cos\beta}C_{z_q}(\alpha)\bar{c} & 0\\ \cos\beta C_{y_p}(\alpha)b & -\cos\alpha\sin\beta C_{x_q}(\alpha)\bar{c}-\sin\alpha\sin\beta C_{z_q}(\alpha)\bar{c} & \cos\beta C_{y_r}(\alpha)b\\ 0 & 0 & 0\end{bmatrix}$$

$$\boldsymbol{h}_1(\boldsymbol{x}_1)=\frac{\rho Vs}{2m}\begin{bmatrix}-\dfrac{\sin\alpha}{\cos\beta}C_{x_{\delta_e}}(\alpha)+\dfrac{\cos\alpha}{\cos\beta}C_{z_{\delta_e}}(\alpha,\beta) & 0 & 0\\ -\cos\alpha\sin\beta C_{x_{\delta_e}}(\alpha)-\sin\alpha\sin\beta C_{z_{\delta_e}}(\alpha,\beta) & \cos\beta C_{y_{\delta_a}}(\beta) & \cos\beta C_{y_{\delta_r}}(\beta)\\ 0 & 0 & 0\end{bmatrix}$$

$$\boldsymbol{f}_2(\boldsymbol{x}_1,\ \boldsymbol{x}_2)=\begin{bmatrix}I_1qr+I_2pq+I_3C_l(\alpha,\beta)\bar{q}sb+I_4C_n(\alpha,\ \beta)\bar{q}sb\\ I_5pr-I_6(p^2-r^2)+I_7C_m(\alpha)\bar{q}\ s\bar{c}\\ -I_2qr+I_8pq+I_4C_l(\alpha,\ \beta)\bar{q}sb+I_9C_n(\alpha,\ \beta)\bar{q}sb\end{bmatrix}+$$

$$\frac{\rho Vs}{4}\begin{bmatrix}I_3C_{l_p}(\alpha)b+I_4C_{n_p}(\alpha)b & 0 & I_3C_{l_r}(\alpha)b+I_4C_{n_r}(\alpha)b\\ 0 & I_7C_{m_q}(\alpha)\bar{c} & 0\\ I_4C_{l_p}(\alpha)b+I_9C_{n_p}(\alpha)b & 0 & I_4C_{l_r}(\alpha)b+I_9C_{n_r}(\alpha)b\end{bmatrix}\begin{bmatrix}p\\ q\\ r\end{bmatrix}$$

$$\boldsymbol{g}_2(\boldsymbol{x}_1)=\bar{q}s\begin{bmatrix}0 & I_3C_{l_{\delta_a}}(\alpha,\beta)b+I_4C_{n_{\delta_a}}(\alpha,\beta)b & I_3C_{l_{\delta_r}}(\alpha,\beta)b+I_4C_{n_{\delta_r}}(\alpha,\beta)b\\ I_7C_{m_{\delta_e}}(\alpha)\bar{c} & 0 & 0\\ 0 & I_4C_{l_{\delta_a}}(\alpha,\beta)b+I_9C_{n_{\delta_a}}(\alpha,\beta)b & I_4C_{l_{\delta_r}}(\alpha,\beta)b+I_9C_{n_{\delta_r}}(\alpha,\beta)b\end{bmatrix}$$

$$f_3(\boldsymbol{x}_1,\ \boldsymbol{x}_2)=q\cos\phi-r\sin\phi$$

其中，状态变量 $\boldsymbol{x}=[\alpha,\ \beta,\ \phi,\ p,\ q,\ r,\ \theta]^{\mathrm{T}}$ 中的变量分别为迎角、侧滑角、滚转角、滚转角速率、俯仰角速率、偏航角速率和俯仰角；控制变量 $\boldsymbol{u}=[\delta_e,\ \delta_a,\ \delta_r]^{\mathrm{T}}$ 为相互独立的控制舵面，其中的变量分别为升降舵、副翼和方向舵；利用奇异摄动理论，引入时间尺度分离的概念，可将姿态控制系统分为快、慢回路分别进行设计，$\boldsymbol{x}_1=[\alpha,\ \beta,\ \phi]^{\mathrm{T}}$ 为慢回路状态变量，$\boldsymbol{x}_2=[p,\ q,\ r]^{\mathrm{T}}$ 为快回路状态变量，$\boldsymbol{x}_3=[\theta]$；$\boldsymbol{\psi}_1$、$\boldsymbol{\psi}_2$ 为不确定干扰，$\Delta\boldsymbol{f}_i$、$\Delta\boldsymbol{g}_i$ $(i=1,\ 2)$、$\Delta\boldsymbol{h}_1$ 是由气动参数摄动引起的不确定性，$d(t)$为未知外界扰动，以力矩的形式作用在快回路中；$\boldsymbol{f}_1$、$\boldsymbol{g}_1$、$\boldsymbol{h}_1$、$\boldsymbol{f}_2$、$\boldsymbol{g}_2$ 为已知的适当维数向量或矩阵，其各分量(或元素)以及 f_3 为飞机状态变量、质量、飞行速度的复杂非线性函数。

模型中的$[\boldsymbol{h}_1(\boldsymbol{x}_1)+\Delta\boldsymbol{h}_1(\boldsymbol{x}_1)]\boldsymbol{u}$ 表示控制舵面产生的操纵力，而舵面产生的操纵力比操纵力矩小得多，如考虑这些影响，则非线性模型式(7.32)将存在非最小相位问题，用这种模型构造控制律，其内部状态将是不稳定的[205]。因此，构造控制律时，通常忽略舵面产生的操纵力。在此构造控制律时将其作为 $\boldsymbol{\psi}_1$ 中的部分不确定性，而在仿真时才考虑此操纵力，用以检验这种方法产生的影响。飞机模型部分结构参数如表 7.2 所示。

表 7.2 飞机模型部分结构参数表

参数	含义	数值
m/kg	飞机质量	9295.44
$I_x/\mathrm{kg}\cdot\mathrm{m}^2$	绕 x 轴惯性矩	12874.8
$I_y/\mathrm{kg}\cdot\mathrm{m}^2$	绕 y 轴惯性矩	75673.6
$I_z/\mathrm{kg}\cdot\mathrm{m}^2$	绕 z 轴惯性矩	85552.1
$I_{xz}/\mathrm{kg}\cdot\mathrm{m}^2$	惯性积	1331.4
b/m	翼展	9.144
s/m^2	机翼参考面积	27.87
$\bar{c}/\mathrm{m}$	平均空气动力弦长	3.45

为了便于控制系统设计，给出如下假设和引理：

假设 7.1：参考指令信号 $\boldsymbol{r}_{\mathrm{d}}=[\alpha_{\mathrm{d}},\beta_{\mathrm{d}},\phi_{\mathrm{d}}]^{\mathrm{T}}$ 关于时间 t 的一阶和二阶导数存在，且满足$\boldsymbol{\Omega}_{\mathrm{d}}=\{[\boldsymbol{r}_{\mathrm{d}},\dot{\boldsymbol{r}}_{\mathrm{d}},\ddot{\boldsymbol{r}}_{\mathrm{d}}]^{\mathrm{T}}:\|[\boldsymbol{r}_{\mathrm{d}},\dot{\boldsymbol{r}}_{\mathrm{d}},\ddot{\boldsymbol{r}}_{\mathrm{d}}]\|\leqslant\varphi_0\}$有界条件，$\varphi_0\in\mathbf{R}$ 为已知正常数。

假设 7.2：速度 V，动压 $\bar{q}$ 为常数，即 $\dot{V}=0$，$\dot{\bar{q}}=0$。

假设 7.3：存在正常数 $\theta_m\in\mathbf{R}$，使得俯仰角 θ 满足 $|\theta|\leqslant\theta_m<\pi/2$。

假设 7.4：存在正常数 $\alpha_m\in\mathbf{R}$，$\beta_m\in\mathbf{R}$，$\theta_m\in\mathbf{R}$，使得 $\boldsymbol{f}_1$、$\boldsymbol{f}_2$、$\boldsymbol{g}_1$、$\boldsymbol{g}_2$ 及其导数对所有满足 $|\alpha|\leqslant\alpha_m$，$|\beta|\leqslant\beta_m$，$|\theta|\leqslant\theta_m$ 的 $\alpha\in\mathbf{R}$，$\beta\in\mathbf{R}$，$\theta\in\mathbf{R}$ 均有界，且 g_i，$i=1,2$ 满足 $0<g_{i0}\leqslant\|g_i\|\leqslant g_{i1}$。

假设 7.5：存在正常数 $\alpha_m\in\mathbf{R}$，$\beta_m\in\mathbf{R}$，使得 $\boldsymbol{g}_2$ 对所有满足 $|\alpha|\leqslant\alpha_m$，$|\beta|\leqslant\beta_m$ 的 $\alpha\in\mathbf{R}$，$\beta\in\mathbf{R}$ 可逆。

引理 9.1[204]：存在正常数 $\alpha_m\in\mathbf{R}$，$\beta_m\in\mathbf{R}$，$\theta_m\in\mathbf{R}$，使得 $\boldsymbol{g}_1$ 对 $\phi\in\mathbf{R}$ 和所有满足 $|\alpha|\leqslant\alpha_m$，$|\beta|\leqslant\beta_m$，$|\theta|\leqslant\theta_m$ 的$\alpha\in\mathbf{R}$，$\beta\in\mathbf{R}$，$\theta\in\mathbf{R}$ 可逆。

控制目标：针对存在气动参数摄动和力矩干扰的某战斗机姿态控制系统式(7.28)，基于非线性干扰观测器设计反演快速终端滑模控制器，使得系统输出 $\boldsymbol{y}=[\alpha,\beta,\phi]^{\mathrm{T}}$ 能够稳定跟踪参考指令信号 $\boldsymbol{r}_{\mathrm{d}}=[\alpha_{\mathrm{d}},\beta_{\mathrm{d}},\phi_{\mathrm{d}}]^{\mathrm{T}}$，同时保证闭环系统所有信号是一致且终结有界的。

7.3.2 控制器设计与稳定性分析

1. 控制器设计

由飞行姿态控制系统的非线性模型式(7.32)可知，慢回路方程中的不确定干扰为非匹配不确定干扰，快回路方程中的不确定干扰为匹配不确定干扰，且不确定干扰上界难以确切获知。因此，仅采用反演快速终端滑模控制，系统输出与参考指令信号之间偏差较大。为此，首先使用非线性干扰观测器观测系统不确定干扰，未观测出的部分不确定干扰采用反演快速终端滑模控制进行补偿，以提高整个闭环系统的控制性能。

控制器设计包含 2 步：第 1 步，指令信号 $\boldsymbol{r}_c=[\alpha_c, \beta_c, \phi_c]^T$ 经过二阶指令参考模型后得到具有二阶可导的参考指令信号 $\boldsymbol{r}_d=[\alpha_d, \beta_d, \phi_d]^T$，通过非线性干扰观测器观测作用在慢回路子系统中的非匹配不确定干扰，基于反演控制方法设计虚拟控制律 $\bar{\boldsymbol{x}}_{2c}$，并经过一阶低通滤波器作用，得到期望虚拟控制 $\boldsymbol{x}_{2c}$；第 2 步，将期望虚拟控制 $\boldsymbol{x}_{2c}$ 作为快回路子系统的参考指令信号，再次通过非线性干扰观测器观测作用在快回路子系统中的匹配不确定干扰，在此基础上采用快速终端滑模控制方法得到最终的控制舵面信号。系统控制结构如图 7.10 所示。

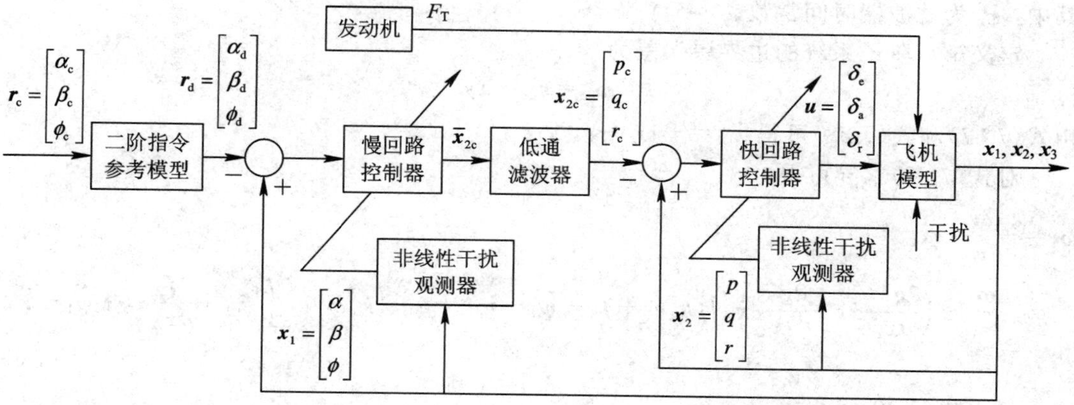

图 7.10　系统控制结构

具体设计步骤如下。

首先定义闭环系统式(7.32)的状态跟踪误差为

$$\begin{cases}\boldsymbol{e}_1=\boldsymbol{x}_1-\boldsymbol{x}_{1c}\\ \boldsymbol{e}_2=\boldsymbol{x}_2-\boldsymbol{x}_{2c}\end{cases}\tag{7.33}$$

其中，$\boldsymbol{x}_{1c}=\boldsymbol{r}_d$，$\boldsymbol{x}_{2c}$ 为快回路子系统的期望虚拟控制。

第 1 步：由闭环系统式(7.32)的第一阶子系统和状态跟踪误差 $\boldsymbol{e}_1=\boldsymbol{x}_1-\boldsymbol{r}_d$，可得 $\boldsymbol{e}_1$ 的动态方程为

$$\dot{\boldsymbol{e}}_1=\boldsymbol{f}_1+\boldsymbol{g}_1\boldsymbol{x}_2+\boldsymbol{\psi}_1-\dot{\boldsymbol{r}}_d\tag{7.34}$$

若不确定干扰 $\boldsymbol{\psi}_1=0$，则可设计虚拟控制律为

$$\boldsymbol{\beta}_1^*=\boldsymbol{x}_2=-\boldsymbol{g}_1^{-1}(\boldsymbol{k}_1\boldsymbol{e}_1+\boldsymbol{f}_1-\dot{\boldsymbol{r}}_d)$$

其中，$\boldsymbol{k}_1>0$ 为设计参数。

因此，存在 Lyapunov 函数 $V_{e_1}=\dfrac{1}{2}\boldsymbol{e}_1^2$，使得 $\dot{V}_{e_1}=-\boldsymbol{k}_1\boldsymbol{e}_1^2\leqslant 0$，则状态跟踪误差 $\boldsymbol{e}_1=0$ 渐近稳定。

采用非线性干扰观测器观测不确定干扰 $\boldsymbol{\psi}_1$，则可设计非线性干扰观测器和虚拟控制律为

$$\begin{cases}\hat{\boldsymbol{\psi}}_1=\boldsymbol{z}_1+\boldsymbol{P}_1\\ \dot{\boldsymbol{z}}_1=-\boldsymbol{L}_1\boldsymbol{z}_1-\boldsymbol{L}_1(\boldsymbol{P}_1+\boldsymbol{f}_1+\boldsymbol{g}_1\boldsymbol{x}_2)\end{cases}\tag{7.35}$$

$$\bar{\boldsymbol{x}}_{2c}=-\boldsymbol{g}_1^{-1}(\boldsymbol{k}_1\boldsymbol{e}_1+\boldsymbol{f}_1+\hat{\boldsymbol{\psi}}_1-\dot{\boldsymbol{r}}_d) \tag{7.36}$$

其中，$\boldsymbol{k}_1=\mathrm{diag}[k_{11}, k_{12}, k_{13}]$，$k_{1i}$为设计参数且$k_{1i}>0$，$\boldsymbol{L}_1=\mathrm{diag}[L_{11}, L_{12}, L_{13}]$，$L_{1i}$为非线性干扰观测器增益且$L_{1i}>0$。

针对传统反演控制由于对期望虚拟控制反复求导面临的计算复杂性问题，为避免下一步对期望虚拟控制求导，采用动态面控制设计思想，引入一阶低通滤波器对虚拟控制律进行滤波，以降低控制器复杂性，滤波器动态方程为

$$\tau_1\dot{\boldsymbol{x}}_{2c}+\boldsymbol{x}_{2c}=\bar{\boldsymbol{x}}_{2c},\ \boldsymbol{x}_{2c}(0)=\bar{\boldsymbol{x}}_{2c}(0) \tag{7.37}$$

其中，τ_1 为滤波器时间常数。

定义第一阶子系统的边界层误差为

$$\boldsymbol{\omega}_1=\boldsymbol{x}_{2c}-\bar{\boldsymbol{x}}_{2c} \tag{7.38}$$

由式(7.37)和式(7.38)可得 $\dot{\boldsymbol{x}}_{2c}=-\boldsymbol{\omega}_1/\tau_1$。

对式(7.38)求导可得

$$\begin{aligned}\dot{\boldsymbol{\omega}}_1&=-\frac{\boldsymbol{\omega}_1}{\tau_1}-\dot{\bar{\boldsymbol{x}}}_{2c}\\&=-\frac{\boldsymbol{\omega}_1}{\tau_1}+\left(\frac{\partial\boldsymbol{g}_1^{-1}}{\partial\boldsymbol{x}_1}\dot{\boldsymbol{x}}_1+\frac{\partial\boldsymbol{g}_1^{-1}}{\partial\boldsymbol{x}_3}\dot{\boldsymbol{x}}_3\right)(\boldsymbol{k}_1\boldsymbol{e}_1+\boldsymbol{f}_1+\hat{\boldsymbol{\psi}}_1-\dot{\boldsymbol{r}}_d)+\boldsymbol{g}_1^{-1}\left(\boldsymbol{k}_1\dot{\boldsymbol{e}}_1+\frac{\partial\boldsymbol{f}_1}{\partial\boldsymbol{x}_1}\dot{\boldsymbol{x}}_1+\frac{\partial\boldsymbol{f}_1}{\partial\boldsymbol{x}_3}\dot{\boldsymbol{x}}_3+\dot{\hat{\boldsymbol{\psi}}}_1-\ddot{\boldsymbol{r}}_d\right)\end{aligned} \tag{7.39}$$

又由式(7.39)可得

$$\left\|\dot{\boldsymbol{\omega}}_1+\frac{\boldsymbol{\omega}_1}{\tau_1}\right\|\leqslant\varphi_1(\boldsymbol{e}_1, \boldsymbol{e}_2, \boldsymbol{\omega}_1, \boldsymbol{r}_d, \dot{\boldsymbol{r}}_d, \ddot{\boldsymbol{r}}_d) \tag{7.40}$$

其中，$\varphi_1(\boldsymbol{e}_1, \boldsymbol{e}_2, \boldsymbol{\omega}_1, \boldsymbol{r}_d, \dot{\boldsymbol{r}}_d, \ddot{\boldsymbol{r}}_d)$为连续函数。

根据式(7.39)和式(7.40)，并利用 Young 不等式可得

$$\boldsymbol{\omega}_1^{\mathrm{T}}\dot{\boldsymbol{\omega}}_1\leqslant-\frac{\|\boldsymbol{\omega}_1\|^2}{\tau_1}+\boldsymbol{\omega}_1^{\mathrm{T}}\varphi_1\leqslant-\frac{\|\boldsymbol{\omega}_1\|^2}{\tau_1}+\|\boldsymbol{\omega}_1\|^2+\frac{\varphi_1^2}{4} \tag{7.41}$$

由状态跟踪误差 $\boldsymbol{e}_2=\boldsymbol{x}_2-\boldsymbol{x}_{2c}$和边界层误差 $\boldsymbol{\omega}_1=\boldsymbol{x}_{2c}-\bar{\boldsymbol{x}}_{2c}$，并将虚拟控制律式(7.36)代入式(7.34)可得

$$\dot{\boldsymbol{e}}_1=-\boldsymbol{k}_1\boldsymbol{e}_1+\boldsymbol{g}_1\boldsymbol{e}_2+\boldsymbol{g}_1\boldsymbol{\omega}_1+\boldsymbol{e}_{\mathrm{ndo1}} \tag{7.42}$$

其中，$\boldsymbol{e}_{\mathrm{ndo1}}=\boldsymbol{\psi}_1-\hat{\boldsymbol{\psi}}_1$ 为第一个非线性干扰观测器的观测误差。

定义第一阶子系统的 Lyapunov 函数为

$$V_1=\frac{1}{2}\boldsymbol{e}_1^{\mathrm{T}}\boldsymbol{e}_1+\frac{1}{2}\boldsymbol{\omega}_1^{\mathrm{T}}\boldsymbol{\omega}_1+\frac{1}{2}\boldsymbol{e}_{\mathrm{ndo1}}^{\mathrm{T}}\boldsymbol{e}_{\mathrm{ndo1}} \tag{7.43}$$

假设相对于观测器的动态特性，不确定干扰 $\boldsymbol{\psi}_1$ 的变化是缓慢的，即 $\dot{\psi}_1\approx0$，则对 V_1 按时间 t 求导可得

$$\begin{aligned}\dot{V}_1&=\boldsymbol{e}_1^{\mathrm{T}}\dot{\boldsymbol{e}}_1+\boldsymbol{\omega}_1^{\mathrm{T}}\dot{\boldsymbol{\omega}}_1+\boldsymbol{e}_{\mathrm{ndo1}}^{\mathrm{T}}\dot{\boldsymbol{e}}_{\mathrm{ndo1}}\\&=\boldsymbol{e}_1^{\mathrm{T}}(-\boldsymbol{k}_1\boldsymbol{e}_1+\boldsymbol{g}_1\boldsymbol{e}_2+\boldsymbol{g}_1\boldsymbol{\omega}_1+\boldsymbol{e}_{\mathrm{ndo1}})+\boldsymbol{\omega}_1^{\mathrm{T}}\dot{\boldsymbol{\omega}}_1-\boldsymbol{e}_{\mathrm{ndo1}}^{\mathrm{T}}\boldsymbol{L}_1\boldsymbol{e}_{\mathrm{ndo1}}\end{aligned} \tag{7.44}$$

由不等式(7.41)、Young 不等式和假设 7.4 可得

$$\dot{V}_1\leqslant-\lambda_{\min}(\boldsymbol{k}_1-2\boldsymbol{I})\|\boldsymbol{e}_1\|^2+\boldsymbol{e}_1^{\mathrm{T}}\boldsymbol{g}_1\boldsymbol{e}_2+\frac{\varphi_1^2}{4}+\left(\frac{g_{11}^2}{4}-\frac{1}{\tau_1}+1\right)\|\boldsymbol{\omega}_1\|^2-\lambda_{\min}\left(\boldsymbol{L}_1-\frac{1}{4}\boldsymbol{I}\right)\|\boldsymbol{e}_{\mathrm{ndo1}}\|^2 \tag{7.45}$$

定义如下紧集：

$$\boldsymbol{\Omega}_1=\{[\boldsymbol{e}_1,\boldsymbol{e}_2,\boldsymbol{\omega}_1]^{\mathrm{T}}: V_1\leqslant l\}\subset\mathbf{R}^{q_1}$$

其中，l 为正常数，$q_i=3$，V_1 如式(7.43)所示。因为 $\boldsymbol{\Omega}_d\times\boldsymbol{\Omega}_1$ 为 $\mathbf{R}^{q_1}$ 上的有界紧集，连续函数 φ_1 在有界紧集$\boldsymbol{\Omega}_d\times\boldsymbol{\Omega}_1$ 上存在最大值 M_1。

若设计控制律使得 $\boldsymbol{e}_2$ 收敛到零，且当 $V_1=l$ 时，有 $\varphi_1^2\leqslant M_1^2$，则有

$$\dot{V}_1\leqslant-\mu V_1+\varphi \tag{7.46}$$

其中，μ、φ 为正常数，定义如下：

$$\mu=2\min\{\lambda_{\min}(\boldsymbol{k}_1^*),\left(\frac{1}{\tau_1}-\frac{g_{11}^2}{4}-1\right),\lambda_{\min}(\boldsymbol{L}_1^*)\},\ \boldsymbol{k}_1^*=\boldsymbol{k}_1-2\boldsymbol{I},\ \boldsymbol{L}_1^*=\boldsymbol{L}_1-\frac{1}{4}\boldsymbol{I},\ \varphi=\frac{M_1^2}{4}$$

以上分析表明，若状态跟踪误差 $\boldsymbol{e}_2$ 收敛到零，则可以保证状态跟踪误差 $\boldsymbol{e}_1=\mathbf{0}$ 一致终结且有界稳定。

第 2 步：为了使快回路子系统状态跟踪误差 $\boldsymbol{e}_2$ 在有限时间内收敛到零，提高系统的收敛速度和稳态跟踪精度，设计如下快速终端滑模面

$$\boldsymbol{S}=\dot{\boldsymbol{\sigma}}+\boldsymbol{a\sigma}+\boldsymbol{b\sigma}^{\rho_1/\rho_2},\ \boldsymbol{\sigma}=\int_0^t\boldsymbol{e}_2(\tau)\mathrm{d}\tau \tag{7.47}$$

其中，$\boldsymbol{a}=\mathrm{diag}[a_1,a_2,a_3]$，$\boldsymbol{b}=\mathrm{diag}[b_1,b_2,b_3]$，$a_i>0$，$b_i>0$ 为设计参数，ρ_1 和 ρ_2 为正奇数，且满足 $1/2<\rho_1/\rho_2<1$，$\boldsymbol{\sigma}^{\rho_1/\rho_2}=[\sigma_1^{\rho_1/\rho_2},\sigma_2^{\rho_1/\rho_2},\sigma_3^{\rho_1/\rho_2}]^{\mathrm{T}}$。

由快速终端滑模面式(7.47)可知，当 $\boldsymbol{\sigma}$ 接近平衡状态 $\boldsymbol{\sigma}=\mathbf{0}$ 时，收敛时间主要由快速终端吸引子 $\dot{\boldsymbol{\sigma}}=-\boldsymbol{b\sigma}^{\rho_1/\rho_2}$ 决定；而当 $\boldsymbol{\sigma}$ 远离平衡状态 $\boldsymbol{\sigma}=\mathbf{0}$ 时，收敛时间主要由式 $\dot{\boldsymbol{\sigma}}=-\boldsymbol{a\sigma}$ 决定，$\boldsymbol{\sigma}$ 呈指数快速衰减。

假设在 t_r 时刻，$\boldsymbol{S}$ 收敛到零，即 $\boldsymbol{S}(t)=0$，$t\geqslant t_r$，则由式(7.47)可知，$\boldsymbol{\sigma}$ 将在有限时间内收敛到零，收敛时刻为

$$t_s=t_r+\frac{\rho_2}{(\rho_2-\rho_1)\min\limits_{1\leqslant i\leqslant 3}a_i}\max_{1\leqslant i\leqslant 3}\ln\left[\frac{a_i\boldsymbol{\sigma}\ (t_r)^{(\rho_2-\rho_1)/\rho_2}+b_i}{b_i}\right] \tag{7.48}$$

通过选择参数 $\boldsymbol{a}$、$\boldsymbol{b}$、ρ_1、ρ_2 可调节 $\boldsymbol{\sigma}$ 的收敛速度。

根据闭环系统式(7.32)的第二阶子系统和状态跟踪误差 $\boldsymbol{e}_2=\boldsymbol{x}_2-\boldsymbol{x}_{2c}$，则 $\boldsymbol{e}_2$ 的动态方程为

$$\dot{\boldsymbol{e}}_2=\boldsymbol{f}_2+\boldsymbol{g}_2\boldsymbol{u}+\boldsymbol{\psi}_2+\frac{\boldsymbol{\omega}_1}{\tau_1} \tag{7.49}$$

对 $\boldsymbol{S}$ 求导可得

$$\begin{aligned}\dot{\boldsymbol{S}}&=\dot{\boldsymbol{\sigma}}+\boldsymbol{a}\dot{\boldsymbol{\sigma}}+\boldsymbol{b}\frac{\rho_1}{\rho_2}\boldsymbol{\sigma}^{(\rho_1-\rho_2)/\rho_2}\dot{\boldsymbol{\sigma}}\\&=\dot{\boldsymbol{e}}_2+\boldsymbol{ae}_2+\boldsymbol{b}\frac{\rho_1}{\rho_2}\left(\int_0^t\boldsymbol{e}_2(\tau)\mathrm{d}\tau\right)^{(\rho_1-\rho_2)/\rho_2}\boldsymbol{e}_2\\&=\boldsymbol{f}_2+\boldsymbol{g}_2\boldsymbol{u}+\boldsymbol{\psi}_2+\frac{\boldsymbol{\omega}_1}{\tau_1}+\boldsymbol{ae}_2+\boldsymbol{b}\frac{\rho_1}{\rho_2}\left(\int_0^t\boldsymbol{e}_2(\tau)\mathrm{d}\tau\right)^{(\rho_1-\rho_2)/\rho_2}\boldsymbol{e}_2\end{aligned} \tag{7.50}$$

采用非线性干扰观测器观测不确定干扰 $\boldsymbol{\psi}_2$，则可设计非线性干扰观测器和实际控制律为

$$\begin{cases}\hat{\boldsymbol{\psi}}_2=\boldsymbol{z}_2+\boldsymbol{P}_2\\\dot{\boldsymbol{z}}_2=-\boldsymbol{L}_2\boldsymbol{z}_2-\boldsymbol{L}_2(\boldsymbol{P}_2+\boldsymbol{f}_2+\boldsymbol{g}_2\boldsymbol{u})\end{cases} \tag{7.51}$$

$$\boldsymbol{u}=-\boldsymbol{g}_2^{-1}\left[\boldsymbol{f}_2+\hat{\boldsymbol{\psi}}_2+\frac{\boldsymbol{\omega}_1}{\tau_1}+a\boldsymbol{e}_2+b\frac{\rho_1}{\rho_2}\left(\int_0^t \boldsymbol{e}_2(\tau)\mathrm{d}\tau\right)^{(\rho_1-\rho_2)/\rho_2}\boldsymbol{e}_2+\boldsymbol{\gamma}\boldsymbol{S}+\boldsymbol{\kappa}\boldsymbol{S}^{\rho_3/\rho_4}\right] \tag{7.52}$$

其中，$\boldsymbol{L}_2=\mathrm{diag}[L_{21}, L_{22}, L_{23}]$，$L_{2i}$ 为非线性干扰观测器增益且 $L_{2i}>0$，ρ_3 和 ρ_4 为正奇数，且满足 $1/2<\rho_3/\rho_4<1$，$\boldsymbol{\gamma}$ 和 $\boldsymbol{\kappa}$ 为设计参数。

2. 稳定性分析

定理 9.1：对于存在气动参数摄动和力矩干扰的飞行姿态控制系统式(7.28)，在满足假设 7.1～假设 7.5 的条件下，设计非线性干扰观测器式(7.35)、式(7.51)，快速终端滑模面式(7.47)和控制律式(7.52)，通过选取设计参数 $\boldsymbol{k}_1>2\boldsymbol{I}$，$\boldsymbol{L}_1>\boldsymbol{I}/4$，$\boldsymbol{L}_2>\boldsymbol{I}/4$，$a>0$，$b>\boldsymbol{0}$，$\boldsymbol{\gamma}>\boldsymbol{I}$，$\boldsymbol{\kappa}>\boldsymbol{0}$，$\rho_i>0$，$1\leqslant i\leqslant 4$，且满足 $1/2<\rho_1/\rho_2<1$，$1/2<\rho_3/\rho_4<1$，则闭环系统状态 $\boldsymbol{x}_1$ 和 $\boldsymbol{x}_2$ 一致终结有界，并且对于任意给定的 $\rho>0$，跟踪误差 $\boldsymbol{e}=\boldsymbol{y}-\boldsymbol{r}_{\mathrm{d}}$ 最终收敛到 $\lim\limits_{t\to\infty}\|\boldsymbol{e}\|\leqslant\rho$。

证明：定义第二阶子系统的 Lyapunov 函数为

$$V_2=\frac{1}{2}\boldsymbol{S}^{\mathrm{T}}\boldsymbol{S}+\frac{1}{2}\boldsymbol{e}_{\mathrm{ndo2}}^{\mathrm{T}}\boldsymbol{e}_{\mathrm{ndo2}} \tag{7.53}$$

假设相对于观测器的动态特性，复合不确定干扰 $\boldsymbol{\psi}_2$ 变化是缓慢的，即 $\dot{\boldsymbol{\psi}}_2\approx 0$，则对 V_2 按时间 t 求导可得

$$\begin{aligned}\dot{V}_2&=\boldsymbol{S}^{\mathrm{T}}\dot{\boldsymbol{S}}+\boldsymbol{e}_{\mathrm{ndo2}}^{\mathrm{T}}\dot{\boldsymbol{e}}_{\mathrm{ndo2}}\\&=\boldsymbol{S}^{\mathrm{T}}\left[\boldsymbol{f}_2+\boldsymbol{g}_2\boldsymbol{u}+\boldsymbol{\psi}_2+\frac{\boldsymbol{\omega}_1}{\tau_1}+a\boldsymbol{e}_2+b\frac{\rho_1}{\rho_2}\left(\int_0^t \boldsymbol{e}_2(\tau)\mathrm{d}\tau\right)^{(\rho_1-\rho_2)/\rho_2}\boldsymbol{e}_2\right]-\boldsymbol{e}_{\mathrm{ndo2}}^{\mathrm{T}}\boldsymbol{L}_2\boldsymbol{e}_{\mathrm{ndo2}}\end{aligned} \tag{7.54}$$

将控制律式(7.52)代入式(7.54)，并利用 Young 不等式，则有

$$\begin{aligned}\dot{V}_2&=\boldsymbol{S}^{\mathrm{T}}\boldsymbol{e}_{\mathrm{ndo2}}-\boldsymbol{S}^{\mathrm{T}}\boldsymbol{\gamma}\boldsymbol{S}-\boldsymbol{S}^{\mathrm{T}}\boldsymbol{\kappa}\boldsymbol{S}^{\rho_3/\rho_4}-\boldsymbol{e}_{\mathrm{ndo2}}^{\mathrm{T}}\boldsymbol{L}_2\boldsymbol{e}_{\mathrm{ndo2}}\\&\leqslant-\lambda_{\min}(\boldsymbol{\gamma}-\boldsymbol{I})\|\boldsymbol{S}\|^2-\lambda_{\min}(\boldsymbol{\kappa})\|\boldsymbol{S}\|^{(\rho_3+\rho_4)/\rho_4}-\lambda_{\min}\left(\boldsymbol{L}_2-\frac{1}{4}\boldsymbol{I}\right)\|\boldsymbol{e}_{\mathrm{ndo2}}\|^2\end{aligned} \tag{7.55}$$

可见，当 $\boldsymbol{S}\neq\boldsymbol{0}$ 时，由于 $(\rho_3+\rho_4)$ 为偶数，满足 $\|\boldsymbol{S}\|^{(\rho_3+\rho_4)/\rho_4}>0$，选择设计参数 $\boldsymbol{\gamma}>\boldsymbol{I}$，$\boldsymbol{\kappa}>0$，$\boldsymbol{L}_2>\boldsymbol{I}/4$，则有 $\dot{V}_2<0$。因此，系统将在有限时间内到达终端滑模面 $\boldsymbol{S}=\boldsymbol{0}$，根据式(7.48)，$\sigma$ 将在有限时间内收敛，则状态跟踪误差 $\boldsymbol{e}_2$ 也将在有限时间内收敛。

当 $\boldsymbol{e}_2$ 收敛到零且在 $V_1(0)=l$ 的初始条件下，选取适当的设计参数，使 $\mu\geqslant\varphi/l$，则 $\dot{V}_1(t)\leqslant 0$，因此，当 $V_1(0)\leqslant l$ 时，$V_1(t)\leqslant l$，$t\geqslant 0$，对式(7.46)两边同乘以 $\mathrm{e}^{\mu t}$，并同时对 t 进行积分，则有

$$V_1(t)\leqslant\left[V_1(0)-\frac{\varphi}{\mu}\right]\mathrm{e}^{-\mu t}+\frac{\varphi}{\mu}\leqslant V_1(0)+\frac{\varphi}{\mu} \tag{7.56}$$

由式(7.56)可知，第一阶子系统的状态跟踪误差 $\boldsymbol{e}_1$ 一致且终结有界。由系统跟踪误差 $\boldsymbol{e}=\boldsymbol{y}-\boldsymbol{r}_{\mathrm{d}}=\boldsymbol{x}_1-\boldsymbol{r}_{\mathrm{d}}=\boldsymbol{e}_1$ 有界和 $\boldsymbol{r}_{\mathrm{d}}$ 有界，可知状态 $\boldsymbol{x}_1$ 有界，又根据式(7.36)可知虚拟控制律 $\bar{\boldsymbol{x}}_{2\mathrm{c}}$ 有界，则 $\boldsymbol{x}_{2\mathrm{c}}$ 及 $\dot{\boldsymbol{x}}_{2\mathrm{c}}$ 亦有界，根据式 $\boldsymbol{e}_2=\boldsymbol{x}_2-\boldsymbol{x}_{2\mathrm{c}}$ 有界，可知状态 $\boldsymbol{x}_2$ 有界。

根据式(7.43)可得

$$\|\boldsymbol{e}_1\|^2\leqslant 2\left[V_1(0)-\frac{\varphi}{\mu}\right]\mathrm{e}^{-\mu t}+2\frac{\varphi}{\mu} \tag{7.57}$$

注意到 $\boldsymbol{k}_1$、$\boldsymbol{L}_1$、$\boldsymbol{L}_2$、$\boldsymbol{a}$、$\boldsymbol{b}$、$\boldsymbol{\gamma}$、$\boldsymbol{\kappa}$ 和 ρ_i，$1\leqslant i\leqslant 4$ 为给定的设计参数，g_{11} 和 τ_1 为常数，因此，对于任意给定的 $\rho>\sqrt{2\varphi/\mu}>0$，可以通过选择适当的设计参数使得对于所有的 $t\geqslant t_0+T$ 和正常数 T，跟踪误差 $\boldsymbol{e}=\boldsymbol{y}-\boldsymbol{r}_{\mathrm{d}}=\boldsymbol{x}_1-\boldsymbol{r}_{\mathrm{d}}=\boldsymbol{e}_1$ 满足 $\lim\limits_{t\to\infty}\|\boldsymbol{e}\|\leqslant\rho$。

7.3.3　仿真研究

为了验证本节提出的基于非线性干扰观测器的反演快速终端滑模控制方案的有效性，在设计参数取值相同的条件下，将是否采用非线性干扰观测器的反演快速终端滑模控制方案进行仿真对比与验证，完成控制性能的对比分析。

仿真指令信号 $\boldsymbol{r}_{\mathrm{c}}=[\alpha_{\mathrm{c}}, \beta_{\mathrm{c}}, \phi_{\mathrm{c}}]^{\mathrm{T}}$ 为

$$\alpha_{\mathrm{c}}=\begin{cases}2.659^\circ, & 0\leqslant t<1\ \mathrm{s}\\ 10^\circ, & 1\ \mathrm{s}\leqslant t<11\ \mathrm{s}\\ 0, & 11\ \mathrm{s}\leqslant t<21\ \mathrm{s}\\ 10^\circ, & 21\ \mathrm{s}\leqslant t<31\ \mathrm{s}\\ 0, & 31\ \mathrm{s}\leqslant t<40\ \mathrm{s}\end{cases};\ \beta_{\mathrm{c}}=0;\ \phi_{\mathrm{c}}=\begin{cases}0, & 0\leqslant t<1\ \mathrm{s}\\ 40^\circ, & 1\ \mathrm{s}\leqslant t<11\ \mathrm{s}\\ 0, & 11\ \mathrm{s}\leqslant t<21\ \mathrm{s}\\ 40^\circ, & 21\ \mathrm{s}\leqslant t<31\ \mathrm{s}\\ 0, & 31\ \mathrm{s}\leqslant t<40\ \mathrm{s}\end{cases}\tag{7.58}$$

参考指令信号 $\boldsymbol{r}_{\mathrm{d}}$ 是指令信号 $\boldsymbol{r}_{\mathrm{c}}$ 经过二阶指令参考模型环节的输出，即

$$\frac{\boldsymbol{r}_{\mathrm{d}}}{\boldsymbol{r}_{\mathrm{c}}}=\frac{\boldsymbol{\omega}_{\mathrm{n}}^2}{s^2+2s\boldsymbol{\xi}_{\mathrm{n}}\boldsymbol{\omega}_{\mathrm{n}}+\boldsymbol{\omega}_{\mathrm{n}}^2}$$

其中，$\boldsymbol{\omega}_{\mathrm{n}}=4$，$\boldsymbol{\xi}_{\mathrm{n}}=0.8$。

控制方案设计参数为：$\boldsymbol{k}_1=\mathrm{diag}[10, 10, 10]$，$\boldsymbol{a}=\mathrm{diag}[1, 1, 1]$，$\boldsymbol{b}=\mathrm{diag}[0.1, 0.1, 0.1]$，$\boldsymbol{\gamma}=\boldsymbol{\kappa}=\mathrm{diag}[2, 2, 2]$，$\rho_1=5$，$\rho_2=7$，$\rho_3=3$，$\rho_4=5$，滤波器时间常数 $\tau_1=0.05$。

非线性干扰观测器增益矩阵为

$$\boldsymbol{L}_1(\alpha, \beta, \phi)=\mathrm{diag}[2(1+\alpha^2), 2(1+\beta^2), 2(1+\phi^2)]$$
$$\boldsymbol{L}_2(p, q, r)=\mathrm{diag}[5(1+p^2), 5(1+q^2), 5(1+r^2)]$$

则相应的非线性函数向量为

$$\boldsymbol{P}_1(\alpha, \beta, \phi)=\left[2\left(\alpha+\frac{\alpha^3}{3}\right)2\left(\beta+\frac{\beta^3}{3}\right)2\left(\phi+\frac{\phi^3}{3}\right)\right]^{\mathrm{T}}$$
$$\boldsymbol{P}_2(p, q, r)=\left[5\left(p+\frac{p^3}{3}\right)5\left(q+\frac{q^3}{3}\right)5\left(r+\frac{r^3}{3}\right)\right]^{\mathrm{T}}$$

仿真初始条件为：发动机推力 $F_{\mathrm{T}}=60$ kN，高度 $H=3048$ m，速度 $V=152.4$ m/s。舵面偏转角范围为：$\delta_{\mathrm{e}}\in[-25^\circ, 25^\circ]$，$\delta_{\mathrm{a}}\in[-21.5^\circ, 21.5^\circ]$，$\delta_{\mathrm{r}}\in[-30^\circ, 30^\circ]$。为考察气动参数大范围摄动和力矩干扰作用下的控制器性能，仿真中气动参数摄动范围取 50%，滚转通道、俯仰通道和偏航通道分别存在 $[0.5\ 1.2\ 1.5]\times10^4\sin(2t)$ (N · m)的力矩干扰。仿真结果如图 7.11～图 7.19 所示，其中下标 c 表示参考指令信号，下标 1 和 2 分别表示有无采用非线性干扰观测器的仿真结果。图 7.11～图 7.13 分别为迎角、侧滑角和滚转角响应曲线。图 7.14～图 7.16 分别为滚转角速率、俯仰角速率和偏航角速率响应曲线。图 7.17～图 7.19 分别为升降舵、副翼和方向舵偏转角曲线。可以看出，在气动参数大范围摄动和力矩干扰的情况下，本节提出的基于非线性干扰观测器的反演快速终端滑模控制方案仍然能够快速、准确地跟踪参考指令信号，过渡过程良好；而采用无非线性干扰观测器的反演快速

终端滑模控制方案，迎角和侧滑角跟踪存在较大的跟踪误差。

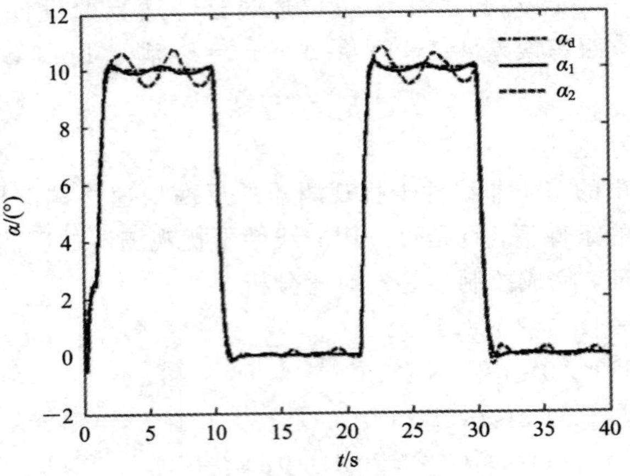

图 7.11　迎角响应曲线

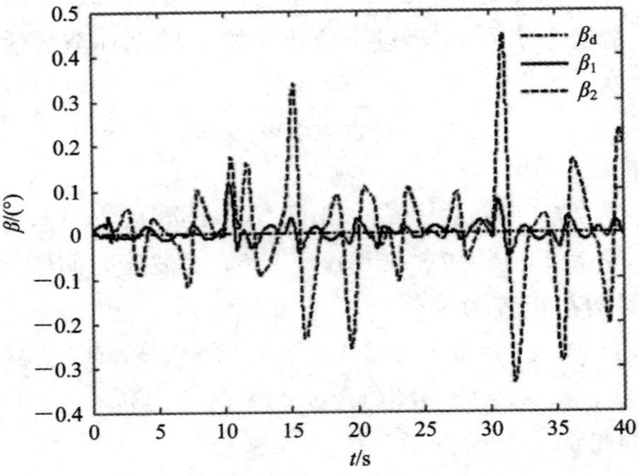

图 7.12　侧滑角响应曲线

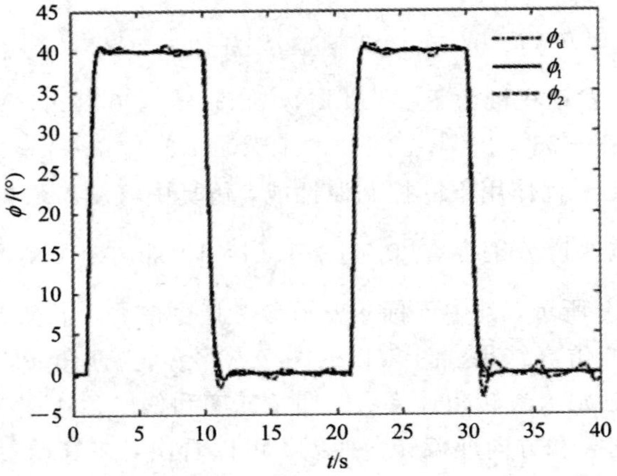

图 7.13　滚转角响应曲线

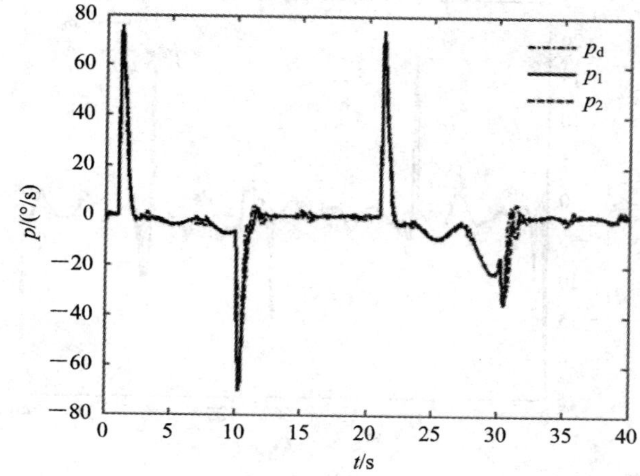

图 7.14 滚转角速率响应曲线

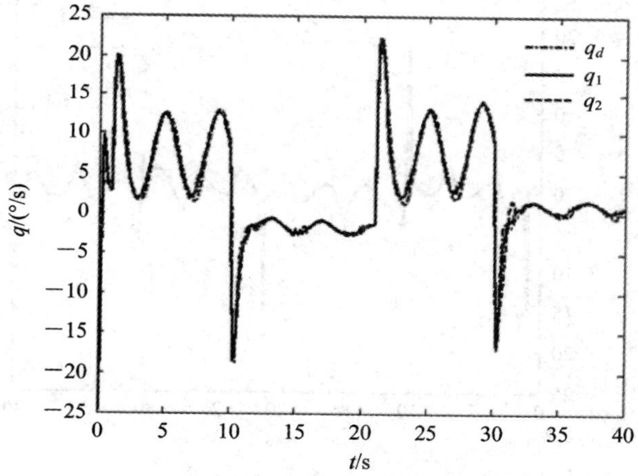

图 7.15 俯仰角速率响应曲线

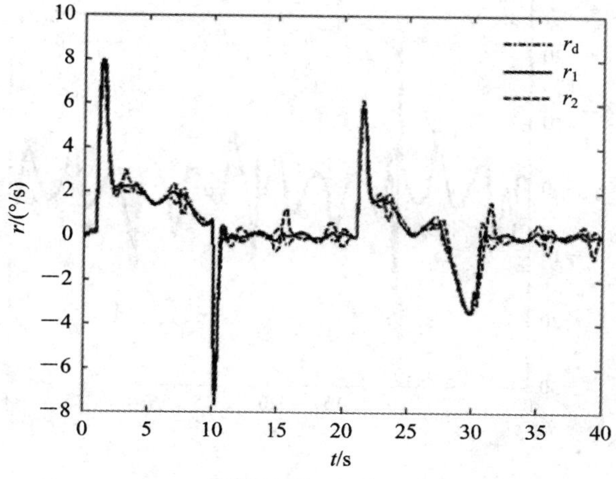

图 7.16 偏航角速率响应曲线

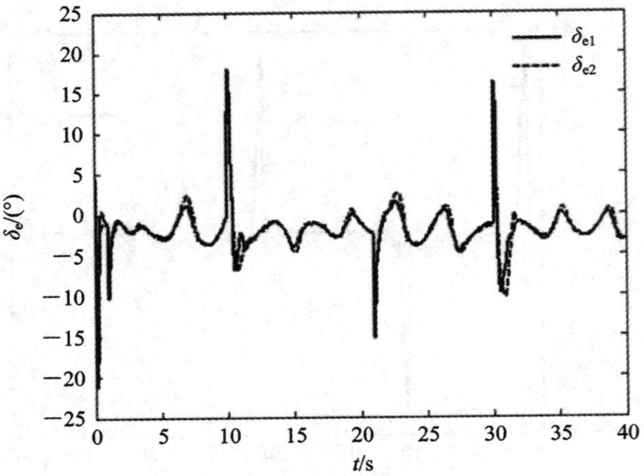

图 7.17　升降舵偏转角

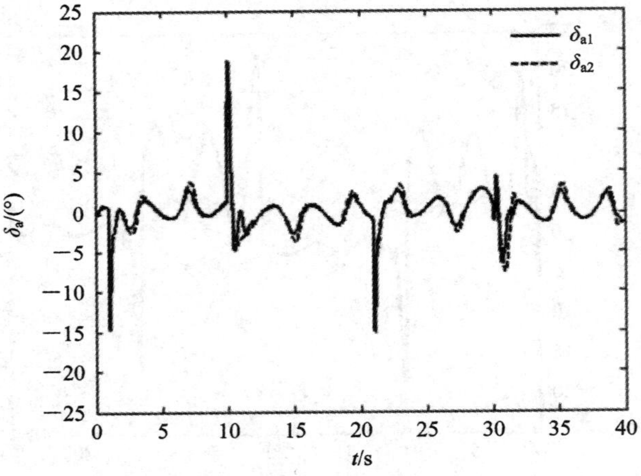

图 7.18　副翼偏转角

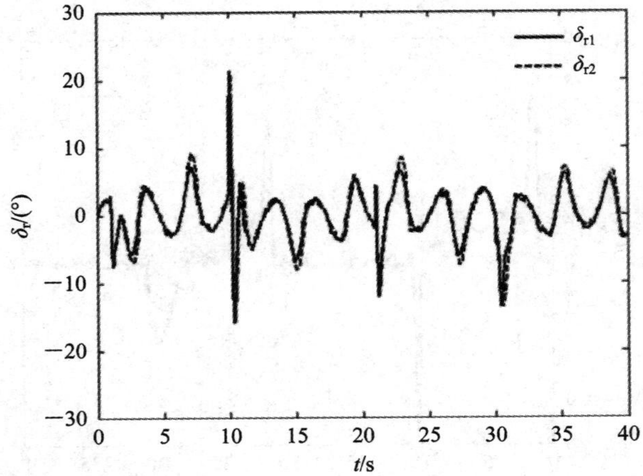

图 7.19　方向舵偏转角

参考文献

[1] TAYLOR D G, KOKOTOVIC P V, MARINO R, et al. Adaptive regulation of nonlinear systems with unmodeled dynamics[J]. IEEE Transactions on Automatic Control, 1989, 34(4): 405-412.

[2] TEEL A R, KADIYALA R R, KOKOTOVIC P V, et al. Indirect techniques for adaptive input-output linearization of nonlinear systems[J]. International Journal of Control, 1991, 53(1): 193-222.

[3] POMET J B, PRALY L. Adaptive nonlinear regulation: estimation from the Lyapunov equation[J]. IEEE Transactions on Automatic Control, 1992, 37(6): 729-740.

[4] KANELLAKOPOULOS I, KOKOTOVIC P V, MORSE A S. Systematic design of adaptive controllers for feedback linearizable systems[J]. IEEE Transactions on Automatic Control, 1991, 36(11): 1241-1253.

[5] KANELLAKOPOULOS I, KOKOTOVIC P V, MORSE A S. Adaptive output-feedback control of a class of nonlinear systems[A]. Proceeding of the 30th IEEE Conference on Decision and Control [C]. 1991: 1082-1087.

[6] KRSTIC M, KANELLAKOPOULOS I, KOKOTOVIC P V. Nonlinear design of adaptive controllers for linear systems [J]. IEEE Transactions on Automatic Control, 1994, 39(4): 738-752.

[7] KRSTIC M, KANELLAKOPOULOS I, KOKOTOVIC P V. Nonlinear and adaptive control design[M]. New York: John Wiley & Sons, 1995.

[8] FARRELL J, SHARMA M, POLYCARPOU M M. Backstepping based flight control with adaptive function approximation[J]. Journal of Guidance, Control and Dynamics, 2005, 28(6): 1089-1102.

[9] SONNEVELDT L, CHU Q P, MULDER J A. Nonlinear flight control design using constrained adaptive backstepping[J]. Journal of Guidance, Control and Dynamics, 2007, 30(2): 322-336.

[10] SONNEVELDT L, OORT E R, CHU Q P, et al. Immersion and invariance based nonlinear adaptive flight control[A]. AIAA Guidance, Navigation, and Control Conference[C]. Toronto, Ontario, Canada, 2010: 1-18.

[11] MOHARERI O, DHAOUADI R, RAD A B. Indirect adaptive tracking control of a nonholonomic mobile robot via neural networks[J]. Neurocomputing, 2012, 88(1): 54-66.

[12] PARK B S, PARK J B, CHOI Y H. Adaptive observer-based trajectory tracking control of nonholonomic mobile robots [J]. International Journal of Control,

Automation and Systems, 2011, 9(3): 534 - 541.

[13] CHWA D Y. Tracking control of differential - drive wheeled mobile robots using a backstepping-like feedback linearization[J]. IEEE Transactions on Systems, Man, and Cybernetics-Part A: Systems and Humans, 2010, 40(6): 1285 - 1295.

[14] YU J P, CHEN B, YU H S. Fuzzy-approximation-based adaptive control of the chaotic permanent magnet synchronous motor[J]. Nonlinear Dynamics, 2012, 69 (3): 1479 - 1488.

[15] KARABACAK M, ESKIKURT H I. Speed and current regulation of a permanent magnet synchronous motor via nonlinear and adaptive backstepping control[J]. Mathematical and Computer Modelling, 2011, 53(9 - 10): 2015 - 2030.

[16] YOUSEFI H, HANDROOS H, HIRVONEN M. Optimization of unknown parameters of adaptive backstepping in position tracking of a permanent magnet linear motor[J]. Proceedings of the Institution of Mechanical Engineers. Part I: Journal of Systems and Control Engineering, 2012, 226(2): 162 - 174.

[17] KRSTIC M, KOKOTOVIC P V. Transient performance improvement with a new class of adaptive controllers[J]. Systems & Control Letters, 1993, 21(6):451 - 461.

[18] 董文瀚，孙秀霞，林岩. 反推自适应控制的发展及应用[J]. 控制与决策，2006，21 (10)：1081 - 1086，1102.

[19] DING Z. Adaptive control of triangular systems with nonlinear parameterization [J]. IEEE Transactions on Automatic Control, 2001, 46(12): 1963 - 1968.

[20] XIE X, TIAN J. Adaptive state-feedback stabilization of high-order stochastic systems with nonlinear parameterization[J]. Automatica, 2009, 45(1): 126 - 133.

[21] DUAN N, YU X, XIE X. Output feedback control using small-gain conditions for stochastic nonlinear systems with SiISS inverse dynamics[J]. International Journal of Control, 2011, 84(1): 47 - 56.

[22] YU X, XIE X. Output feedback regulation of stochastic nonlinear systems with stochastic siiss inverse dynamics[J]. IEEE Transactions on Automatic Control, 2010, 55(2): 304 - 320.

[23] GAO F Z, YUAN F S, YAO H J, et al. Adaptive stabilization of high order nonholonomic systems with strong nonlinear drifts[J]. Applied Mathematical Modelling, 2011, 35(9): 4222 - 4233.

[24] ZHENG X, WU Y. Adaptive output [J]. Proceedings of the Institution of Mechanical Engineers. Part I: Journal of Systems and Control Engineering, 2012, 226(2): 162 - 174.

[25] KRSTIC M, KOKOTOVIC P V. Modular approach to adaptive stabilization[J]. Automatica, 1996, 32(4): 625 - 629.

[26] SABERI A, KOKOTOVIC P V, SUSSNAM H J. Global stabilization of partially linear composite systems[J]. SIAM Journal on Control and Optimization, 1990, 28 (6): 1491 - 1503.

[27] 姜旭. 模型参考鲁棒控制及其应用研究[D]. 北京：北京航空航天大学博士学位论

文，2008.

[28] CRASSIDIS J L, MOOK D J. Robust control design of an automatic carrier landing system[A]. AIAA Guidance, Navigation and Control Conference[C]. Hilton Head Island, SC, USA, 1992: 1471 - 1481.

[29] FAYCAL I, KRSTIC M. Robustness of the tuning functions adaptive backstepping design for linear systems[J]. IEEE Transactions on Automatic Control, 1998, 43(3): 431 - 437.

[30] SWAROOP D, HEDRICK K J, YIP P P, et al. Dynamic surface control for a class of nonlinear systems[J]. IEEE Transactions on Automatic Control, 2000, 45(10): 1893 - 1899.

[31] BONGSOB S, HOWEEL A, HEDRICK K J. Dynamic surface control design for a class of nonlinear systems[A]. Proceedings of the 40th IEEE Conference on Decision and Control[C]. Orlando, Florida, USA, 2001: 2797 - 2802.

[32] DAN W, JIE H. Neural network-based adaptive dynamic surface control for a class of uncertain nonlinear systems in strict-feedback form[J]. IEEE Transactions on Neural Networks, 2005, 16(1): 195 - 202.

[33] BONGSOB S, HEDRICK K J. Observer-based dynamic surface control for a class of nonlinear systems: an LMI approach[J]. IEEE Transactions on Automatic Control, 2004, 49(11): 1995 - 2001.

[34] BONGSOB S. Decentralized dynamic surface control for a class of interconnected nonlinear systems[A]. Proceedings of American Control Conference[C]. Minneapolis, MN, USA, 2006: 130 - 135.

[35] SIRA-RAMIREZ H, LLANES-SANTIAGO O. Adaptive dynamical sliding mode control via backstepp- ing[A]. Proceedings of the 32nd IEEE Conference on Decision and Control[C]. San Antonia, TX, USA, 1993: 1422 - 1427.

[36] RIOS-BOLIVAR E M, ZINOBER A S I. Sliding mode control for uncertain linearizable nonlinear systems: a backstepping approach[A]. Proceedings of IEEE Workshop on Robust Control via Variable Structure and Lyapunov Technique[C]. Benevento, Italy, 1994: 78 - 85.

[37] RIOS-BOLIVAR E M, ZINOBER A S I, SIRA-RAMIREZ H. Dynamical sliding mode control via adaptive input-output linearization: a backstepping approach[A]. Proceedings of IEEE Workshop on Robust Control via Variable Structure and Lyapunov Techniques[C]. GAROFALO F and GLIEMO L, Eds. New York: Springer-Verlag, 1996: 15 - 35.

[38] KOSHKOUEI A J, ZINOBER A S I. Adaptive output tracking backstepping sliding mode control of nonlinear systems[A]. Proceedings of the 3rd IFAC Symposium Robust Control Design[C]. Prague, Czech, 2000.

[39] KOSHKOUEI A J, ZINOBER A S I. Adaptive backstepping control of nonlinear systems with unmatched uncertainty[A]. Proceedings of the 39th IEEE Conference

on Decision and Control[C]. Sydney, Australia, 2000: 4765 - 4770.

[40] 李俊，徐德民. 非匹配不确定非线性系统的自适应反演滑模控制[J]. 控制与决策，1999，14(1)：46 - 50.

[41] 许化龙，闫茂德. 参数未知非线性混沌系统的自适应反演滑模控制[J]. 系统工程与电子技术，2005，27(5)：889 - 892.

[42] 吴玉香，周东霞，胡跃明. 一类不确定非线性系统的鲁棒自适应控制[J]. 控制理论与应用，2008，25(6)：1053 - 1058.

[43] BARTOLINI G, FERRARA A, GIACOMINI L, et al. A combined backstepping/second order sliding mode approach to control a class of nonlinear systems[A]. Proceedings of the IEEE Workshop on Variable Structure Systems[C]. Nagoya, Japan, 1996: 205 - 210.

[44] BARTOLINI G, FERRARA A, GIACOMINI L. A simplified adaptive control scheme based on a combined backstepping/second order sliding mode algorithm[A]. Proceedings of American Control Conference[C]. Albuquerque, New Mexico, 1997: 1698 - 1702.

[45] BARTOLINI G, FERRARA A, GIACOMINI L, et al. Properties of a combined adaptive/second-order sliding mode control algorithm for some classes of uncertain nonlinear systems[J]. IEEE Transactions on Automatic Control, 2000, 45(7): 1334 - 1341 .

[46] BARTOLINI G, FERRARA A, GIACOMINI L. Modular backstepping design of an estimation-based sliding mode controller for uncertain nonlinear plants[A]. Proceedings of American Control Conference [C]. Philadelphia, Pennsylvania, 1998: 574 - 578.

[47] ZAK M. Terminal attractors in neural networks[J]. Neural Networks, 1989, 2(4): 259 - 274.

[48] 余星火，武玉强. 不确定非线性系统的自适应最终滑模控制：Backstepping 方法[J]. 控制理论与应用，1998，15(6)：900 - 907.

[49] 周丽，姜长生，都延丽. 一种基于反步法的鲁棒自适应终端滑模控制[J]. 控制理论与应用，2009，26(6)：769 - 772.

[50] 郑剑飞，冯勇，郑雪梅，等. 不确定非线性系统的自适应反演终端滑模控制[J]. 控制理论与应用，2009，26(4)：410 - 414.

[51] 蒲明，蒋涛，刘鹏. 一类 3 阶非线性系统的非奇异终端滑模控制[J]. 控制理论与应用，2017，34(5)，683 - 691.

[52] ZINOBER A S I, LIU P. Robust control of nonlinear uncertain systems via sliding mode with backstepping design [A]. Proceedings of the UKACC International Conference on Control[C]. United Kingdom, 1996: 281 - 286.

[53] POLYCARPOU M M, IOANNOU P A. A robust adaptive nonlinear control design [J]. Automatica, 1996, 32(3): 423 - 427.

[54] YAO B, TOMIZUKA M. Adaptive robust control of SISO nonlinear systems in a semi-strict feedback form[J]. Automatica, 1997, 33(5): 893 - 900.

[55] GORMAN J J, JABLOKOW K W, CANNON D J. Dynamical robust backstepping

using a combined sliding modes and high-gain observer approach[A]. Proceedings of the 42nd IEEE Conference on Decision and Control[C]. Maui, Hawaii, USA, 2003: 275-281.

[56] 李俊，罗凯，孙剑. 非匹配不确定系统的多模变结构控制[J]. 华中理工大学学报，1999，27(3)：84-86.

[57] 李俊，徐德民. 不确定非线性系统的多模反演滑模控制[J]. 控制理论与应用，2001，18(5)：801-804.

[58] 李俊，徐德民，宋保维，等. 非匹配不确定非线性系统的反演变结构控制[J]. 西北工业大学学报，2004，22(2)：145-148.

[59] 赵文杰. 不确定非线性系统的变结构控制研究[D]. 保定：华北电力大学博士学位论文，2004：56-70.

[60] ZHOU Y X, WU Y X, HU Y M. Robust backstepping sliding mode control of a class of uncertain MIMO nonlinear systems[A]. IEEE International Conference on Control and Automation[C]. Guangzhou, China, 2007: 1916-1921.

[61] FERRARA A, GIACOMINI L. A multi-input VS/backstepping design for nonholonomic system[A]. Proceedings of American Control Conference[C]. Arlington, USA, 2001: 3708-3713.

[62] GORMAN J J, JABLOKOW K W, CANNON D J. A simplified adaptive robust backstepping approach using sliding modes and a *z*-swapping identifier [A]. Proceedings of American Control Conference[C]. Denver, Colorado, USA, 2003: 5116-5122.

[63] HSU F Y, FU L C. A novel adaptive fuzzy variable structure control for a class of nonlinear uncertain systems via backstepping[A]. Proceedings of the 37th IEEE Conference on Decision and Control[C]. Tampa, Florida, USA, 1998: 2228-2233.

[64] MA L, KLAUS S, CHRISTIAN S. Adaptive backstepping sliding mode control with Gaussian networks for a class of nonlinear systems with mismatched uncertainties [A]. Proceedings of the 44th IEEE Conference on Decision and Control, and the European Control Conference[C]. Seville, Spain, 2005: 5504-5509.

[65] XIE X Z, LIU Z Z. Intelligent adaptive backstepping and slide mode control for a class of uncertain nonlinear system[A]. Chinese Control and Decision Conference [C]. 2008: 3481-3485.

[66] 张强，许慧，许德智，等. 基于干扰观测器的一类不确定仿射非线性系统有限时间收敛 backstepping 控制[J]. 控制理论与应用，2020，37(4)，747-757.

[67] 曹邦武，姜长生. 一类不确定非线性系统的回馈递推滑模鲁棒控制器设计[J]. 宇航学报，2005，26(6)：818-822.

[68] 朱凯，齐乃明，秦昌茂. BTT 导弹的自适应滑模反演控制设计[J]. 宇航学报，2010，31(3)：769-773.

[69] 朱凯，齐乃明，秦昌茂. 基于二阶滑模的 BTT 导弹反演滑模控制[J]. 系统工程与电

子技术，2010，32(4)：829－832.

[70] SONG B，MA G F，LI C J. Adaptive variable structure control based on backstepping for spacecraft with reaction wheels during attitude maneuver[J]. Journal of Harbin Institute of Technology，2009，16(1)：138－144.

[71] 胡庆雷，肖冰，马广富. 输入受限的航天器姿态调节小波滑模反步控制[J]. 哈尔滨工业大学学报，2010，42(5)：678－682.

[72] MADANI T，BENALLEGUE A. Backstepping sliding mode control applied to a miniature quadrotor flying robot [A]. The 32nd Annual Conference on IEEE Industrial Electronics[C]. 2006：700－705.

[73] MADANI T，BENALLEGUE A. Backstepping control with exact 2-sliding mode estimation for a quadrotor unmanned aerial vehicle[A]. Proceedings of the 2007 IEEE/RSJ International Conference on Intelligent Robots and Systems[C]. San Diego，CA，USA，2007：141－146.

[74] 刘蓉，黄大庆，姜定国. 高超声速飞行器的反步滑模神经网络控制系统[J]. 光学精密工程，2019，27(11)，2392－2401.

[75] 张进，冯昊，凡永华. 弹性高超声速飞行器反步滑模控制器设计[J]. 弹箭与制导学报，2020，40(2)，1－4，14.

[76] 王雨辰，林德福，王伟，等. 大跨域条件下的自适应滚转稳定容错控制方法[J]. 航空学报，2021，42(3)，324368－1－324368－10.

[77] 吴青云，闫茂德，贺昱曜. 移动机器人的快速终端滑模轨迹跟踪控制[J]. 系统工程与电子技术，2007，29(12)：2127－2130.

[78] 张燕红，林兆荣. 姿态受控漂浮基空间机器人系统协调运动的反演滑模控制[J]. 山东理工大学学报，2008，22(3)：5－9.

[79] 宋齐，王远彬，于潇雁. 漂浮基空间机械臂的反演滑模容错控制[J]. 动力学与控制学报，2021，19(2)，78－84.

[80] LIN F J，SHEN P H，HSU S P. Adaptive backstepping sliding mode control for linear induction motor drive[J]. IEEE Proceeding of Electrical Power Application，2002，149(3)：184－194.

[81] LIN F J，CHANG C K，HUANG P K. FPGA-based adaptive backstepping sliding-mode control for linear induction motor drive[J]. IEEE Transactions on Power Electronics，2007，22(4)：1222－1231.

[82] 王家军. 基于自回归小波神经网络的感应电动机滑模反推控制[J]. 自动化学报，2009，35(1)：1－8.

[83] 王礼鹏，张化光，刘秀翀，等. 基于扩张状态观测器的 SPMSM 调速系统的滑模变结构控制[J]. 控制与决策，2011，26(4)：553－557.

[84] 刘乐，宋红姣，方一鸣，等. 基于 ELM 的永磁直线同步电机位移跟踪动态面反步滑模控制[J]. 控制与决策，2020，35(10)，2549－2555.

[85] 刘胜，郭晓杰，张兰勇. 六相永磁同步电机鲁棒自适应反步滑模容错控制[J]. 电机与控制学报，2020，24(5)，68－78，88.

[86] 管成，朱善安. 电液伺服系统的多滑模鲁棒自适应控制[J]. 控制理论与应用，2005，22(6)：931-938.

[87] 管成，朱善安. 基于 Backstepping 的电液伺服系统多级自适应滑模控制[J]. 仪器仪表学报，2005，26(6)：569-573.

[88] BENAYACHE R，CHRIFI-ALAOUI L，BUSSY P. Adaptive backstepping sliding mode control for hydraulic system without overparametrisation[J]. International Journal of Modelling，Identification and Control，2012，16(1)：60-69.

[89] SUN L Y，TONG S C，LIU Y. Adaptive backstepping sliding mode H_∞ control of static var compensator[J]. IEEE Transactions on Control Systems Technology，2011，19(5)：1178-1185.

[90] ZHOU H L，LIU Z Y. Vehicle yaw stability-control system design based on sliding mode and backstepping control approach[J]. IEEE Transactions on Vehicular Technology，2010，59(7)：3674-3678.

[91] LU C H，HWANG Y R，SHEN Y T. Backstepping sliding-mode control for a pneumatic control system [J]. Proceedings of the Institution of Mechanical Engineers. Part Ⅰ:Journal of Systems and Control Engineering，2010，224(6)：763-770.

[92] WANG C C，PAI N S，YAU H T. Chaos control in AFM system using sliding mode control by backstepping design[J]. Communications in Nonlinear Science and Numerical Simulation，2010，15(3)：741-751.

[93] WANG Z，LANG B H. Compound control system design based on backstepping techniques and neural network sliding mode for flexible satellite[A]. International Conference on Computer Design and Applications[C]. Qinhuangdao，China，2010：2418-2422.

[94] TIAN Z X，WU H T，FENG C. Hierarchical adaptive backstepping sliding mode control for underactuated space robot[A]. The 2nd International Asia Conference on Informatics in Control，Automation and Robotics [C]. Wuhan，China，2010：500-503.

[95] NGUYEN T M P，GENSIOR A，RUDOLPH J. A flatness based on backstepping controller design with sliding mode for asynchronous machines[A]. The 35th Annual Conference of IEEE Industrial Electronics Society[C]. Porto，Portugal，2009：979-984.

[96] CHEN W T，MEHRDAD S. Output feedback controller design for a class of MIMO nonlinear systems using high-order sliding-mode differentiators with application to a laboratory 3-D crane [J]. IEEE Transactions on Industrial Electronics，2008，55(11)：3985-3997.

[97] CHOI J J，HAN S I，KIM J S. Development of a novel dynamic friction model precise tracking control using adaptive backstepping sliding mode controller[J]. Mechatronics，2006，16(2)：97-104.

[98] LIN S C, TSAI C C. Adaptive voltage regulation and equal current distribution of parallel-buck DC-DC converters using backstepping sliding mode control[A]. The 30th Annual Conference of the IEEE Industrial Electronics Society[C]. Busan, Korea, 2004: 1018 - 1023.

[99] ACARMAN T, OZGUNER U. Rollover prevention for heavy trucks using frequency shaped sliding mode control[A]. Proceedings of 12th IEEE Conference on Control Applications[C]. 2003: 7 - 12.

[100] 张元涛，石为人，邱明伯. 基于非线性干扰观测器的减摇鳍滑模反演控制[J]. 控制与决策，2010，25(8)：1255 - 1260.

[101] 张楠楠，井元伟，张嗣瀛，等. 基于反演滑模控制的区分服务网络拥塞控制算法[J]. 东北大学学报，2009，30(3)：305 - 308.

[102] 林壮，段广仁，宋申民. 水平欠驱动机械臂的反步自适应滑模控制[J]. 机器人，2009，31(2)：131 - 136，145.

[103] 沈艳霞，陈进军. 断续导通模式的 Buck 变换器反步滑模控制[J]. 南京理工大学学报，2008，32(6)：754 - 758.

[104] 王艳，陈进军，纪志成. 基于 SG 的 Buck 变换器自适应反步滑模控制器[J]. 南京航空航天大学学报，2008，40(5)：682 - 685.

[105] 林辉，吕帅帅，陈晓雷，等. 导弹尾翼电动负载模拟器快速终端滑模控制[J]. 哈尔滨工业大学学报，2017，49(3)，22 - 28.

[106] 李建雄，章启宇，高崇一，等. 带有非匹配扰动的连铸结晶器振动位移系统自适应反步滑模控制[J]. 控制与决策，2020，35(3)，578 - 586.

[107] 代明光，齐蓉. 基于扩展状态观测器的电动负载模拟器反演滑模控制[J]. 航空学报，2020，41(5)，323683 - 1 - 323683 - 11.

[108] 贾桐，李秀智，张祥银. 车载惯性稳定平台的神经网络滑模控制[J]. 控制理论与应用，2021，38(1)，13 - 22.

[109] 张显库，韩旭. 大型油轮艏摇混沌现象的仿真与滑模控制[J]. 上海交通大学学报，2021，55(5)，40 - 47.

[110] WUNCH W S. Reproduction of an arbitrary function of time by discontinuous control[D]. Stanford: Ph. D Dissertation, Stanford University, 1953.

[111] EMELYANOV S V. Design principles for variable structure control systems[A]. Proceeding of 3rd IFAC Congress[C]. 1966, 1(3): 40. C. 1 - 40. C. 6.

[112] EMELYANOV S V, UTKIN V I. Design principles variable structure control systems: mathematical theory of control[M]. New York: Academic Press, 1967.

[113] UTKIN V I. Variable structure systems with sliding modes[J]. IEEE Transactions on Automatic Control, 1977, 22(2): 212 - 222.

[114] UTKIN V I. Sliding mode control design principles and applications to electric drives[J]. IEEE Transactions on Industrial Electronics, 1993, 40(1): 23 - 36.

[115] YOUNG K D, UTKIN V I, OZGUNER U. A control engineer's guide to sliding mode control[J]. IEEE Transactions on Control Systems Technology, 1999, 7(3): 328 - 342.

[116] 高为炳. 变结构控制的理论及设计方法[M]. 北京：科学出版社，1996.
[117] 胡剑波，庄开宇. 高级变结构控制理论及应用[M]. 西安：西北工业大学出版社，2008.
[118] 姚琼荟，黄继起，吴汉松. 变结构控制系统[M]. 重庆：重庆大学出版社，1997.
[119] 胡跃明. 变结构控制理论与应用[M]. 北京：科学出版社，2003.
[120] 刘金琨. 滑模变结构控制 MATLAB 仿真[M]. 北京：清华大学出版社，2005.
[121] 张昌凡，何静. 滑模变结构的智能控制理论与应用研究[M]. 北京：科学出版社，2005.
[122] GHEZAWI O M E, ZINOBER A S I, BILLINGS S A. Analysis and design of variable structure systems using a geometric approach[J]. International Journal of Control, 1983, 38(3): 657 - 671.
[123] DORLING C M. Two approaches to hyperplane design in multivariable variable structure control systems[J]. International Journal of Control, 1986, 44(1): 65 - 82.
[124] YOUNG K D. A variable structure model following control design for robotics applications[J]. IEEE Journal of Robotics and Automation, 1988, 4(5): 556 - 561.
[125] MAN Z H, PAPLINSKI A P, WU H R. A robust MIMO terminal sliding mode control scheme for rigid robot manipulators[J]. IEEE Transactions on Automatic Control, 1994, 39(12): 2464 - 2469.
[126] YU X H, MAN Z H. Fast terminal sliding-mode control design for nonlinear dynamical systems [J]. IEEE Transactions on Circuits and Systems-Part Ⅰ: Fundamental Theory and Applications, 2002, 49(2): 261 - 264.
[127] FENG Y, YU X H, MAN Z H. Non-singular adaptive terminal sliding mode control of rigid manipulators[J]. Automatica, 2002, 38(12): 2159 - 2167.
[128] LU Y S, CHEN J S. Design of a global sliding mode controller for motor drive with bounded control[J]. International Journal of Control, 1995, 62(5): 1001 - 1019.
[129] CHOI H S,PARK Y H, CHO Y S, et al. Global sliding mode control[J]. IEEE Control Systems Magazine, 2001, 21(3): 27 - 35.
[130] CHOI H S. On the uncertain variable structure systems with bounded controllers [J]. Journal of the Franklin Institute, 2003, 340(2): 135 - 146.
[131] 刘金琨，孙富春. 滑模变结构控制理论及其算法研究与进展[J]. 控制理论与应用，2007，24(3)：407 - 418.
[132] UTKIN V I, SHI J X. Integral sliding mode in systems operating under uncertainty conditions[A]. Proceedings of the 35th IEEE Conference on Decision and Control [C]. Japan, 1996: 4591 - 4596.
[133] LEE D S, KIM M G, KIM H K, et al. Controller design of multivariable variable structure systems with nonlinear switching surface [J]. IEEE Proceedings of Control Theory and Applications, 1991, 138(5): 493 - 499.
[134] CHEN Z M, ZHANG J G, ZENG J C. Integral sliding mode variable structure control based on fuzzy logic [A]. Proceedings of the 3th World Congress on

Intelligent Control and Automation [C]. Hefei, China, 2000: 3009 - 3012.

[135] BOURIM, THOMASSST D. Sliding control of an electro-pneumatic actuator using an integral switching surface [J]. IEEE Transactions on Control Systems Technology, 2001, 9(2): 368 - 375.

[136] LEVANT A. Sliding order and sliding accuracy in sliding mode control[J]. International Journal of Control, 1993, 58(6): 1247 - 1263.

[137] BARTOLINI G, FERRARA A, USA I E. Applications of a sub-optimal discontinuous control algorithm for uncertain second order systems[J]. International Journal of Robust and Nonlinear Control, 1997, 7(4): 299 - 319.

[138] BARTOLINI G, FERRARA A, USA I E. Chattering avoidance by second-order sliding mode control[J]. IEEE Transactions on Automatic Control, 1998, 43(2): 241 - 246.

[139] BARTOLINI G, FERRARA A, USA I E, et al. On multi-input chattering free second order sliding mode control[J]. IEEE Transactions on Automatic Control, 2000, 45(9): 1711 - 1717.

[140] LEVANT A. Quasi-continuous high-order sliding-mode controllers[J]. IEEE Transactions on Automatic Control, 2005, 50(11): 1812 - 1816.

[141] 高为炳，程勉. 变结构控制系统的品质控制[J]. 控制与决策，1989，4(4)：1 - 6.

[142] 高为炳. 非线性系统的变结构控制系统[J]. 自动化学报，1989，15(5)：408 - 415.

[143] GAO W B, JAMES C H. Variable structure control of nonlinear systems: a new approach[J]. IEEE Transactions on Industrial Electronics, 1993, 40(1): 45 - 55.

[144] EDWARDS C, SPURGEON S K. Sliding mode control: theory and applications [M]. London: Taylor & Francis, 1998.

[145] KHALIL H K. Nonlinear systems[M]. Third edition. New Jersey: Prentice-Hall, 2002.

[146] ROTH M W. Survey of neural network technology for automatic target recognition[J]. IEEE Transactions on Neural Networks, 1990, 1(1): 28 - 43.

[147] ZHANG G P. Neural networks for classification: a survey[J]. IEEE Transactions on Systems, Man, and Cybernetics-Part C: Applications and Reviews, 2000, 30 (4): 451 - 462.

[148] CHOWDHURYT F N, WAHI P, RAINA R, et al. A survey of neural networks applications in automatic control [A]. Proceedings of the 33rd Southeastern Symposium on System Theory[C]. Ohio, USA, 2001: 349 - 353.

[149] 王敏. 非线性系统的自适应神经网络控制新方法研究[D]. 青岛：青岛大学博士学位论文，2009.

[150] BROOMHEAD D S, LOWE D. Multivariable functional interpolation and adaptive networks[J]. Complex Systems, 1988, 2(4): 321 - 355.

[151] KOSMATOPOULOS E B, POLYCARPOU M M, CHRISTODOULOU M A, et al. High-order neural network structures for identification of dynamical systems [J]. IEEE Transactions on Neural Networks, 1995, 6(2): 422 - 431.

[152] MICCHELLI C A. Interpolation of scattered data: Distance matrices and conditionally positive definite functions[J]. Constructive Approximation, 1986, 2(1): 11 - 22.

[153] SANNER R M, SLOTINE J E. Gaussian networks for direct adaptive control[J]. IEEE Transactions on Neural Networks, 1992, 3(6): 837 - 863.

[154] CHEN X K, KOMADA S, FUKUDA T. Design of a nonlinear disturbance observer[J]. IEEE Transactions on Industrial Electronics, 2000, 47(2): 429 - 437.

[155] CHEN X K, FUKUDA T, YOUNG K D. A new nonlinear robust disturbance observer[J]. System & Control Letters, 2000, 41(3): 189 - 199.

[156] CHEN W H. Disturbance observer based control for nonlinear systems[J]. IEEE Transactions on Mechatronics, 2004, 9(4): 706 - 710.

[157] CHEN W H. Nonlinear disturbance observer-enhanced dynamic inversion control of missiles[J]. Journal of Guidance, Control, and Dynamics, 2003, 26(1): 161 - 166.

[158] LEE H J, HUANG X L. Enhanced sliding mode control for missile autopilot based on nonlinear disturbance observer[A]. Proceedings of the International Joint Conference on Computational Sciences and Optimization[C]. 2009: 210 - 213.

[159] LI P, QIN W W, ZHENG Z Q. Nonlinear disturbance observer-based finite-time convergent second order sliding mode control for a tailless aircraft [A]. Proceedings of the IEEE Inter-national Conference on Mechatronics and Automation[C]. 2009: 4572 - 4576.

[160] CHEN W H, BALANCE D J, GAWTHROP P J, et al. A nonlinear disturbance observer for robotic manipulator[J]. IEEE Transactions on Industrial Electronics, 2000, 47(4): 932 - 938.

[161] NIKOOBIN A, HAGHIGHI R. Lyapunov-based nonlinear disturbance observer for serial n-links robot manipulators [J]. Journal of Intelligent and Robotic Systems: Theory and Applications, 2009, 55(2 - 3): 135 - 153.

[162] 蒲明，吴庆宪，姜长生，等. 自适应二阶动态 terminal 滑模在近空间飞行器控制中的应用[J]. 航空动力学报，2010，25(5)：1169 - 1176.

[163] NUSSBAUM R D. Some remarks on the conjecture in parameter adaptive control [J]. System & Control Letters, 1983, 3(5): 243 - 246.

[164] GE S S, FAN H, LEE T H. Adaptive neural control of nonlinear time-delay systems with unknown virtual control coefficients[J]. IEEE Transactions on Systems, Man and Cybernetics - Part B: Cybernetics, 2004, 34(1): 499 - 516.

[165] 胡剑波，辛海良. 新型增益调度变结构控制器的性能比较研究[J]. 控制与决策，2009，24(5)：769 - 772.

[166] LEVANT A. Higher-order sliding modes, differentiation and output-feedback control [J]. International Jornal of Control, 2007, 39(4): 491 - 495.

[167] YAN J J, SHYU K K, LIN J S. Adaptive variable structure control for uncertain chaotic systems containing dead-zone nonlinearity[J]. Chaos, Solitions and Fractals, 2005, 25(2): 347 - 355.

[168] ZHANG T, GE S S, HUANG C C. Stable adaptive control for a class of nonlinear systems using a modified Lyapunov function[J]. IEEE Transactions on Automatic Control, 2000, 45(1): 129 - 132.

[169] TAO G, KOKOTOVIC P V. Adaptive control of systems with backlash[J]. Automatica, 1993, 29(2): 323 - 335.

[170] 郭健，姚斌，吴益飞，等. 具有输入齿隙的一类非线性不确定系统自适应鲁棒控制[J]. 控制与决策，2010, 25(10): 1580 - 1584.

[171] TAO G, KOKOTOVIC P V. Continuous-time adaptive control of system with unknown backlash[J]. IEEE Transactions on Automatic Control, 1995, 40(6): 1083 - 1087.

[172] NICULESCU S L. Delay effects on stability: a robust control approach[M]. New York: Springer -Verlag, 2001.

[173] ZHANG H, FENG G, DUAN G, et al. H_∞ filtering for multiply-time-delay measurements[J]. IEEE Transactions on Signal Process, 2006, 54(5): 1681 - 1688.

[174] TANG G. Approximate design of optimal tracking controller for time-delay systems[J]. Chinese Science Bulletin, 2006, 51(17): 2158 - 2163.

[175] HE Y, WU M, SHE J H, et al. Delay-dependent robust stability criteria for uncertain neural systems with mixed delays[J]. Systems & Control Letters, 2004, 51(1): 57 - 65.

[176] HE Y, WU M, SHE J H, et al. Parameter-dependent Lyapunov functional for stability of time-delay systems with polytopic-type uncertainties[J]. IEEE Transactions on Automatic Control, 2004, 49(5): 828 - 832.

[177] XU S, CHEN T, LAM J. Robust H_∞ filtering for uncertain Markovian jump systems with mode-dependent time delays[J]. IEEE Transactions on Signal Process, 2003, 48(5): 900 - 907.

[178] XU S, LAM J. Improved delay-dependent stability criteria for time-delay systems [J]. IEEE Transactions on Automatic Control, 2005, 50(3): 384 - 387.

[179] HALE J. Theory of functional differential equations[M]. Second edition. New York: Springer - Verlag, 1977.

[180] JANKOVIC M. Control Lyapunov-Razumikhin functions and robust stabilization of time delay systems[J]. IEEE Transactions on Automatic Control, 2001, 46(7): 1048 - 1060.

[181] NGUANG S K. Robust stabilization of a class of time-delay nonlinear systems[J]. IEEE Transactions on Automatic Control, 2000, 45(4): 756 - 762.

[182] ZHOU S, FENG G, NGUANG S K. Comments on 'Robust stabilization of a class of time-delay nonlinear systems'[J]. IEEE Transactions on Automatic Control, 2002, 47(9): 1586.

[183] GUAN X, HUA C, DUAN G. Comments on 'Robust stabilization of a class of time-delay nonlinear systems'[J]. IEEE Transactions on Automatic Control,

2003, 48(5): 907.

[184] LI G, ZHANG C, LIU X. Comments on 'Robust stabilization of a class of time-delay nonlinear systems'[J]. IEEE Transactions on Automatic Control, 2003, 48(5): 908.

[185] ZHANG X F, CHENG Z L. State feedback stabilization for a class of time-delay nonlinear systems[J]. ACTA Automatica Sinica, 2005, 31(2): 287-290.

[186] 伏玉笋,田作华,施颂椒. 非线性时滞系统输出反馈镇定[J]. 自动化学报,2002, 28(5): 802-805.

[187] JIAO X, SHEN T. Adaptive feedback control of nonlinear time-delay systems: the Lasalle-Razumikhin-based approach[J]. IEEE Transactions on Automatic Control, 2005, 50(11): 1909-1913.

[188] HUA C, FENG G, GUAN X. Robust controller design of a class of nonlinear time delay systems via backstepping method [J]. Automatica, 2008, 44(2): 567-573.

[189] GE S S, HONG F, LEE T H. Robust adaptive control of nonlinear systems with unknown time delays [J]. Automatica, 2005, 41(7): 1181-1190.

[190] GE S S, HONG F, LEE T H. Adaptive neural network control of nonlinear systems with unknown time delays [J]. IEEE Transactions on Automatic Control, 2003, 48(11): 2004-2010.

[191] HONG F, GE S S, LEE T H. Practical adaptive neural control of nonlinear systems with unknown time delays [J]. IEEE Transactions on System, Man, Cybernetics-Part B: Cybernetics, 2005, 35(4): 849-854.

[192] 柳向斌. 非线性系统控制的鲁棒与自适应设计方法[D]. 杭州:浙江大学博士学位论文,2009.

[193] BOSKOVIC J D, JACKSON J A, MEHRA R K, et al. Multiple-model adaptive fault-tolerant control of a planetary lander[J]. Journal of Guidance, Control, and Dynamics, 2009, 32(6): 1812-1826.

[194] CORRADINI M L, ORLANDO G. Actuator failure identification and compensation through sliding modes[J]. IEEE Transactions on Control Systems Technology, 2007, 15(1): 184-190.

[195] LIANG F, YUB Y, MENG X F. Multivariate vector autoregressive prognosis-based model following control method for robot-assisted beating heart surgery[J]. Advanced Robotics, 2013, 27(16): 1259-1271.

[196] BRAIN A H, PIERRE D, CARLOS C D W. A survey of models, analysis tools and compensation methods for the control of machines with friction [J]. Automatica, 1994, 30(7): 1083-1138.

[197] 刘强,尔联洁,刘金琨. 摩擦非线性环节的特性、建模与控制补偿综述[J]. 系统工程与电子技术,2002,24(11): 45-52.

[198] LIU J K, ER L J. QFT robust control design for 3-axis flight table servo system with large friction[J]. Chinese Journal of Aeronautics, 2004, 17(1): 34-38.

[199] 刘金琨,尔联洁. 飞行模拟转台高精度数字重复控制器设计[J]. 航空学报,2004,

25(1)：59 - 61.

[200] SLOTINE J J，LI W. Applied nonlinear control[M]. New Jersey：Prentice - Hall，1991.

[201] CARLOS C D W，OLSSON H，ASTROM J，et al. A new model for control of systems with friction[J]. IEEE Transactions on Automatica Control，1995，40(3)：419 - 425.

[202] ASHWANI K P，JINHYOUNG O，DENNIS S B. On the LuGre model and friction induced hysteresis [A]. Proceedings of American Control Conference[C]. Minneapolis，Minnesota：MIT Press，2006：3247 - 3252.

[203] JOHANASTROM K，CANUDAS C D W. Revisiting the LuGre friction model [J]. IEEE Control Systems Magazine，2008，28(6)：101 - 114.

[204] LEE T Y，KIM Y D. Nonlinear adaptive flight control using backstepping and neural networks controller [J]. Journal of Guidance，Control，and Dynamics，2001，24(4)：675 - 682.

[205] 郭锁凤，申功璋，吴成高，等. 先进飞行控制系统[M]. 北京：国防工业出版社，2004.